IS GOD A MATHEMATICIAN?

最后的数学问题

[美] 马里奥·利维奥 著

黄征 译

人民邮电出版社

北京

图书在版编目（CIP）数据

最后的数学问题 / (美) 马里奥·利维奥 (Mario Livio) 著；黄征译 . -- 2版 . -- 北京：人民邮电出版社，2019.9

（图灵新知）

ISBN 978-7-115-51163-8

Ⅰ . ①最… Ⅱ . ①马… ②黄… Ⅲ . ①数学史－普及读物 Ⅳ . ①O11-49

中国版本图书馆CIP数据核字 (2019) 第080454号

内 容 提 要

数学是人类的发明还是发现？数学无处不在、无所不能的威力从何而来？本书讲述了数学概念的演化过程，引经据典地从哲学、历史、文化角度全方位地探讨了数学的本质，揭示了数学与物质世界、与人类思维之间的微妙关系，讨论了困惑几代思想家的重大问题，并以通俗、曼妙的手笔讲述了从柏拉图、阿基米德、伽利略、笛卡儿等哲学和数学先贤到罗素、哥德尔等近现代数学巨匠和科学家的生活经历与思想，是一本妙趣横生而又十分经典的数学思想史著作。本书适合所有对数学感兴趣的读者阅读。

◆ 著　　　　[美] 马里奥·利维奥（Mario Livio）

　 译　　　　黄　征

　 责任编辑　戴　童

　 责任印制　周昇亮

◆ 人民邮电出版社出版发行　　北京市丰台区成寿寺路11号

　 邮编　100164　电子邮件　315@ptpress.com.cn

　 网址　https://www.ptpress.com.cn

　 北京虎彩文化传播有限公司印刷

◆ 开本：880×1230　1/32

　 印张：10.875　　　　　　　　　2019年9月第2版

　 字数：250千字　　　　　　　　2025年1月北京第16次印刷

　 著作权合同登记号　图字：01-2009-3807号

定价：59.00元

读者服务热线：(010) 84084456-6009　 印装质量热线：(010) 81055316

反盗版热线：(010) 81055315

广告经营许可证：京东市监广登字20170147号

版 权 声 明

献给索菲亚

第二版编者按

　　本书第一版中文译本出版于 2010 年，书名为《数学沉思录：古今数学思想的发展与演变》。近十年来，本书一直深受读者们的喜爱。借此再版之机，我们修订了第一版译稿中的错误与不足之处。在此，我们要感谢读者们多年来的支持与反馈，尤其要感谢虞国雄老师辛勤的审读和耐心的指导，帮助我们尽力为读者们展现更好的内容。

第一版译者序

毫无疑问，数学是复杂的，以至有太多的数学家感叹道："数学是上帝书写宇宙的语言！"但是，毋庸置疑，数学又是重要的，现代科学发展的基石就是数学，甚至一门学科与数学联系的紧密程度可以代表该学科的发展水平。然而，即使在今天，对于究竟什么是数学这样一个看似简单的问题，我们仍然无法给出明确答案。数学王国是一个独立存在于宇宙之中，我们仅仅只能窥视一角的真实世界吗？如果是这样的话，数学家们所有的付出只是为了发现这个世界的奥秘。抑或，数学是人类智慧与文明璀璨王冠上那颗最光彩夺目的明珠，数学的发展可以被视为人类一种纯粹的思维上的智力活动？自古希腊时代，这个问题就使那些最优秀、最聪明的头脑困惑不已，包括毕达哥拉斯、柏拉图、阿基米德、伽利略、笛卡儿、牛顿、高斯、布尔、哥德尔……每当我们自以为找到了答案时，就会有新的例子证明我们也许错了，唯一可以肯定的是，数学家的名单还会继续下去。

马里奥·利维奥是一位数学史学家，也是一位天体物理学家。在这本书里，他以非常宽广的历史视角，从数学与逻辑（人类思维）的联系等不同角度，深入研究了数学的本质、数学本身的发展，以及数学与哲学的关系。在这个探索与发现的旅途上，作者旁征博引，恣意纵横，通过大量的原始资料，让你轻松地了解一个有声有色的数学世界，以及过去我们知之甚少的数学家的另外一面，最终，启发你得出自己的答案。作者深厚的学术素养、严谨的研究风格、活泼的写作方式，使得这本书在畅销书排行榜上占据了一席之地。

　　本书的写作切入角度非常独到，语言也十分活泼，我在翻译过程中一直努力让译文体现作者的原意，但是由于水平所限，可能无法完全达到这一目的，诚为憾事。

序言

当你从事宇宙学研究时，不可避免遇到的一件事是，每周都会有人发来信件、电子邮件或传真，希望向你描述他（没错，他们无一例外是男性）自己关于宇宙的理论。对此，你可能犯下的最大错误，就是礼貌地回复说自己想了解更多，这随即会引发无休止的信息轰炸。如何才能避免遭受这种"攻击"？我发现有一个战术相当有效，并且不会像完全置之不理那样不礼貌，那就是指出一个事实：只要他的理论无法用数学语言精确描述，我们就可以说，无法对此加以评判。这样的回复会让大多数宇宙学爱好者望而却步。现实是，如果没有数学，现代宇宙学家就无法在理解自然法则的道路上前进哪怕一小步。数学是建设任何宇宙学理论所需的坚实"脚手架"。这乍听上去并不令人惊讶，但你会意识到，我们其实没有完全弄清数学的本质。正如英国哲学家迈克尔·达米特爵士所说："两门最抽象的学科——哲学和数学，都引发了同样的困惑：它们究竟是关于什么的？这种困惑并不纯粹源自无知，因为这两门学科的专家们甚至都觉得很难回答这个问题。"

在本书中，我将试着澄清数学本质的一些问题，尤其是数学与我们所观察到的世界之间的关系的本质。本书无意成为一本全面的数学史书。更确切地说，我将梳理一些重要概念的演进，这些概念有助于我们理解数学在人类认识宇宙的历程中所扮演的角色。

　　长久以来，很多人为本书的诞生直接或间接地提供了帮助。我要感谢迈克尔·阿蒂亚爵士、乔治·德瓦利、弗里曼·戴森、希勒尔·高奇曼、大卫·格罗斯、罗杰·彭罗斯爵士、马丁·里斯爵士、拉曼·桑德拉姆、麦克斯·泰格马克、史蒂文·温伯格以及史蒂芬·沃尔弗拉姆，与他们的交流使我获益良多。我还要感谢多萝西·摩根斯坦·托马斯允许我使用奥斯卡·摩根斯坦所述的库尔特·哥德尔在美国移民及归化局的经历的全文。感谢威廉·克里斯滕斯-巴里、基思·诺克斯、罗杰·伊斯顿和威尔·诺埃尔热心地向我细致解释了他们破译阿基米德重写本的经历。特别感谢劳拉·加尔博利诺为我提供了一些数学史的重要资料和珍贵文件。我还要感谢美国约翰·霍普金斯大学、芝加哥大学和法国国家图书馆的特藏部帮助我找到了一些珍贵手稿。

　　我要感谢斯特凡诺·卡塞尔塔诺为我翻译了许多拉丁文文献。我还要感谢伊丽莎白·弗雷泽和吉尔·拉格斯特伦为我提供的极为宝贵的文献和语言帮助（他们总是满脸笑容）。

　　特别感谢莎伦·图兰在准备书稿上提供了专业帮助，以及安·费尔德、克丽丝塔·维尔特和斯泰茜·本为本书绘制了部分图片。

　　而在本书漫长的写作过程中，我从妻子索菲亚那里得到的始终不渝的支持，大概是每一位作家梦寐以求的。

　　最后，我要感谢我的文学经纪人苏珊·拉比纳，没有她的鼓励，就不会有这本书。我还要诚挚感谢本书的编辑鲍伯·本德，他仔细审读了书稿，并给出了富有洞察力的评论。感谢 Simon & Schuster 出版公司的整个编辑、印制和营销团队的辛勤工作，特别是乔安娜·李在印制、洛蕾塔·登纳和埃米·瑞安在文字编辑，以及维多利亚·迈耶和凯蒂·格林奇在营销方面所给予的宝贵支持。

目　录

第 1 章

未解之谜

几年前，我在美国康奈尔大学做过一个演讲。当时，我的一张幻灯片的标题是："上帝是数学家吗？"当这张幻灯片放出来时，我听到坐在前排的一位学生倒吸了一口凉气，说："哦，天啊，我希望不是如此。"

我之所以提出这个问题，既不是因为我打算从哲学上定义上帝，也不是因为我有意吓唬那些害怕数学的人。我只是想向听众介绍一个让众多最富创新精神的大脑苦苦思索了几个世纪的谜团——数学"无所不在、无所不能"的力量，而这类特征通常只有在人们描述一位神明时才会用到。正如英国物理学家詹姆斯·金斯（James Jeans，1877—1946）所说："宇宙看上去是由一位理论数学家设计的。"[1] 数学貌似不仅在描述和解释整个宇宙时太过有效，甚至在描述和解释一些最混沌的人类活动时也是如此。

不论是物理学家试图构造种种关于宇宙的理论，证券分析师绞尽脑汁预测下一次股价暴跌的时间，神经生物学家尝试为脑功能建模，还是军事情报统计师力图优化资源配置，他们都要使用数学。此外，尽管他们应用的可能是从不同数学分支发展出来的形式体系，但他们仍然仰赖的是同一个完整、内在一致的数学。那么，是什么赋予了数学如此惊人的威力？或者，正如爱因斯坦曾好奇地发问："数学，这个独立于经验的人类思维的产物，为何能如此完美地符合物理实在中的对象？"[2]

这样的困惑古已有之。一些古希腊哲学家，特别是毕达哥拉斯和柏拉图，早就惊叹于数学塑造并支配宇宙的不言而喻的能力，同时意识到，数学的存在貌似无法被人类所改变、引导或影响。英国政治哲学家托马斯·霍布斯（Thomas Hobbes，1588—1679）也无法掩饰自己的崇敬之情。在讨论社会和政府基础的《利维坦》一书中，他将几何学作为理性论证的典范：

> "既然真理存在于由各种名称正确排序后所组成的断言中，那么追求严谨真理的人就需要记住他所使用的每个名称的含义，并把它们放于相应的地方，否则他会发现自己困于文字的纠缠中，就好像一只被抹了胶的树枝粘住的小鸟，越挣扎越不能自拔。因此，在几何学（这是迄今为止唯一令上帝满意并恩赐给人类的学问）中，人们首先确定名称的含义（他们把确定含义称为'定义'），并把它们作为认知的起点。"[3]

上千年来，令人印象深刻的数学研究和广博的哲学思考都没有真正解释清楚数学力量的奥秘，甚至可以说，在某种意义上，数学的这种神秘感又加剧了。比如，著名的英国牛津大学数学物理学家罗杰·彭罗斯（Roger Penrose）意识到，人类周围不仅有一个世界，而应该有三个神秘世界。按彭罗斯的划分，这三个世界是：意识感知的世界、物理现实的世界和数学形式的柏拉图世界。[4]第一个世界是我们所有精神影像的家园，包括我们看到自己孩子笑脸时的欢欣愉悦，欣赏落日余晖壮美景色时的心旷神怡，或者观察怵目惊心的战争场面时的恐惧和憎恶。在这个世界中还包括爱、忌妒、偏见、害怕，以及我们欣赏音乐、闻到美食时的感觉。第二个世界就是我们日常所提到的物理现实世界，包括鲜花、阿司匹林药片、白云、喷气式飞机，还有星系、行星、原子、狒狒的心脏和人类的大脑，这些真实存在的东西构成了这个世界。第三个世界是数学形式的柏拉图世界。这里是数学的家园，对彭罗斯而言，这个世界和精神世界与物理世界一样，也是真实存在的，在其中有自然数 1, 2, 3, 4, …，欧几里得几何学中的所有图形和定理，牛顿运动定律、弦论、突变论以及研究股票市场行为的数学模型等。彭罗斯还观察到了这三个世界之间神秘相连的三种现象。首先，物理世界的运行似乎遵循着一定的法则，而这些法则真实存在于数学世界中。这也令爱因斯坦感到困惑。诺贝尔物理学奖得主尤金·维格纳（Eugene Wigner，1902—1995）也有同样的疑惑：

> "数学语言适于表达物理法则，这种奇迹是上天赐予我们的绝妙礼物。事实上，我们并未真正理解这份礼物，同时也受之有愧。我们应当感谢这份礼物，希望它在未来的研究中仍然有效，而且可以给予我们欢乐，抑或困惑——无论是好还是坏——以及广泛的学问。"[5]

其次，人类感知心智（perceiving mind）本身——这是我们主观认知能力的源泉——似乎来自物理世界。心智究竟是如何从物质中产生的？我们是否能够将人类意识的工作机制上升为一种理论，令其如同今天的电磁场理论那样条理清晰、令人信服？最后，这三个世界神秘地联到一起，形成了一个闭合的圆。通过发现或创造抽象的数学公式和概念，并将它们清晰地表达出来，感知心智才得以奇迹般地进入数学王国之中。

彭罗斯并未给出任何关于这三个世界神秘现象的解释。实际上，他的结论非常简洁："毫无疑问，并不真正存在三个世界，而是只有一个世界。并且直到目前为止，对于这个真实世界的本质，我们对它的认识甚至连肤浅也谈不上。"英国作家艾伦·贝内特（Alan Bennett）创作的戏剧《四十年来》（*Forty Years On*）中的那位教师也回答过类似的问题，与之相比，彭罗斯的回答可谓谦逊而坦白。下面就是那位教师的回答。

福斯特：先生，我对（圣父、圣灵、圣子）三位一体的说法仍然有点困惑。

教师：三合为一，一分为三，简单明了。对此有任何疑问，就去请教你的数学老师。

这个谜题甚至比我刚才提到的那个问题更错综复杂。利用数学成功解释我们周围的世界（维格纳称之为"数学无理由的有效性"），实际上可以从两个方面去认识，它们都同样令人惊奇。第一，是其"主动"的一面。当物理学家在自然的迷宫里迷失方向时，数学会为他们照亮前方的道路，他们使用和创造的工具、建立的模型，以及他们所期望得到的解释，所有这些都离不开数学。显然，这本身就是一个奇迹。牛顿观察到了落地的苹果、月亮和海滩上的潮汐（我不是很确信他是否真正看见了），不过他所看到的可都不是数学方程式。但是牛顿却从这些自然现象中抽象并总结出了清晰、简洁、精准的数学规律。同样，苏格兰物理学家詹姆斯·克拉克·麦克斯韦（James Clerk Maxwell，1831—1879）在19世纪60年代拓展了经典物理学范畴。他仅仅使用4个数学公式，就解释了所有已知的电磁学现象。可以想象，电磁学和光学实验通常充斥着大量细节性信息，数据量十分巨大，以前都需要用大量篇幅才能归纳和解释所有这些现象和结论，但现在只需要 4 个简洁的方程式就够了！爱因斯坦的广义相对论更令人惊叹，它是数学理论中极度精确与自相一致的一个完美范例，这个理论揭示的正是如时空结构一类的基础事物。

除了"主动"的一面之外，数学的神秘效应还包括"被动"的一面，让人意想不到的是，后者甚至会令前者黯然失色。当数学家研究、探索数学概念以及各种概念之间的关系时，有时仅仅出于理论研究的目的，绝对没有考虑过理论的实用性问题。但是在几十年后（有时甚至是几百年后），人们突然发现，他们的理论出人意料地为物理现实问题提供了解决方案。你可能要问，这怎么可能呢？那位行为古怪的英国数学家戈弗雷·哈罗德·哈代（Godfrey Harold Hardy，1877—1947）的例子就十分有趣。哈代为他的纯理论数学研究感到非常自豪，他曾断言："我的发现今天没有、将来也不会给世界带来丝毫影响——无论这种影响是直接还是间接的，有益抑或有害的。"[6] 猜猜结果如何？他错了！他的一项研究成果被命名为"哈代－温伯格定律"[7]，这是以哈代和德国物理学家威廉·温伯格（Wilhelm Weinberg，1862—1937）的名字命名的，该定律是遗传学家研究人口进化的基础。简单地说，哈代－温伯格定律认为：如果一个基数很大的人口群体随机婚配（没有人口迁移、基因突变和选择性婚配），基因构成将保持恒定，而且不因世代变化而变化。表面上，哈代研究的是抽象的数论——门研究自然数的学科，但人们出乎意料地发现其研究成果能解决现实问题。1973 年，英国数学家克利福德·柯克斯（Clifford Cocks）利用数论在密码学领域取得了突破性进展。[8] 柯克斯的研究成果再次证明了哈代的言论已经过时。哈代在其 1940 年出版的那本著名的著作《一个数学家的辩白》中声称："还没有人发现数论能被用于战争目的。"很明显，他又错了！在现代军事信息传递中，密码学绝对不可或缺。因此，尽管哈代是最有名的实用数学批判论者，可是最终还是被"拽去"研究具有实用价值的数学理论了——如果他还在世的话，一定会对此高声抱怨。

这只是冰山一角。开普勒和牛顿发现了太阳系行星运行轨道是椭圆形的，而古希腊数学家门奈赫莫斯（Menaechmus）在两千年前，即大约公元前 350 年就已经研究过这条曲线了。波恩哈德·黎曼（Bernhard Riemann，1826—1866）在 1854 年的一次经典演讲中概括了几门新兴几何学的主要内容，它们恰好是爱因斯坦解释宇宙结构时所必需的工具。还有一门叫作"群论"的数学"语言"，它是由年轻的数学天才伽罗瓦（Evariste Galois，1811—1832）创建的。起初，群论仅仅用来判别代数方程式的可解性，但今天，它已经被物理学家、工程师、语言学家甚至人类生态学家们广泛使用，用来研究几乎所有的对称性问题。[9] 此外，数学上的对称概念在某种程度上还颠覆了整个科学的研究过程。几个世纪以来，科学家认识宇宙的第一步都是在反复实验和试错后，收集汇总数据和结果，再从其中归纳出通用的自然规律。这种梳理过程从局部观察开始，之后像拼图一样，观察结果被一块块地拼接起来。进入 20 世纪后，人们认识到条理清晰的数学设计并描述了亚原子世界的基础结构，于是，当代物理学家们开始反其道而行之①。他们把数学的对

---

① 指不必像过去一样先观察现象，后总结规律。——译者注

称性置于第一位，坚持认为自然法则和构成事物的基本要素应当遵循某种特定模式，并根据这种要求，推演出通用规律。自然界是如何知道应当遵循数学上的对称原理呢？

在 1975 年的某天，年轻的数学物理学家米奇·费根鲍姆（Mitchell Feigenbaum）在美国洛斯阿拉莫斯国家实验室利用他的 HP-65 便携式计算器演算一个简单的方程式。他渐渐注意到，计算器上的数 [10] 越来越接近一个特定的数：4.669…。他惊奇地发现，在演算其他方程式时，这个神奇的数再次出现了。费根鲍姆虽然还不能解释其中的原因，但他很快就得出结论，自己发现的这个数似乎标志着从有序到混沌过渡时的某种普遍性规律。你大可不必对此感到惊讶，物理学家们在一开始时都是怀疑论者。究竟是什么原因导致那些看起来差异极大的系统行为背后拥有相同的数学特征呢？专家经过半年的评审，还是将费根鲍姆就此专题撰写的第一篇论文退稿了。不久之后，实验证明当液态氦从底部开始加热时，其变化过程同费根鲍姆的通用解决方案的预测结果恰好一样。人们发现不仅这一种体系会如此表现。费根鲍姆发现的这一令人惊讶的数不但出现在流体从有序流向紊乱的转换过程中，也会出现在水龙头滴水的过程中。

尔后人们才证实了，很多学科研究都需要数学的"预言"，这样的情况仍在不断上演。数学世界和真实（物理）世界之间那种神秘的、意想不到的相互影响，在纽结理论（这是一门研究绳结的学科）中得到了生动体现。数学上的"纽结"与现实中绳索上的结十分类似，只不过，这根绳索的头与尾必须连接在一起。也就是说，数学上的纽结位于一条闭合的、没有自由活动绳端的曲线之上。说来奇怪，创建纽结理论的主要起因是 19 世纪发展起来的一种错误的原子结构模型。这个模型在提出 20 年后就被证明是错误的了，但是，纽结理论作为一门相对难以理解的理论数学分支，却在不断发展演化。出人意料的是，数学家在纽结理论领域所做的抽象探索，突然间在现代科学研究中有了十分广泛的应用。其应用范围涵盖脱氧核糖核酸（DNA）分子结构、弦论（弦论试图将亚原子世界和引力统一起来[①]），等等。我们将在第 8 章详细讨论这个不同寻常的故事，因为这段"循环"的历史也许是一个最好的例证，充分说明了数学各分支如何在人类试图解释物理现象的过程中产生，随后如何进入数学的抽象王国，并在其中发展，最终又如何出人意料地回到了物理世界的起点。

发现还是发明？

我上面讲述的这些简短的故事已经充分证明，我们所处的世界受数学支配——至少认识、分析世界的过程深受数学的影响。正如本书将要展现的，大多数（也许是全部）人类活动似乎源于数学，对此，人类自己甚至根本没有意识到。让我们再用一个金融领域的例子来证明：布莱克－斯科尔斯期权定价模型[[1]]为其发现者们赢得了诺贝尔经济学奖——奖项最终授予了迈伦·斯科尔斯（Myron Scholes）和罗伯特·卡哈特·默顿（Robert Carhart Merton），因为费歇尔·布莱克（Fischer Black）在获奖前就已经去世了。模型中的

---

① 量子力学和引力理论在表面上完全不同，但它们在本质上都是场论。弦论认为世界是由非常细小的弦组成。从纽结理论的观点看，可以把弦视为三维空间上的弦，所以，上述两种理论可以放在一起研究。——译者注

关键平衡等式能帮助人们理解如何确定股票期权价格。(期权是一种金融工具,投资者共同商定在未来一个特定日期的股票价格,并以此价格买入或卖出股票。)令人难以置信的是,该模型的核心问题——布朗运动,此前已经被物理学家研究了几十年了。布朗运动描述了微粒不规则、无休止的运动状态,我们可以从水中悬浮的花粉粒子和空气中烟尘粒子的运动中观察到这种状态。同样的方程式也可以描述星团里无数个恒星的运动。这是不是有点像《爱丽丝梦游仙境》中所说的"神奇啊,太神奇了"?不管宇宙如何运行,商业和经济毕竟是人类思维主导创造的世界。

让我们再来看一个在电路板制造或计算机设计中的常见问题。这些领域都可能要利用激光在平板上钻出数以万计的小孔。为了节约成本,设计人员不希望"钻孔"是一种随机行为,就像"随意的旅行者"一样乱走。他们希望能在钻孔前找出最短"路径",让每个孔都被"光顾"到,而且只被"光顾"一次。其实从 20 世纪 20 年代起,数学家们就开始研究这个"旅行商问题"了。简单地说,假设有一位商人或者一位参加竞选的参选人,他想要以一种最经济的方式访问给定数量的所有城市,其中任意两座城市之间的旅行花费是已知的。他的问题就是如何找出一条能访问所有城市,并且最后回到原始出发点的、最便宜的那条路线。1954 年解决了美国 49 个城市的"旅行商问题",2004 年给出了瑞典 24 978 个城镇的解决方案[12]。也就是说,电子工业、发送包裹的物流公司,甚至制造弹珠游戏机(手指需要击打数千次)的日本厂商都要依赖于数学解决类似钻孔、调度或计算机物理设计这样的简单问题。

数学还进入了一些在传统上与之联系并不十分紧密的学科领域。例如,有一本期刊名叫《数理社会学杂志》,所谓的数理社会学,就是通过数学工具来研究和分析复杂的社会结构、组织和非正式群体。该杂志中文章的主题覆盖面很广，包括预测公众观点的数学模型、预测社会群体中某些交互行为的数学模型，等等。

让我们换个方向，把目光从数学转向人文学科，来看看计算语言学。这门学科起初只涉及计算机科学家，但今天，它已经发展为一门跨学科的研究领域，将语言学家、认知心理学家、逻辑学家和人工智能专家集中在一起，共同研究自然进化语言的复杂性。

这难道是捉弄我们的恶作剧吗？人类试图领会和理解世界奥秘的所有努力，最终却将他们引入了越来越精细、复杂的数学领域。然而，这个领域正是宇宙，甚至人类所有行为的基础。难道数学就是老师们隐藏的秘籍吗？（为了防止"教会徒弟，饿死师傅"，老师通常会把书上的知识藏起来一部分，不教给学生，这样一来，老师总显得比学生高明。）或者，借用《圣经》上的一个隐喻：数学是智慧之树结出的最终果实吗？

正如我在本章开始时介绍的，数学无理由的有效性产生了许多有趣的问题：数学是一种完全独立于人类心智的存在吗？换句话说，我们是否只是发现了本已存在的数学真理，恰如天文学家发现先前未被人类观察到的星系那样？如若不是，难道数学仅是人类的一项发明？如果数学真实存在于某个抽象世界之中，那么这个神秘的世界与物理现实世界之间是什么关系？仅掌握有限知识的人类如何才能超越时空的限制，进入这个永恒不变的神秘殿堂？另一方面，假如数学仅是人类的发明，并且只存在于人类心智中，那么我们又如何解释，自己"发明"出来的如此之多的数学真理，为何会如神迹一般地准确预言了几十年甚至几百年之后才出现的宇宙和人类生活中的某些问题呢？这些问题并不简单。正如我在书中反复讲到的，即使在今天，数学家、认知学家和哲学家对此还存在分歧。1989 年，法国数学家阿兰·孔涅（Alain Connes），这位赢得了数学界最负盛名的两项荣誉（1982 年的菲尔兹奖和 2001 年的克拉夫德奖）的数学家清晰地表达了自己的观点：

"根据我的观察，质数（仅能被 1 和自己整除的自然数）组成的世界，远比我们周围的物质世界稳定。数学家的工作可以与探险家发现世界相媲美。他们都是从经历中发现基本事实。举例来说，通过简单的计算，我们发现质数的序列似乎永无穷尽。那么，数学家的任务就是证明存在无穷多的质数，当然，这是欧几里得提出的一个古老结论。这个论证中最有趣的一个推论就是，如果某一天有人宣称他发现了最大的质数，很容易就能证明他是错的。对任何其他论证来说同样如此。由此可见，我们面对的数学现实与物理现实一样无可争议。"[13]

知名而多产的数学科普作家马丁·加德纳（Martin Gardner）支持"数学是一种发现"的观点。对他来说，无论人类认识与否，数与数学都是独立于人类认知存在的，这一点毫无疑问。他曾风趣地评论："如果森林中有 2 只恐龙与另外 2 只恐龙相遇，不管周围是否有人类在观察，那儿都会有 4 只恐龙。但是，愚蠢的熊却不会知道。"[14] 正如孔涅所强调的，"数学是一种发现"（这也是柏拉图的看法）的支持者认为，一旦人们理解了某个数学概念，如自然数 1, 2, 3, 4, …，那么就会面临一些无可争议的事实，如 $3^2 + 4^2 = 5^2$，这与人们如何看待它们的关系并无关联。至少，这会给我们留下一种印象：我们接触的就是存在的真实世界。

当然，不是所有人都这么认为。在为孔涅的一本书（在该书中，孔涅表达了他的上述观点）撰写评论文章时，英国数学家迈克尔·阿蒂亚爵士（Michael Atiyah，他在 1966 年获得了菲尔兹奖，在 2004 年获得阿贝尔奖）写道：

"每一位数学家都会支持孔涅。我们都感到整数、圆在某种抽象意义上是真实存在的，并且柏拉图的观点十分有吸引力。（我会在本书第 2 章详细讨论。）但是，我们真的能支持它吗？假如宇宙是一维空间，或者甚至是离散的，很难想象几何学在这个一维空间中是如何孕育发展的。对人类来说，我们对整数似乎更在行，计数是真正的原始概念。但是想象一下，如果文明不是出现在人类之中，而是出现在潜藏于太平洋深处、独居并与世隔绝的水母之中，情况又会如何？水母不会有个体的体验，只会感觉到周围的水。运动、温度和压力将给它提供基本的感知经验。在这样的环境中，就不会出现离散的概念，也不需要计数。"

阿蒂亚确信："通过理想化和抽象物理世界中的那些基本要素，人类创造了数学。"[15] 语言学家乔治·莱考夫（George Lakoff）和心理学家拉斐尔·努涅斯（Rafael Núñez）也持同样的观点。二人在合著的《数学从哪里来》一书中总结道："数学是人类天性的一部分，它源于我们的身体、大脑，以及我们在这个世界中每天的经历。"

阿蒂亚、莱考夫和努涅斯的观点又引出了另一个有趣的问题：如果数学完全是人类发明，那么它真的具有普遍性吗？想象一下，假如外星文明真的存在，它们是否也会发明出与我们相同的数学呢？卡尔·萨根（Carl Sagan，1934—1996）曾认为，答案是肯定的。当他在《宇宙》一书中探讨智能文明会将哪种讯息传播到外空间时，萨根提出："任何自然的物理进程都不可能只传播仅包括质数的无线电信息。假设接收到这样的信息，我们就能推断出那里存在一个至少喜欢质数的文明。"但这如何确定呢？数学物理学家史蒂芬·沃尔夫拉姆（Stephen Wolfram）在《一门新科学》一书中提到，他认为这种称为"人类的数学"的智慧，也许仅代表盛开在数学之树上的众多不同"花朵"中的一朵。假如不使用基于数学公式的法则来描述自然的话，人类也可以使用其他类型的法则，比如，在简单的计算机程序中所体现的法则。另外，一些宇宙学家已经开始讨论，我们身处的宇宙可能是多元宇宙（众多宇宙的集合体）的一个组成部分。如果多元宇宙真实存在的话，其他宇宙空间中发展出的数学与我们的数学一致吗？

有些分子生物学家和认知学家基于对大脑功能的研究提出了另外一种观点：数学与语言的区别不大。换句话说，基于这种"认知"，无数世代的人类在注意自己的双手、双眼、两腿后，数字"2"的抽象定义就慢慢形成了。同样，"鸟"这个字的概念也是这样形成的——人们逐渐认识到，这个字代表有两只翅膀，并能够飞起来的动物。正如法国神经系统学家让-皮埃尔·尚热（Jean-Pierre Changeux）所说的："对我而言，公理化方法（欧几里得几何学就建立在几条公理之上）就是与使用大脑相关的脑功能的表现。"[16] 但是，如果数学算作另外一种语言的话，我们又该如何解释，孩子为何在学习语言时相对比较轻松，而相当一部分孩子在学习数学时却倍感吃力呢？苏格兰天才儿童玛乔丽·弗莱明（Marjory Fleming，1803—1811）就用一种极无奈的语气描述了她在面对数学时的痛苦。弗莱明不到9岁就夭折了，她的日记中留下了9000多字的散文和500多行的诗歌。在一篇日记中，她曾抱怨道："我要告诉你的是，乘法表带给我无尽的痛苦和烦恼。你可能难以想象。最难对付的就是 8 乘 8 和 7 乘 7，这真是让人无法忍受。"[17]

这个问题很难回答。如果考虑其他一些因素的话，它可能就会转变成另一个问题：与其他表现人类思维的方式（如美术和音乐）相比，数学和它们有什么本质上的不同？如果没有什么本质上的不同，那么，数学为什么会表现出一种不可思议的逻辑性和自洽性？而这些特征为什么是其他任何一种人类创造都不具备的？比如，欧几里得几何学虽然是在公元前 300 年创立的，但直到今天，它依然是正确的（当然要看它的应用领域），我们仍要服从它表达的"真理"。相比之下，今天，我们既无法强迫现代人喜欢古希腊人所听的音乐，也无法继续支持亚里士多德"幼稚"的宇宙模型。

在科学研究的各个领域中，人们很少会沿用 300 年前的思想和概念。然而，最新的数学研究既有可能参考去年甚至上周才发表的数学定理，也有可能引用公元前 250 年阿基米德所证明的球表面积公式。19 世纪的原子结构模型的理论仅存在了 20 年就被抛弃了，那是因为有新的发现证明该理论的基本原理有错误，这也是大多数科研发展的一般过程。牛顿对历史上的巨人不吝溢美之词，因为他站在了巨人的肩上（也许没有，参见第 4 章），才能看得更远。但同时，牛顿也许应该向巨人们道歉，因为他的工作让他脚下很多巨人的理论过时了。

然而，这不是数学理论发展的路线图，尽管用来证明某些结论的形式已经改变，但数学结论本身却始终没有什么差别。事实上，正如数学家及作家伊恩·斯图尔特（Ian Stewart）曾经指出的："在数学领域里，谬误一词表示先前以为是正确的、而后来却发现有错误并被纠正的结论。"[18] 这些结论之所以被证明是谬误，也不是因为其他学科领域有了新的发现，而是人们更仔细、更严格地参考了那些同样古老的数学真理才证实了的。难道数学真的是上帝的语言吗？

如果你认为弄清数学究竟是一种"发现"还是一种"发明"无关紧要，那么请想想这两个词之间的差异在下面这个问题里的深长意味："上帝是一种发现还是一种发明？"或者另一个更刺激的问题："上帝是按自己的模样创造了人，还是人类按自己的形象创造了上帝？"

在本书中，我将和大家一起探寻这一问题和其他问题的答案。我们将回顾历史上以及当今最伟大的数学家、物理学家、哲学家、认知学家和语言学家在各自领域中做出的卓越贡献，以及在其研究过程中体现出的远见卓识。书中还要回顾一些近代思想家们的观点、警句和他们对相关问题持有的保留意见。让我们先以早期哲学家们的某些开创性观点为起点，开始这段激动人心的旅程吧。

第2章
神秘学：数字命理学家和哲学家

认知宇宙的渴望，一直在推动人类的进步。这种探求事物本质、寻根溯源的努力，远远超越了单纯满足生存需要、改善经济条件和提高生活质量的基本需求。当然，这并不是说所有人都会主动去探求自然的奥秘，研究抽象的形而上的哲学命题。这是一种奢侈。为了生存而整日奔波忙碌的芸芸众生，几乎没有时间和精力浪费在思考人生的意义上。然而在历史上，人类却始终不乏先驱来思考万事万物的根源，探寻那些可被人类认识的宇宙构成方式和规则。在这些人中，有一些人站得更高、看得更远。

众所周知，法国数学家、科学家和哲学家笛卡儿（René Descartes，1596—1650）是现代哲学的主要奠基人之一。[19] 从他开始，人类认识自然界的视角，从过去主要以直接感知到的特征为基础的定性描述，转为以确定数量为主的定量分析。笛卡儿力图使用数学语言从事物基础的微观层面给出科学的解释，这种方式取代了过去大多以触觉、嗅觉、色彩、感觉为要素来表述事物特征的方法：

"我认为，在实体世界中，没有任何物质能与几何学家称为数量的概念相分离，而数量是证明的对象……而且，由于所有自然现象都可以用这种方式来解释，因此我不认为除此之外，还有其他任何准则可以在物理学中被接受或令人满意。"[20]

有意思的是，笛卡儿把"思考和心智"范畴从他那伟大的科学畅想中剔除出去了。按他的观点，前者与能用数学来解释的物质世界无关。毫无疑问，笛卡儿是过去 4 个世纪以来最有影响力的思想家之一（第 4 章会再次讨论他）。但是，笛卡儿并不是第一个以数学为研究中心的人。数学渗透并主宰整个宇宙，这种一概而论的观点在两千多年前就有人提过了，尽管当时它带有强烈的神秘色彩，但在某种意义上，比笛卡儿的想法更深刻：当人们进行纯理论数学研究时，人类的灵魂就如同沉浸"在音乐中"。传说，提出这一观念的人就是毕达哥拉斯。

毕达哥拉斯

毕达哥拉斯（Pythagoras，约公元前 572—前 497）既是具有深刻影响力的自然哲学家，又是富有个人魅力的精神哲学家——他或许是人类历史上的第一人。他是科学家和宗教思想家的统一。事实上，在西方，有人认为是毕达哥拉斯创造了"哲学"和"数学"这两个词。[21] 其中，"哲学"的字面意思是智慧之爱，而"数学"的字面意思是学习的学科。今天，尽管毕达哥拉斯的手稿已经荡然无存（就算这些手稿曾经确实存在过，也只是口口相传的），我们能看到的关于毕达哥拉斯的个人传记一共仅有四本。有三本详细的传记大约在公元 3 世纪左右成书（可能只有部分内容真实可信）[22]，第四本由一位匿名作者撰写，是从拜占庭主教和哲学家佛提乌斯（Photius，约 820—891）的著作中保留下来的。如果想评价毕达哥拉斯的个人贡献，最主要的困难在于，他的信徒和追随者组成了所谓的"毕达哥拉斯学派"，他们都将自己的研究成果归功于毕达哥拉斯。因此，即使是亚里士多德（Aristotle，公元前 384—前 322）也很难辨别出在毕达哥拉斯学派的哲学中，究竟哪一部分才是属于毕达哥拉斯本人的。[23] 因此，亚里士多德笼统地将其称为"毕达哥拉斯学派"或"所谓的毕达哥拉斯学派"。由于毕达哥拉斯在后人中的崇高声望，因而大家通常公认，他至少是某些毕达哥拉斯学派理论的创始人。柏拉图，甚至哥白尼，都从毕达哥拉斯学派的理论中受益良多。

毫无疑问，毕达哥拉斯大约在公元前 6 世纪早期出生在爱琴海东部、距今天土耳其海岸不远的萨摩斯岛（Samos）。早年他曾经四处游学，足迹遍布古埃及，也许还去过古巴比伦——他的数学知识至少有一部分是从那里学来的。后来，毕达哥拉斯移居古希腊的克罗顿（Croton，今意大利南端附近）。在那里，他的周围迅速聚集了一大批热情的学生和追随者。

古希腊的历史学家希罗多德（Herodotus，约公元前 485—前 425）认为，毕达哥拉斯是"所有希腊人中最有才干的"。[24] 前苏格拉底派的哲学家、诗人安培克莱（Empedocles，约公元前 492—前 432）对毕达哥拉斯更加推崇："但在他们之中，有一个人把其他所有人都远远抛在了身后。他学识渊博、见解深刻，几乎精通所有的科学领域，并在各个领域都做出了杰出贡献，足以被称为大师。在任何时候，只要他全身心地投入，就能轻易发掘并分辨出所有真相。他似乎有十个人，不，是二十个人的智慧。"[25] 当然，并不是所有人都欣赏他。据说，爱菲索斯的哲学家赫拉克得特（Heraclitus，约公元前 535—前 475）与毕达哥拉斯之间有一些私人恩怨，因此，他虽然承认毕达哥拉斯学识广博，但同时又用轻蔑的口吻评价道："多学习并不能产生智慧，否则，就能教会赫西奥德（Hesiod，古希腊诗人，生活在约公元前 700 年）和毕达哥拉斯了。"

毕达哥拉斯和早期的毕达哥拉斯学派在他们生活的那个时代里，既不是严格意义上的数学家，也不是纯粹的科学家。事实上，数的含义所构成的形而上哲学，才是他们理论和教义的核心。对于毕达哥拉斯学派来说，数不仅是有生命的实体，而且是宇宙运行的法则，贯穿于一切事物，无论是天国，还是人类的道德，概莫能外。换句话说，在毕达哥拉斯学派眼中，数有两种截然不同却又紧密相关、互为补充的含义。一方面，数有明确的物理存在形式；另一方面，它们又是抽象的法则，基于这种法则才能形成万事万物。例如，单子 [26]（数字 1①）被视为所有其他数的基数，和水、空气、火（当时被认为是构成物质世界最基础的要素）一样，是独立存在体。同时，单子也被认为是一种思想，代表所有创造之源的形而上统一。英国哲学史学家托马斯·斯坦利（Thomas Stanley，1625—1678）曾用优美的文字（这种优美仅针对 17 世纪的英文而言）描述过毕达哥拉斯学派与数联系在一起时有两种特点：

"数有两种类型，知性的（或者说是无形的）和知识的。知性的数讲的是数的永恒本质。毕达哥拉斯在一次有关上帝的演讲中宣称，这种知性是天堂、人间，以及两者之间的自然界中最神奇的一条法则……这也被称为所有事物的法则、根源、基础……知识的数被毕达哥拉斯定义为本源的行为拓展和产物，这种本源存在于单子及单子自身的累积之中。"[27]

---

① 代表不可再分的最简单的客观实体。——译者注

　　因此，数不仅是用来表示量的工具。事实上，数的发现是必然的，因为它们是自然界中万物形式上的代表。宇宙中的所有东西，从物质的实体（例如地球），到抽象的概念（例如正义），都是数。

　　有人认为，数令人迷恋[28]，这也许并不奇怪。即使在日常生活中，我们每天都会遇到的那些最普通的数也有一些有趣的特性。例如，一年有 365 天，365 是 3 个连续的自然数的平方之和（$365 = 10^2 + 11^2 + 12^2$），而 365 又是两个连续的自然数的平方和（$365 = 13^2 + 14^2$）。让我们再以 2 月的天数 28 为例。28 是自己所有的约数（可被其整除的数）之和，$28 = 1 + 2 + 4 + 7 + 14$。具有这种特性的数被称为完全数（最小的 4 个完全数是 6、28、496、8128）。注意，28 还是最小的两个奇数的立方和，$28 = 1^3 + 3^3$。还有 100，它在今天这个十进制的世界里得到了广泛应用，而且也具独特的性质，如 $100 = 1^3 + 2^3 + 3^3 + 4^3$。

　　从以上这些数的特点中我们可以看出，数的确迷人。也许有人会问，毕达哥拉斯学派中数的教义的起源是什么？究竟是什么原因，令毕达哥拉斯学派认为不仅万事万物都包含数，而且宇宙万物的本质也全部都是数？毕达哥拉斯没有任何文字形式的著作留存下来——就算曾经有过，可能也早已被湮灭在历史的长河中了，今天如果想准确回答这个问题，十分困难。现存的有关毕达哥拉斯本人学说的资料，主要来自前柏拉图时期的一些只言片语的记载，以及后期一些可信度不高、主要源于柏拉图和亚里士多德学派的相关哲学讨论。综合历史上所有有关的线索来看，数之所以令人困惑，又使人着迷，其根本原因或许在于毕达哥拉斯学派重视音乐的体验和对星空的观察。这两种活动尽管表面上毫无关联，但按照毕达哥拉斯学派的观点，它们都与数学紧密联系。

　　若想理解数、星空和音乐之间神秘的联系，我们就不得不从毕达哥拉斯学派利用小卵石、圆点来计数的趣事说起。例如，毕达哥拉斯学派把自然数 1, 2, 3, 4, … 个卵石排列成三角形，摆成如图 2-1 所示的形状。特别是，图中第 4 个三角形由前 4 个整数构成（由 10 块卵石排列而成，每行卵石的块数代表一个整数），它被称为"四元体"（Tetraktys，意思是 4 或四进制）。在毕达哥拉斯学派的观念中，四元体是完美的代表，并且是构成事物的基本要素。有关毕达哥拉斯和四元体的故事，在历史上也有流传。古希腊讽刺作家卢西恩（Lucian，约公元前 120—前 80）就曾记录，毕达哥拉斯有一次请某人计数[29]，当这个人数着"1, 2, 3, 4"时，毕达哥拉斯打断了他："看到没有？你把 10 当成了 4，这是一个完美的三角形，也是我们的誓约符号。"新柏拉图派哲学家亚姆利库（Iamblichus，约公元 250—325）认为，毕达哥拉斯学派的誓约是真实存在的，内容如下：

> "我以发现四元体的名义宣誓，
> 它是我们所有智慧的源泉，
> 也是自然之源永恒的根基。"[30]

图　2-1

　　毕达哥拉斯学派为什么会如此推崇四元体？这也许是因为在公

元前 6 世纪的毕达哥拉斯学派眼中，四元体似乎体现了整个宇宙的全部本质。在几何学中（这是古希腊时期划时代思想革命的踏板和起点），数字 1 代表点 •，数字 2 代表线 •——•，数字 3 代表面 △，数字 4 代表三维四面体 △。以这种观点分析，四元体包含了空间中所有可见的维度 [1]。

但这只是开始。在研究音乐时，四元体也呈现出了惊人的一面。人们普遍认为，毕达哥拉斯和毕达哥拉斯学派发现了，用连续整数分割弦可以产生谐音及协和音程。这个奥秘在任何一首弦乐四重奏表演中都有所体现。当两根相似的弦被同时弹响时，如果弦的长度比呈单比例，就会发出令人愉悦的动听声音。[31] 例如，长度相等的弦（此时比例为 1 : 1），产生的是同音；当比例为 1 : 2 时，产生的是八度音程；当比例为 2 : 3 时，发出的是纯五度音程；当比例为 3 : 4 时，产生的是纯四度音程。除了这种"包含一切"的空间属性外，四元体还被视为构成和谐音阶的数学比例的典型代表。空间和音乐之间这种奇妙的联系，赋予毕达哥拉斯学派一个强有力的标志，让他们感觉到"科斯摩斯"（kosmos，意为"万物秩序之美"）的"哈尔摩尼亚"（harmonia，意为"合为一体"）。

那么，天空和数的关系又是怎样的呢？毕达哥拉斯和毕达哥拉斯学派在历史上又扮演了天文学家的角色。这个角色并不十分关键，但绝非无足轻重。毕达哥拉斯学派是支持地球是球形这一观点的先驱之一——也许是因为他们认为球形在数学上是最美的形状。或许，也是他们第一个宣称，行星、太阳和月亮都各自独立地、自

---

① 毕达哥拉斯学派认为，点的流动产生了线，线的流动产生了平面，平面的运动产生了立体，这样就产生了可见的世界。——译者注

西向东地运动，这与它们每日绕恒星运动的（表观）方向相反。这群喜欢夜晚星空的人肯定不会错过恒星星座最明显的两个特征——星座的形状和组成星座的恒星数量。事实上，人们正是通过星座包含的恒星数量，以及这些恒星形成的几何图案来区分、认知星座的。这两个特征也是毕达哥拉斯学派关于数的绝对本质的教义的核心部分，四元体就是一个典型例子。几何图形、天空星座和音乐的和音都取决于数，这让毕达哥拉斯学派感到欣喜若狂，因此，他们确信数是组成宇宙最基础的因素，而且还是隐藏于宇宙背后的主宰法则。难怪，毕达哥拉斯的座右铭被定为"万物皆数"。

今天，我们可以从亚里士多德的两条评论中看出毕达哥拉斯学派是如何把这条座右铭奉为圭臬的。第一条是在亚里士多德编集的专著《形而上学》中，他写道："毕达哥拉斯学派致力于研究数学，正是他们让这门科学第一次得到了真正的发展。他们通过研究，逐渐形成一种观念：数学规律也是宇宙万物的规律。"在另一段中，亚里士多德生动地描述了毕达哥拉斯学派对数的崇拜，以及四元体在其学说中担负的重要角色："欧律托斯（Eurytus，毕达哥拉斯学派学者菲洛劳斯的学生）解决了什么物体有什么样的数的问题（例如，这是人的数，那是马的数）。在他们把数引入三角形或正方形结构之后，他利用小卵石模仿生物的外形。"最后一句"三角形或正方形"既暗指四元体，也暗指毕达哥拉斯学派中另一个令人着迷的结构——磬折形（gnomon）。①

gnomon 一词的原意为"标记"，进而表示"日晷"——这是一种起源于古巴比伦的时间测量仪器，主要用于天文学观测，与日

---

① 在几何学中，指自平面四边形的一角除去一个相似形后所余的图形。——译者注

晷极为相似。[32] 这种仪器似乎是由毕达哥拉斯的老师、自然哲学家阿那克西曼德（Anaximander，约公元前 611—前 547）引入古希腊的。毫无疑问，学生在几何学上深受老师的学术思想的影响，并最终将老师的研究成果应用于宇宙学，即从整体上研究宇宙的学问。后来，gnomon 一词代表了一种绘制角度的工具，有点像木匠使用的直角尺。继而，它被用来表示直角图形，即磬折形：每增加这样一个图形，就会形成一个更大的正方形（图 2–2）。值得关注的是，如果用 7 块卵石在一个 3×3 的正方形上增加一个磬折形，就会得到一个由 16 块卵石（4×4）组成的正方形。这个过程直观、形象地说明了以下特性：在由奇数 1, 3, 5, 7, 9, … 构成的数列中，任何一组连续的数（从 1 开始）之和都会是一个平方数。例如 $1 = 1^2$，$1 + 3 = 4 = 2^2$，$1 + 3 + 5 = 9 = 3^2$，$1 + 3 + 5 + 7 = 16 = 4^2$，$1 + 3 + 5 + 7 + 9 = 25 = 5^2$。毕达哥拉斯学派认为，磬折形与其"包含"的正方形之间的紧密联系代表着总体上的知识，其中，正在认知的"包围"着已知的。因此，数不仅可以被用来描述物理世界，也被当作人类精神和情感过程的基础。

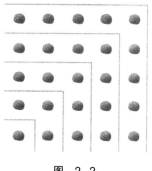

图 2–2

与磬折形相关的平方数或许是大名鼎鼎的毕达哥拉斯定理的前身。这条著名的定理讲的是，在任何一个直角三角形中（图 2-3），如果分别以三角形的三条边为边长作正方形，那么以斜边为边长的那个正方形的面积是以直角边为边长的两个正方形的面积之和。漫画作品《弗兰克和欧内斯特》（*Frank and Ernest*）用黑色幽默展现了这条定理（图 2-4）。回想一下图 2-2 中的那个磬折形，在一个 4×4 的正方形中增加一个平方磬折数 $9 = 3^2$，就会得到一个新的 5×5 的正方形，结果怎么样？$3^2 + 4^2 = 5^2$，数字 3、4、5 可以代表直角三角形的边长。事实上，凡是具有这种特征的整数（例如对于 5、12、13 来说，有 $5^2 + 12^2 = 13^2$）都被称为"毕达哥拉斯三元数组"。

很少有数学定理能像毕达哥拉斯定理那样以发现者的名字命名。在 1971 年，尼加拉瓜共和国挑选了 10 个公式，以"改变世界面貌的 10 个数学公式"作为一组纪念邮票的主题，毕达哥拉斯定理就出现在其中的第二张邮票上（如图 2-5 所示，该组邮票的第一张上绘制的是"1 + 1 = 2"）。

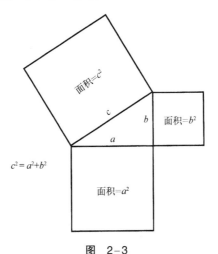

图　2-3

图　2-4

图　2-5

你也许会有疑问，毕达哥拉斯是否真的是第一个明确描述这条定理的人？一些早期希腊历史学家的确这么认为。欧几里得（Euclid，约公元前325—前265）的《几何原本》在几何学领域和

数论领域都具有非常巨大的影响力。古希腊哲学家普罗克洛斯
（Proclus，约411—485）在评论这本书时曾写道："如果我们听到
有人详细叙述古代历史，就会发现人们把这条定理归功于毕达哥拉
斯本人，并称他专门献祭了一头公牛，以庆祝这条定理的发现。"[33]
然而事实上，毕达哥拉斯三元数组早在古巴比伦的楔形文字泥板书
上就已经出现了。这块名为"Plimton 322"的泥板现存于美国哥伦
比亚大学，其历史大约可以追溯到汉谟拉比王朝时代（约公元前
1900—前1600）。除此之外，以毕达哥拉斯定理为基础的几何学在
古印度建造祭坛时也有应用。古印度的圣典《百道梵书》清楚地介
绍了这些建筑结构，其成书时间至少要比毕达哥拉斯早几百年。[34]
但是，无论是不是毕达哥拉斯本人第一个发现了这条定理，毫无疑
问的是，在人类发现了把数、形状和万物编织在一起的复杂联
系后，毕达哥拉斯学派才得以从细节上更深入地研究次序的形而上
哲学。

　　在毕达哥拉斯学派的世界里，另一个居于核心地位的观念是
"宇宙对立"。对立的形式是早期爱奥尼亚（Ionian）科学传统中的
基础准则，因此，迷恋次序的毕达哥拉斯学派很自然地吸纳了这种
思想。亚里士多德曾提到，甚至有一位名叫阿尔克梅翁（Alcmaeon）
的医生也认为万物都是成对出现，而且两者之间处于一种神奇的平
衡。他与毕达哥拉斯是同时代的人，当时也居住在克罗顿，而毕达
哥拉斯那所著名的学校就坐落于此。最重要的一组对立是由奇数代
表的有限和由偶数代表的无限。有限是一种力量，把次序与和谐引
入无序、放纵和无限之中。从微观角度讲，整个宇宙和人类生命的
复杂性都可以被认为是由一系列在某种程度上和谐统一的对立事物
组成并支配的。这种黑与白交织形成的世界本质认识论，在亚里士

多德的《形而上学》一书中被总结为一张"对立表"：

有限	无限
奇数	偶数
单数	复数
右	左
男	女
静止	运动
直	弯
光明	黑暗
好	坏
正方形	长方形

对立表反映出的哲学思想并不仅局限于古希腊，中国古代"阴阳"的观念也表现了同样的思想。[35] 在中国的阴阳观念里，阴代表负面和黑暗，阳代表光明和积极。西方人借助天堂和地狱的概念，很容易就能理解这种对立的观念。如果更进一步的话，我们还可以说，生命的意义是被死亡所阐明，而知识的力量正是被无知所衬托，这是不变的真理。

当然，即使在毕达哥拉斯学派中，也不是所有人的研究都直接与数相关。毕达哥拉斯学派组成了一个结构紧凑的社会组织，他们倡导素食，虔诚地信奉灵魂可以转世重生，并能够恒久不灭。神秘的是，他们还禁止食用豆子。对此有几种解释，其中一种解释是，他们认为吃豆子等同于吃活的灵魂。还有一种解释是，吃豆子后会放屁，而放屁被视为呼吸已停止的证明。在《哲学达人迷》[36] 一书中，作者这样总结毕达哥拉斯学派的教义："万物皆数；不要吃豆子，因为它们会害了你^①。"

现存关于毕达哥拉斯的最古老的故事与他信奉灵魂转世有关。[37]
这个富有诗意的故事是公元前 6 世纪科洛封的诗人色诺芬尼
（Xenophanes）所讲述的："据说，毕达哥拉斯曾有一次在路上遇到
一条被打得遍体鳞伤的狗。毕达哥拉斯十分怜悯它，于是呵止打狗
的人道：'停，别打它了，我认识这条狗，它身体里的灵魂是我的
一位朋友，从它的叫声里我能听出他的声音。'"

毕达哥拉斯的思想不仅体现在继他之后的希腊哲学课程中，而
且一直延续到了欧洲中世纪的大学课程里。在当时的大学中，七门
学科被划分为"三课程"（trivium）和"四学科"（quadrivium），
三课程是指辩证法、修辞和语法，四学科是毕达哥拉斯学派最钟爱
的几个主题——几何、算术、天文和音乐。毕达哥拉斯学派称，天
空中的星辰在其运行轨迹上演奏最动听的乐章，而只有毕达哥拉斯
才能听得到。这种说法激发了那个时代的诗人和科学家的灵感。著
名的天文学家约翰尼斯·开普勒（Johannes Kepler，1571—1630）
在发现了行星运动规律之后，就选择用《世界的和谐音》
（Harmonice Mundi）作为他最具影响力的一篇论文的题目。开普勒
甚至在毕达哥拉斯学派的启发下，为不同的行星进一步细微地"调
音"，正如音乐家古斯塔夫·霍尔斯特（Gustav Holst）在三个世纪
后所做的那样^②。

从本书关注的焦点来分析，如果我们把毕达哥拉斯学派的哲学

---

① 这句话的原文是 "Everything is made of numbers, and don't eat beans because
they'll do a number on you"，最后这个短语是一语双关。——编者注
② 霍尔斯特的代表作之一《行星》（作品第 32 号）是一组由 7 个乐章组成的管
弦乐组曲。——译者注

思想中那层"神秘外衣"剥去，那么我们就会发现，其学说的主体部分在数学、数学本质以及数学与物理世界和人类精神之间的关系等方面都具有重大影响。[38] 毕达哥拉斯和毕达哥拉斯学派是人类认识宇宙、探索宇宙秩序的先行者，他们可以被视为理论数学的奠基人。与他们的前辈（主要是古巴比伦人和古埃及人）不同的是，毕达哥拉斯学派在研究数学时，更侧重于把数学作为一门抽象的学问来看待，任何出于实用性目的的分析，都不是他们思考的重点。毕达哥拉斯学派是否建立了作为科学研究工具的数学体系？这个问题十分棘手，难以给出明确的答案。毕达哥拉斯学派的确把万事万物都和数联系在了一起，但事实上，他们研究的重点是数本身，而不是现象或现象背后的原因。对于科学研究而言，这并不是一条能创造丰硕成果的研究道路。与此同时，毕达哥拉斯学派教义的基础，是对普遍存在的自然规律的绝对信仰。这种已经成为现代科学核心支柱的信仰，或许源自古希腊悲剧中主人公那不可抗拒的悲剧性命运。进入文艺复兴时期后，人们仍然坚信这种规则体系能够解释万物，而且，在尚未找到任何具体证据之前，这种信仰仍在与日俱增。唯有伽利略、笛卡儿、牛顿在归纳的基础上把这种信仰转化成了可证明的命题。

　　毕达哥拉斯学派的另一项重大贡献是，他们清楚地认识到自己的"数字宗教"是不切实际的。对于毕达哥拉斯学派而言，这种认识虽然有点残忍，却是事实。整数 1, 2, 3, …并不足以构建完整的数学体系，更不用说用它们去解释宇宙了。看看图 2-6 中的正方形，如果把它的边长定义为 1，把对角线的长度设为 d，根据毕达哥拉斯定理，将正方形分成两个直角三角形，利用其中任何一个三角形就可以很轻松地计算出这条对角线的长度。根据定理可知，正方形的对角线（也就是直角三角形的斜边）的平方，等于该三角形两条直角边的平方和，即 $d^2 = 1^2 + 1^2$，即 $d^2 = 2$。只要你理解了正数的平方，就会明白数的平方根是什么，例如，如果 $x^2 = 9$，那么正数 x 为 $\sqrt{9} = 3$。此时，$d^2 = 2$，那么就意味着 $d = \sqrt{2}$，也就是说，正方形对角线长度与边长长度之比等于 $\sqrt{2}$。这是一个真正令人震惊的发现，它足以摧毁毕达哥拉斯学派结构严谨的离散数字的哲学体系。毕达哥拉斯学派的一位信徒（也许是来自梅塔蓬图姆的希帕苏斯，他大约生活在公元前 5 世纪前半叶）成功证明了 2 的平方根不能表示成两个整数的比值。[39] 换句话说，尽管我们有无穷多的整数可供选择，但是如果想从中找出两个数，使其比等于 $\sqrt{2}$，这种努力从一开始就注定不可能成功。能表示为两个整数之比的数（如 3/17、2/5、1/10、6/1）被称为有理数。毕达哥拉斯学派证明了 $\sqrt{2}$ 不是有理数。事实上，在这个发现之后不久，人们就认识到 $\sqrt{3}$、$\sqrt{17}$ 也不是有理数。更进一步的话，那些不是完全平方数（如 16、25）的数，其平方根都不是有理数。该发现带来的后果是戏剧性的。毕达哥拉斯学派证明了在无穷多的有理数之外，还不得不增加同样无穷多的一类新数，也就是今天我们所称的无理数。无理数的发现对以后数学分析发展的重要性，怎么强调都不过分。但是，无理数让 19 世纪的人类认识到了存在"可数的"极限和"不可数的"极限。[40] 在发现无理数之后，毕达哥拉斯学派迅速被推向了风口浪尖，铺天盖地的哲学批判几乎将其淹没，哲学家亚姆利库记载了那位发现了无理数，并将其特性告之于"那些不值得分享理论的人"，他"受到排挤和痛恨，不仅被禁止与毕达哥拉斯学派的日常联系，甚至连他的坟墓都被提前修建好了，好像（他们）先前的这位同道已经被排除在人类范畴之外了"。[41]

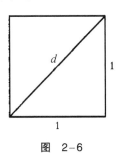

图　2-6

　　或许，比发现无理数更重要的，是具有开拓精神的毕达哥拉斯学派在数学证明上的坚持。这种证明步骤从一些假设出发，完全基于逻辑推理，这样一来，任何一个数学命题的正确性都可以确定无疑地得到证实。在古希腊人之前，就算是数学家们也没有期望有人会关注这种费神劳心的研究，哪怕是一点。如果一种数学方法能在实践中应用，比如能把土地合理地分成几块，那就是足够的证明了。然而，古希腊人想弄清楚数学为什么会在这一过程中起作用。证明这一概念，也许是由米利都的哲学家泰勒斯（Thales，约公元前625—前547）首次提出的。毕达哥拉斯学派中有一部分人想把这种实践（证明）变成探知数学真理的无可挑剔的工具。这种逻辑上的重大突破，其巨大意义不可估量。以假设为起点的证明迅速奠定了数学坚实的基础性地位，让数学远比哲学家在同时代讨论的其他学科更可靠。一条严格的证明需要一系列严谨、没有任何漏洞的推导步骤，一旦这个过程完全成立，那么与此相关的数学表达的正确性也将不容置疑。甚至是阿瑟·柯南·道尔（Arthur Conan Doyle）——世界上最著名的那位侦探的创造者，也承认数学证明的特殊地位。在他的小说《血字的研究》中，夏洛克·福尔摩斯就曾声称，他的结论"像欧几里得的数学命题那样绝对可靠"。

数学是一种发现还是一种发明？这对于毕达哥拉斯和毕达哥拉斯学派来说并不是一个问题。他们认为数学是真实的，不可改变，无处不在，比脆弱的人类大脑可能想到的所有事物都更值得崇拜。毕达哥拉斯学派把宇宙完全嵌入了数学之中。事实上，在毕达哥拉斯学派眼中，上帝不是一位数学家，数学就是上帝！[42]

毕达哥拉斯学派哲学的重要性不仅在于其真实的、内在的价值，通过创造条件、拓展研究范畴，它为下一代哲学家（主要是柏拉图）创造了条件。因此，毕达哥拉斯学派在西方思想史上占据着极其重要的地位。

进入柏拉图的洞穴

著名的英国哲学家、数学家阿尔弗雷德·诺思·怀特海（Alfred North Whitehead，1861—1947）曾经这样评价："关于西方哲学史最准确的概括就是：这些都是柏拉图思想的脚注。"[43]

事实上，柏拉图（Plato，约公元前428—前347）最先把数学、科学、语言学、宗教、伦理和艺术等学科融合在一起，统一对待、研究，这种方法的本质是把哲学定义为一门学科。对柏拉图而言，哲学并不是与日常活动完全脱节的抽象主题，而是引导人类按正确方式去生活、去认识真理，并管理他们的政治活动的核心力量。尤其，柏拉图认为哲学能帮助人类进入真理的王国。在柏拉图的观念里，"真理的王国"绝非人类可轻易触及，如果人们只是通过感官直接感知，或仅仅利用简单的常识来推导，是不可能成功进入这个王国的。谁才是对纯粹知识、绝对完美和永恒真理的不懈追寻者呢？[44]

柏拉图出生于雅典，也有记载是埃伊纳岛。他的父亲是阿里斯通（Ariston），母亲是克里提俄涅（Perictione）。图 2–7 是柏拉图的罗马石柱头像，这极有可能是现存最接近柏拉图本人的雕塑了，据说这座雕像是根据公元前 4 世纪的一个古希腊雕塑作品复制的。柏拉图父母的两族都人才辈出，比如梭伦（Solon）是一位著名的立法学家，还有科德罗斯（Codrus），据说他是雅典最后一任君主。柏拉图的叔叔卡尔米德（Charmides）、表舅克瑞提亚斯（Critias）是著名的哲学家苏格拉底（Socrates，约公元前470—前399）的好友，而苏格拉底在许多方面对柏拉图都有着深远的影响，对柏拉图早期哲学思想的形成更是如此。早年，柏拉图的志向是从政，但当时，政治派系之间的一系列暴力活动让他对政治感到十分失望。后来，早年政治生涯带给柏拉图的厌恶感，刺激他开始思考教育的本质。在柏拉图看来，教育的本质就是培养日后保护国家的精英。有一次，他甚至试图成为锡拉丘兹的国王狄奥尼修斯二世（Dionysius Ⅱ）的家庭老师——当然，最终他未能成功。

图 2-7 柏拉图

公元前 399 年，苏格拉底被判处死刑。这件事对柏拉图的刺激非常大，之后，他开始游历四方。到公元前 387 年左右，他建立了一所著名的"学院"。这所学院讲授的课程主要是哲学和科学。直到去世，柏拉图一直担任该学院的院长。在他之后，该职位由他的外甥斯珀西波斯（Speusippus）继任。与今天正规的高等院校不同，柏拉图的学院不算太正式，其学生大多都是当时的俊杰，他们在柏拉图的指导下，根据自己的兴趣自由选择研究方向，而后进行深入探索。学院不收学费，没有必须遵照执行的课程表，甚至没有全职的教职人员。尽管环境十分宽松，但想进入学院学习却不那么容易。据说，学院有一条明确的"入门须知"。根据公元 4 世纪的罗马皇帝、"叛教者"朱利安的某次演讲，我们才得知，柏拉图的学院门口悬挂着一块沉重的石碑，但朱利安的演说中并未明确提及石碑铭文的具体内容是什么。[45] 在公元 4 世纪的一部著作的旁注中，却有这样的相关记载："不懂几何的人不得入内。"柏拉图学院的建立与对这块石碑铭文的首次描述之间相隔了至少 800 年，因而我们不能完全确定这句话的真实性。不过毫无疑问，这个苛刻的要求所表达的含义反映了柏拉图对待数学的态度。柏拉图在一篇著名的对话录《高尔吉亚篇》中表示："几何中的等式对于诸神和人类都同样重要。"

柏拉图学院的"学生"通常自己承担食宿费用。他们中的某些人，比如亚里士多德，甚至在学院里待了 20 年。柏拉图认为，富有智慧的俊杰们在一起朝夕相处、共同研究、不断讨论，可以相互启发，教学相长，这种不断激发新思想的学习方式才是最好的学习方法。他们研究的课题范围十分宽泛，涵盖抽象的形而上哲学、数学、伦理学、政治学，等等。柏拉图学院教授的学科十分纯粹，在某种程度上甚至可以说是"神圣"的。比利时象征主义画家让·德尔维尔（Jean Delville，1867—1953）在一幅名为《柏拉图的学院》（ L'Ecole de Platon ）的绘画作品中，传神地捕捉到了学院的这种品质，并通过这幅画实现了精彩的诠释。为了强调柏拉图学生们的自由精神，德尔维尔用裸体表现了他们的艺术形象，画中的人物看起来都是中性（即兼具两性）的，这是因为，这种形式被认为是人类最原始的形态。

令人失望的是，考古学家至今仍未发现柏拉图学院的任何遗迹。[46]2007 年夏天，我去希腊旅游了一次，期间，我特地去探寻了柏拉图学院曾经存在的线索。柏拉图曾提到，宙斯柱廊（公元前5 世纪修建的有屋顶的人行道）是与朋友交流的最好去处，因此我还专门去那里看了看。今天，这条柱廊只剩下一些断壁残垣（图2–8），位于雅典西北部的一所古集市内。然而在柏拉图的时代，这个地方可是世界文明的中心之一。必须说，虽然那天室外气温高

达 46℃，但当我徘徊在这条小道上时，仍在不由自主地、激动地
颤抖。想象一下吧，我脚下的这条小道，也是人类历史上最伟大的
那些人走过了成百上千次的地方。

图 2-8

传说中柏拉图学院大门上的那块石碑，清楚地表达了柏拉图对
数学的态度。事实上，公元前 4 世纪最重要的数学研究与发现都与
柏拉图学院有着千丝万缕的联系。然而让人吃惊的是，柏拉图本人
却不是一位专业的数学家，他对数学的直接贡献就更少了。在某种
程度上，他只是一名热情的观众，是激发竞争的源头，是能给出准
确评价、富于洞察的评论家，是鼓舞人心、激发前进的向导。公元
1 世纪，哲学家、历史学家菲洛德穆（Philodemus）描绘了这样一
幅画面："柏拉图好像是一位总设计师，他提出问题、分配人员、

安排进度，数学家们则极其认真地开展研究。通过这样的研究方式，当时最伟大的发现都集中在了数学领域。"[47] 新柏拉图派的哲学家、数学家普罗克洛斯补充道: "出于对数学等研究领域的热情，柏拉图极大地发展了数学，特别是几何学。众所周知，他在著作中高度关注数学课题，并不遗余力地引导、敦促他的学生在各自的研究领域中要重视数学。"[48] 换句话说，尽管柏拉图本人的数学成就并不突出，但他对数学的理解基本与时代同行。他是一位问题发现者，并能与数学家进行平等的对话和交流。

　　另一个评判柏拉图在数学领域中的贡献的重要证据，来自他的著作《理想国》——这也许是他最重要、最伟大的对话录。在《理想国》一书中，各种思想融合为一体，包括美学、伦理学、形而上哲学和政治学。在这本书的第 7 章，通过对话的主要角色苏格拉底之口，柏拉图提出了通过教育培养"乌托邦"管理者的宏伟计划。这张严格的培训计划表（也许过于理想化了）包括了以下内容: 从孩童时期就借助戏剧、旅行和体操对他们进行训练，之后从中挑选出有前途的苗子，进行不少于 10 年的数学教育、不少于 5 年的辩证法教育，以及不少于 15 年的实践锻炼。实践锻炼的主要途径是让他们在战争时期与和平时期担任"适合于年轻人"的领导职务，并通过这种方式增加其实际经验。为什么要对未来的政治精英进行这种严格的训练？柏拉图给予了清晰、明确的解释:

　　"我们需要那些在任职后不会变得墨守成规的人。否则，就会与情敌产生一场竞争。还能有比那些对从事善政拥有丰富经验、怀揣其他卓越才能、适应政治家生活的精英更合适管理城邦的人吗？"[49]

令人耳目一新，是吧？这种要求即使在柏拉图时代可能也是不切实际的。不过，乔治·华盛顿（George Washington）就认同柏拉图的某些观点，他认为，对未来的政治家进行数学和哲学教育是十分有必要的：

"数学，就某种程度而言，不仅在现代文明时代的各行各业中都不可或缺，而且，探索数学真理的过程会令人类思维习惯于通过推理，思考解决方法并寻找正确答案。同时，这也是培养理性思维最有效的方式。疑云围绕着事物的存在状态，有太多不确定因素交织在一起，阻碍了我们对事物的认识，然而，理性思维能帮助我们发现其根源。在数学和哲学的引导下，人类会不自觉地进行更全面的推测和更深入的思考。"[50]

数学的本质是什么？比起柏拉图是数学家还是研究的发起者这类问题来，更值得关注的问题是，柏拉图是一位数学哲学家吗？柏拉图那光耀千古的思想不仅使他超越了同时代的所有哲学家和数学家，而且使他成为随后千年以来最具影响力的重要人物之一。

柏拉图关于数学本质的观点，在他那个著名的"山洞"寓言里得到了极好的诠释。在这个寓言中，他着重表达了对人类感官所提供信息的正确性的怀疑。柏拉图认为，人类所能感知的世界，并不比在洞穴墙壁上投射的阴影更真实。[51]下面有一段摘自《理想国》的著名篇章：

"假设有一群人居住在地底的一个山洞中，这个山洞只有一个长长的出口，洞口正对着横扫过的光线。这些人从小就被困在这个山洞里，他们的腿和脖子都被绑起来，不能随意移动，头部也不能任意转动，只能看到自己的正前方。洞中的光明来自他们头顶和身后极远处的火堆，在火和这些居民之间有一条小路，路的尽头有一面墙。这面墙有点儿像木偶剧中观众面前的幕布，通过这块幕布能看到木偶的表演……从墙上还能看到人类拿着手工制品、木头、石块和其他各种材料进行生产活动，所有这些场景都被投射到了这面墙上……你可以想象，这些人看不到他们自己和别人，而只能看到被火光映射到洞中那面墙壁上的影子。"

根据柏拉图的观点，我们与那些生活在山洞中、把影子当作真实存在的人在本质上并没有什么不同（图 2-9）。值得一提的是，柏拉图着重强调，数学真理反映的不是可以被画在莎草纸上或者用一根木棍画在沙滩上的圆、三角形、正方形这些有形事物，而是存在于理想世界中的抽象、无形的东西，这个理想世界是所有真理和完美汇集的地方。这个数学形式的柏拉图世界与物理世界截然不同，并且，正是在柏拉图的世界中，如毕达哥拉斯定理等数学命题才是真正正确的。我们能描绘在纸上的直角三角形并不是完美的直角三角形，它只是理想的、"真正"的直角三角形的一个近似副本。

柏拉图关注的另一个基础问题就是以假设和公理为基础的数学证明过程的本质，并从细节上进行了研究。这里所谓的公理就是一些基础论断，它们的正确性被认为是"不证自明"的。例如，欧几里得几何学中第一条公理是：过两点有且仅有一条直线。在《理想国》中，柏拉图用十分精辟的语言把假设的概念与他的数学世界的概念联系在了一起：

图2-9　让·萨恩莱姆（Jan Saenredam）于1604年创作的版画，版画表现的就是柏拉图的山洞寓言

　　"我想大家都知道，那些潜心研究几何学、算术这类学科的人，都把奇数、偶数、图形、三种角度，以及其他与它们同根同源的概念视为理所当然。他们认为这些概念是尽人皆知的。他们觉得，当把这些基本概念作为假设前提后，就不需要对自己或其他任何人再做解释，因为这对每个人而言都是显而易见的。基于这种假定，他们立刻着手研究论题中的其余部分，直到得出能获得普遍认同的结论。众所周知，他们利用了可见的图形，并为之争论，但在此过程中，他们考虑的不是图形，而是图形代表的意义。因此，他们讨论的主题是绝对的正方形和绝对的圆的直径，而不是那些画在纸上的直径……人们研究的是能看到的事物，它们对应着绝对存在的东西，而这种绝对存在的东西无法被看到，只能被思考。"

柏拉图的观点形成了柏拉图主义，不仅讨论了哲学，也涉及数学的本质。[52]柏拉图主义认为存在某种抽象、持久和不变的客观真相，这种客观真相与我们感知到的、短暂的世界没有关系。根据柏拉图主义的观点，数学和宇宙的存在一样，也是作为一种客观真相存在的。不仅自然数、圆和正方形是真实存在的，而且虚数、函数、分式、非欧几何学、无限集合，以及与它们相关的各种定理同样也是真实存在的。简而言之，每一个数学概念或"客观真相"的陈述（稍后定义）——无论是已形成的确切阐述，还是想象中的陈述，以及无数尚未发现的概念和表达，都是绝对的，或者说是普适的实体。这些实体既不能被创造，也不会被毁灭，它们独立存在于我们的认识之外。更不用说，这些事物不是物质的，它们存在于一个由事物本质构成的永恒世界里，这个世界是完全自治的。柏拉图主义认为，数学家在某种意义上等同于探险家，他们只能发现真理，却不能发明真理。在哥伦布或雷夫里·埃里克森（Leif Ericson）发现美洲大陆之前，它一直都在那儿。同样，在古巴比伦人开始研究数学之前，数学定理已经存在于柏拉图的世界里了。对柏拉图而言，唯一真实并完全存在的是那些抽象的数学思想和表达形式。在他看来，只有在数学世界中才会有绝对的肯定和客观的知识。因此，在柏拉图的观念里，数学与神圣联系在了一起。[53]他在对话录《蒂迈欧篇》中提到，造物主利用数学创造了世界。在《理想国》中，他再次提到数学知识是理解神圣形态的一个关键环节。柏拉图没有利用数学公式表达那些可以用实验验证的自然法则。除此之外，柏拉图认为，人类所处世界中的数学特性仅仅是"上帝研究几何学"的产物。

柏拉图还把这种"真实形态"的思想拓展到了其他学科领域，

特别是天文学。他主张，在真实的天文学中"不能打扰天空"，不要试图解释可见星辰的排布和明显的运动。[54] 不过，柏拉图认为真实的天文学是研究理想数学世界中运动法则的一门科学。对于真实的天文学而言，可观察到的天空不过是一种图示罢了，如同画在莎草纸上的几何图形也仅是真实图形的示例。

柏拉图对天文学研究的建议颇具争议，有时甚至连最虔诚的柏拉图主义者也无法苟同。柏拉图的支持者认为，他的真实意思并不是说，真实的天文学应当只关注与可观察到的天空毫无关系的理想天空，实际上，柏拉图认为应当研究天空中星体真正的运动，而不是人们从地球上看到的表面上的星体运动。然而，反对者们则指出，观测天文学是一门科学，如果严格按照柏拉图的字面意思去做的话，就会对这门科学的发展产生巨大阻碍。无论柏拉图对天文学的态度如何，当柏拉图主义意识到数学的基础性时，它就已经是一种具有领先意义的信条了。

可是，柏拉图的数学世界是否真实存在？如果存在，那么它究竟在哪里？我们这个世界里那些所谓的"客观真实"陈述是什么意思？遵循柏拉图主义的数学家是否仅在表达一种出自文艺复兴时期伟大艺术家米开朗琪罗（Michelangelo，1475—1564）的浪漫信仰？根据传说，米开朗琪罗相信，他所有的雕塑作品其实早已存在于大理石中了，他的工作不过是把它们表层的覆盖物揭掉而已。

今天的柏拉图主义者（是的，他们绝对存在，后续章节会详细讨论他们的观点）坚持认为，数学形式的柏拉图世界真实存在，而且还提供了在这一世界中客观真实的数学表达的有力证据。

让我们看看一个很容易理解的命题：所有比 2 大的偶数都可以表示为两个质数之和。（质数是只能被 1 和它自己整除的整数。）这个听起来十分简单的陈述就是著名的哥德巴赫猜想。猜想之所以以"哥德巴赫"命名，是因为类似的陈述最早出现在普鲁士业余数学家克里斯蒂安·哥德巴赫（Christian Goldbach，1690—1764）在 1742 年 6 月 7 日所写的一封信里。你可以很轻易地用前几个偶数验证猜想，如 4 = 2 + 2、6 = 3 + 3、8 = 3 + 5、10 = 3 + 7（或 5 + 5）、12 = 5 + 7、14 = 3 + 11（或 7 + 7）、16 = 5 + 11（或 3 + 13）。猜想的表达如此简单，以至英国数学家哈代声称这连"傻瓜都能猜出来"。事实上，早在哥德巴赫之前，法国数学家、哲学家笛卡儿已经预言了这个猜想。然而，证实它却绝非易事。中国数学家陈景润在 1966 年取得了重要进展。他证明了任何一个足够大的偶数都是两数之和，并且其中一个是质数，另一个至多有两个质因子。截至 2005 年，葡萄牙研究员托马斯·奥利维拉·席尔瓦（Tomás Oliveira e Silva）证明，对于小于或等于 3×10^{17} 的数，该猜想都是正确的。尽管有许多天才数学家都为哥德巴赫猜想付出了巨大努力，但直到本书撰写前，该猜想仍未得到完全证明。甚至曾有人在 2000 年 3 月 20 日至 2002 的 3 月 20 日悬赏 100 万美元，以帮助出版小说《彼得叔叔和哥德巴赫猜想》，也未产生预期效果。[55] 这里引出了一个本质性问题，数学里的"客观真相"究竟表达的是什么意思？设想如果到了 2020 年，有人通过严格的数学推理证实该猜想是正确的，那么我们能否说，当笛卡儿第一次思考这个猜想时，它就已经是正确的了？许多人会认为这个问题有点儿愚蠢。很明显，如果一个命题被证明是正确的，那么这个命题总是正确的，甚至，在我们知道它"将是"正确的之前，它也是正确的。让我们再来看一个貌似更简单的卡塔兰猜想。8 和 9 是连续的整数，并且每个数都是纯幂数，也就是说 $8 = 2^3$，$9 = 3^2$。1844 年，比利时数学家尤金·夏尔·卡塔兰（Eugène Charles Catalan，1814—1894）猜测，在所有可能的整数幂中，唯一一对连续的数就是8和9（0和1除外）。[56]换句话说，你可以用一生时间把所有纯幂数写下来，但除了8和9之外，你不会再发现其他任何两个相差为1的幂数。1342年，法国犹太哲学家和数学家勒维·本·格尔森（Levi Ben Gerson，1288—1344）的确证明过该猜想的一小部分，他证实8和9是唯一相差1的2次幂和3次幂数。1976年，荷兰数学家罗伯特·泰德曼（Robert Tijdeman）向前迈出了一大步。直到那时，卡塔兰猜想已经困扰最优秀的数学家们近150年了。最后，2002年4月18日，罗马尼亚数学家布莱达·米哈伊列斯库（Preda Mihailescu）提供了该猜想的完整证明。他的证明过程于2004年发表，目前已经得到完全认可。你也许还会问：卡塔兰猜想究竟是在什么时间才真正成为正确命题的？是1342年？1844年？1976年？2002年？还是2004年？卡塔兰猜想本来就是正确的，只是先前我们并不知道它是正确的，这难道不是很明显吗？这些问题就是柏拉图学派所指的"客观真相"。

有一些数学家、哲学家、认知科学家，以及其他一些数学"消费者们"（如计算机科学家）认为，柏拉图的世界是空想的头脑幻想出来的虚构事物（在本书后续章节中，我还要详细讨论这种观点和与之相关的其他观点）。[57]事实上，在1940年，著名的数学历史学家艾里克·坦普尔·贝尔（Eric Temple Bell，1883—1960）做出了如下断言：

"根据预言，柏拉图数学理想世界的最后一个信徒将在2000年与恐龙为伍。如果剥去永恒论神秘主义的外衣，那数学会被认为自诞生之日起就是由人类发明并构建的一种语言，并且用于人类自己为其设定的目标。最后一座绝对的真相之塔带着它保藏的虚无，就这样消失不见了。"[58]

贝尔的预言已经被证明是错误的了。当完全反对柏拉图主义的各种信条出现时，它们并未赢得所有数学家和哲学家的认同，至今这些反对派之间仍有分歧。

假设柏拉图主义在我们这个时代赢了，而且我们都成了虔诚的柏拉图主义者，那么柏拉图主义当真就能解释人类在认识周围世界的过程中，数学那种"无理由的有效性"吗？不能。物理现实活动为什么要遵循抽象的柏拉图世界中的法则呢？这曾经是让彭罗斯感到困惑的一个问题，而彭罗斯本人也是一名虔诚的柏拉图主义者。因而，我们此刻不得不接受这样一个事实：即使我们接受了柏拉图主义，对数学伟大力量的疑惑仍然没有得到解决。按照维格纳的话说："很难否认，我们正面对着一个奇迹，其神奇之处就像人的心智，可以串起成百上千条论据而不陷入矛盾。"

为了完整而准确地理解这种奇迹的伟大和重要性，我们还必须深入研究那些带来奇迹的人，包括他们的生平和留下的遗产，也就是隐藏在精确得令人难以置信的数学规律后面的那些光辉思想。

第3章

魔法师：大师和异端

与《十诫》不同，科学并不是上帝赠予人类的已经刻着明确内容的石板，科学的历史是由不计其数的推测、假设、模型在正确与错误之间经历了无数次起起落落所构成的故事。许多看起来十分精妙的理论，最终被证实是错误的，或者走入了死胡同。一些曾经被认为是绝对正确的理论，随着后来不断地实验和观察，被证明有错，并最终成为完全过时的理论。甚至是人类历史上那几个"最聪明"的大脑所发现和总结的概念，也免不了被不断地质疑。例如，伟大的亚里士多德就认为，石头、苹果或其他重物都向下坠落，是为了回到它们自然的家园。按照亚里士多德的观点，物体的家园就是地心，所以它们越接近地面，离"家"也就越近，那种发自内心的喜悦会使它下落的速度越来越快。另一方面，空气和火，因为它们自然的家园是天空，所以它们会向上漂动。在亚里士多德看来，任何物质都能根据它与万物基本成分——土、火、空气和水之间可觉察到的关系，来确定它的自然属性，按亚里士多德的话说：

"有些物质完全是自然的，而剩下的所有物质则各有其自己的起源。那些自然的物质，如土、火、空气和水，与其他非自然的物质有着明显差异。这是因为在这些自然物质的内部都存在着运动和静止的法则……属性就是自然物质运动与静止的法则和原因……符合自然属性的事物除了包含上述物质本身外，也包含属于这些物质的所有固有属性，例如，向上运动就是火的固有属性。"[59]

亚里士多德甚至试图总结出这种运动的数学公式。他声称，质量大的物体下落速度要更快一些，而且物体下落速度与其自身重量成正比。也就是说，两个同时下落的物体，如果其中一个是另外一个重量的两倍，那么前者的下落速度也是后者的两倍。我们的日常生活经验似乎证明，这一推测是正确的，一块砖头确实要比和它在同一高度下落的一根羽毛更早落地。亚里士多德从来没有精确地验证过自己这个定量表述是否正确，他甚至还认为，没有必要验证重的物体下落速度是不是真的是一半重量的同种物体下落速度的两倍。然而，更富实验精神、更重视数学定量分析的伽利略（Galileo Galilei，1564—1642），对于砖块和苹果下落时的那种"快乐"不感兴趣。正是他第一个公开站出来，指出在这个问题上，亚里士多德完全错了。伽利略利用巧妙的思想实验证明，亚里士多德的定律在逻辑上前后矛盾，因而是毫无意义的，根本不可能成立。[60] 伽利略的思想实验过程是这样的：假设我们手头有两个质量不一的物体，把它们绑在一起后，让它们从高处落下来，那么它们下降的速度比其中任何单独一个下落时快多少？一方面，很明显，这两个物体的组合体肯定要比任何单独一个的质量都大，根据亚里士多德的定律，组合体的下降速度应当比质量大的那个物体单独下落时更快；但另一方面，因为轻重不一的两个物体被捆在了一起，质量小的物体会影响质量大的物体在下降时的速度，也就是说，会使重的那个物体下落速度变慢，同样根据亚里士多德的观点，绑在一起后的下落速度应当是两个物体单独下落时的速度的某个中间值。这样一来，组合体的两个速度值都是从亚里士多德的定律推导出来的，却是两个相互矛盾的结论。事实上，今天我们都知道，羽毛比砖头下落得慢的唯一原因是羽毛承受的空气阻力更大，如果是在真空的环境下，两者在同样的高度被同时放开，将会同时落地。这一事实已经在众多实验中得到了证实，其中最疯狂的一个实验是宇航员大卫·斯科特（David R. Scott）在执行"阿波罗 15 号"任务时做的。斯科特是人类历史上第 7 位在月球上行走的人。当登上月球后，斯科特一手拿着一把铁锤，另一手拿着一根羽毛，然后两手同时松开。由于月球上没有空气阻挡，铁锤和羽毛的确同时落在了月球表面上。

　　值得深思的是，亚里士多德这条关于物体运动的错误"定律"被人类接受并广泛认可的时间竟然长达近两千年！这样一条有明显漏洞的推测，人们为什么竟然相信并坚守了这么久？这是"完美风暴"理论的一个典型例子。三种不同力量交织在一起，创造了这样一条不容置疑的教条。首先，在没有精确测量的情况下，一个非常简单的事实是，亚里士多德的运动定律"看上去"和以人类经验为基础的常识相一致，这自然会使人们很轻易地就接受了它。例如，一张莎草纸会在空中盘旋着缓缓下落，而捆在一起的一沓莎草纸却很快落到地上。然而，通过伽利略天才的思想实验，我们才知道了人类常识会被自己的视觉、听觉和触觉误导。其次，亚里士多德有着无可匹敌的崇高声望，他是一位学术权威——毕竟，他是现代西方文明最主要的奠基人。无论是有关所有自然现象，还是有关最基础的伦理学、形而上哲学、政治学，甚至是艺术，亚里士多德都进行了广泛而深入的研究，并且成果丰硕。在这样的巨人面前，很少有人能鼓起勇气挑战他的权威。但这还不是全部的原因，在某种程度上，可以说是亚里士多德教给了我们思考的方法，正是亚里士多德第一次正式将逻辑学引入了人们的思维。今天，甚至那些学校里的小学生都知道，亚里士多德那极富先驱性的近乎完备的逻辑推导体系，也就是著名的三段论方法：

（1）每个希腊人都是人；
（2）每个人都终将难免一死；
（3）因此，每个希腊人最后都会死亡。[61]

亚里士多德这条不正确的运动定律能保留这么长时间的第三个原因是，基督教将亚里士多德的这条定律作为教会官方的正统信仰广泛宣传，这更让那些试图质疑亚里士多德理论的人望而却步。

亚里士多德尽管在逻辑推理的系统化方面做出了巨大贡献，但他并不是因数学上的成就而闻名。令人费解的是，这位建立了科学体系的哲学家——他就像把一个大型企业治理得井井有条的总经理——却不太关心数学（可以肯定的是，他至少没有柏拉图那么关心），在物理学上也没什么成就。亚里士多德虽然承认在科学研究中数字关系和几何关系的重要性，但依然把数学当作一门与物理现实分离的抽象学科。这种认识方式带来的后果就是，尽管亚里士多德毫无疑问是一位智力强人，但他没有被列入我将要提出的这份"魔法师"名单中。

这里，我用了"魔法师"一词，是指那些能从空空如也的帽子中搜出一只兔子的人，那些发现了过去从未被思考过的数学和自然之间联系的人，那些能够观察复杂的自然现象并从中提炼抽象出如水晶般晶莹剔透、简单易懂的数学规律的人。在某些情况下，那些卓越的思想家们也会通过实验和观察推进数学研究。如果没有他们，人们也许永远不会提出"数学在解释自然时为何拥有'无理由的有效性'？"这类问题，而这个谜就直接诞生于那些研究者们神奇的洞察力。

没有任何一本书能给予那些在帮助人类认识宇宙、理解规律方面做出突出贡献的科学家和数学家完全公正、客观的评价。在本章和下一章中，我将把笔墨主要集中在过去几个世纪以来最杰出的四位伟大人物身上。毫无疑问，他们都是科学世界里的精英。在我这份"魔法师"名单中，排在第一位的这位魔法师因为一件不同寻常的事件而被人们记住了——他竟然光着身子从家里冲向了大街。

给我一个支点，我将撬起地球

数学历史学家埃里克·坦普尔·贝尔在评选人类历史上最富成就的三位数学家时总结道：

"任何一个人在罗列人类历史上'最伟大'的三名数学家时，都会把阿基米德包括在内。另外两位可以与他比肩的人会是艾萨克·牛顿（Isaac Newton，1642—1727）和卡尔·弗里德里希·高斯（Carl Friedrich Gauss，1777—1855）。如果考虑到这几位巨人各自所生活时代的数学与物理学的发展成果（即研究起点的高低），并根据时代背景来评价他们所取得的成就的话，阿基米德会毫无争议地排在第一位。"[62]

阿基米德（Archimedes，公元前287—前212，图3-1）的确是他那个时代的牛顿和高斯。他是如此光彩夺目、富于想象、明于洞察，以至于和他同时代的人以及他之后的几代人，每当提到阿基米德的名字时，都满怀敬畏和崇拜。尽管阿基米德最为人称道的是他在机械制造方面的天才和那些匪夷所思的发明，但实际上，阿基米德首先是一位数学家，他在数学领域的成就至少领先同时代人一个世纪。今天，我们对阿基米德早年的生活和他的家庭所知甚少。据说，关于阿基米德生平事迹的第一部传记是由赫拉克利德斯（Heracleides）撰写的，但不幸的是，这部著作并未流传下来。[63] 我们如今所能了解的阿基米德的生平，以及关于他被残害的细节，全部来自罗马历史学家普鲁塔克（Plutarch，约46—120）。事实上，普鲁塔克对罗马将军马塞卢斯（Marcellus）的军事成就更感兴趣。[64] 马塞卢斯在公元前212年攻占了阿基米德的家乡锡拉库扎城，这件事对阿基米德本人而言是一大不幸，但对于数学史而言却是一大幸事。马塞卢斯率部在围攻锡拉库扎城时，阿基米德给他带来了巨大的麻烦和困扰，这一事件甚至让当时三位最主要的历史学家普鲁塔克、波利庇乌斯（Polybius）和李维（Livy）都无法忽视阿基米德在这场战争中的存在。

图 3-1　这座半身像据说就是阿基米德，但实际上，这座雕像可能是某位斯巴达国王

　　阿基米德出生于锡拉库扎，后来移居希腊西西里岛。[65] 根据阿基米德本人证实，他的父亲菲迪亚斯（Phidias）是一位天文学家，我们只知道，他曾估算了太阳和月亮直径的比例。也有传言说，阿基米德的身世和国王希耶罗二世（Hieron Ⅱ）有关，阿基米德是一位贵族与一位女奴的私生子。不论阿基米德是否真的与皇室有关系，国王希耶罗二世和他的儿子盖隆（Gelon）对阿基米德一直都十分尊敬。阿基米德年轻的时候，曾经在亚历山大度过了一段时光，在那里他学习到一些数学知识，之后他返回了锡拉库扎，全身心地投入数学研究中。[66]

　　阿基米德是一位真正的数学家。根据普鲁塔克的记载："他认为所有实用艺术都是丑恶和不光彩的，他只追求那些美丽的、与人类日常需求无关的东西。"阿基米德全神贯注地研究抽象数学，他在这上面耗尽了几乎所有精力，热情远远超过了那些专门研究这门学科的其他研究者。以下这段文字仍然来自普鲁塔克的记录：

"阿基米德好像不断地被塞壬 ① 所诱惑，而且这种诱惑似乎总与他相伴。他废寝忘食地工作，哪怕被强迫去洗澡和施以涂油礼时，他也会用手指在灰烬上或在涂满油脂的身体上描绘几何图形（这种情况常常发生）。他为数学心醉神迷，他是缪斯女神真正的奴隶。"

尽管阿基米德本人十分轻视应用数学，对自己的机械发明也不太看重，但正是阿基米德那些天才的、数量众多的发明为他赢得了声誉，甚至远远超过了他在数学上的声望。

一个众所周知的关于阿基米德的传奇故事，进一步强化了他那心不在焉的数学家形象。这个故事最早是由公元前 1 世纪的罗马建筑学家维特鲁维奥（Vitruvius）讲述的。故事里的国王希耶罗二世想确切知道他的王冠是不是真是由纯金所打造的。当工匠们把制作好的王冠交给国王本人时，王冠重量与最初给他们的金子的重量是完全一致的。尽管如此，国王仍然怀疑有一部分金子被工匠偷偷换成了同等重量的银子，但国王想不出有什么办法能在不破坏王冠的情况下证实自己的怀疑。他想到了数学大师阿基米德，于是向他请教。阿基米德在接受国王的委托后，冥思苦想了好几天仍然没有想出解决方法。直到有一天，阿基米德去洗澡时，他的脑子里仍然不停地思考这个问题，想着如何才能查明工匠是否在王冠上做了手脚。当他的身体浸入水中后，浴缸中多余的水从缸边缘漫了出来，阿基米德突然意识到，正是他的身体代替了浴缸中原来的一部分水，这立刻激发了他解决问题的灵感。阿基米德兴奋得不能自已，甚至忘了自己正在洗澡。他马上从浴缸里跳了出来，光着身子

① 塞壬（Siren）是古希腊神话中一种半人半鸟的妖怪，用美妙的歌声引诱航海者，致使船只触礁而毁灭。——译者注

冲到了大街上，嘴里大喊着："尤里卡，尤里卡！"（我找到了，我找到了！）[67]

阿基米德的另一项尽人皆知的事迹是他发表的那句著名宣言："给我一个支点，我将撬起地球。"如果你在谷歌上搜索这句话，就会发现有超过 100 万个页面与这句话有关。这句宣言看上去十分大胆，听起来有点像一个庞大组织的理想声明。托马斯·杰斐逊（Thomas Jefferson）、马克·吐温（Mark Twain）、约翰·肯尼迪（John F. Kennedy）都曾在不同场合引用过它，拜伦（George Gordon Byron，1788—1824）甚至有一首诗歌的主题就是这句话。[68]很明显，这句宣言是阿基米德在研究如何用给定的力移动给定重量的物体时得出的结论。根据普鲁塔克的记载，希耶罗二世曾要求阿基米德用很小的力量拖动一个非常重的物体，国王想借助这个问题让阿基米德实践自己的天才想法。事实上，阿基米德的确办到了：他利用一组滑轮，把一艘载满货物的货船拖入了大海。普鲁塔克用一种崇拜的语气写道："阿基米德平稳、安全地拖着货船，就好像那艘船自己在移动一样。"其他人也记述了这个故事，当然，具体内容稍有出入。虽然我们今天很难相信阿基米德能利用他那个时代的机械装置，真的把一艘船拖入了大海，但这些传奇故事至少告诉我们，阿基米德的确发明了一些令当时的人们感到不可思议的装备，通过它们可以用很小的力量移动质量很大的物体。

阿基米德还有许多其他可以在和平年代使用的发明。例如，他曾发明过一种液压器械把水从低处送到高处，还有一种能观察天空星辰运动的天文仪。但在历史上，阿基米德最著名的发明，还是那些在抵抗罗马入侵锡拉库扎城时，锡拉库扎人所使用的守城器械。

可以说，人类的历史就是战争的历史。罗马在公元前 214 年至公元前 212 年围攻锡拉库扎城的战事，被许多西方历史学家载入了编年史。罗马军队统帅马库斯·克劳迪乌斯·马塞卢斯（Marcus Claudius Marcellus，约公元前 268—前 208）具备卓越的军事才能，并在过去拥有非凡的战绩，因此在战前，罗马人都推测这场战役会很快取得胜利。然而很明显，罗马人低估了形势。在一位数学家同时也是机械天才的帮助下，锡拉库扎国王希耶罗二世和锡拉库扎人民展现了超乎预料的抵抗意志。普鲁塔克生动地描写了在阿基米德守城器械打击下，罗马军队所遭受的重创：

"他（阿基米德）迅速指挥守城部队利用投掷武器反击攻城的罗马人。巨大的石块落地时发出了震耳欲聋的巨响，在这种高强度的打击下，没有一个人还能站稳，罗马士兵都乱成了一团，军队的进攻队形完全被打散了。与此同时，从城墙上还伸出了一些非常粗大的长杆，它们伸出墙头的一端被高高举起，然后迅速地下落。只要被这股巨大的力量击中一下，罗马人在海面上的战船就被击沉了。另一些长杆顶端则装有铁抓或像鹤嘴一样的吊肩，它们伸到战船上方，抓住战船的甲板，把船只整个按入海里。有一艘船被吊肩抓住后，被举到了高高的空中（这真是太恐怖了）。它被前后使劲晃动，不停地打着转，直到船里所有的水手都被甩了出去，之后，船只又被重重地砸向了岸边的岩石。"

阿基米德的发明让罗马人吃尽了苦头，以至"他们（罗马士兵）只要看到墙头上哪怕只是抛出一根绳子或伸出一根长杆，都会惊恐地大喊'它又来了'，因为这表示阿基米德正在发动守城器械。于是，罗马士兵们立刻溃退，四下逃窜"。马塞卢斯也感到束手无策，他对自己的参谋团队抱怨道："我们能停止与这个几何布里阿瑞奥斯①作战吗？他神态悠闲地坐在岸边，而我们只能愤怒地看着他把我们的战船当玩具一样抛来抛去，还把大量巨石扔到我们的头顶，对此我们却无可奈何。"

根据另一个广为流传的传说，阿基米德还把许多镜子集中起来，用这些镜子聚焦后的太阳光照射罗马战船，最终把罗马人的战船给点燃了。这个故事最早似乎是在希腊名医盖伦（Galen，约129—200）的著作中出现。[69]公元 6 世纪，拜占庭拉勒斯的建筑师安提米乌斯（Anthemius），以及公元 12 世纪的一些历史学家也记录了这个匪夷所思的故事，但是，这项神奇技术是否真实可信，至今仍有不少人表示怀疑。不过，这些如同神话传说般的故事至少为我们提供了有力的证据，说明阿基米德的确是一个"聪明的人"，他的事迹被几代人所传颂。

我在前面提到过，尽管阿基米德被马塞卢斯当成了"几何学百肩巨人"，但他本人并不认为自己的守城机械有多么神奇、多么重要，他可能仅仅把它们当作自己在几何学上一时兴起的游戏之作。不幸的是，这种泰然的态度最终要了他的命。当罗马人最终攻占锡拉库扎城时，阿基米德正在全神贯注地在一个布满灰尘的盘子里画几何图案，根本没有注意到战争的喧嚣。根据后来的记载，当一名罗马士兵命令阿基米德站起来，跟他去见他们的统帅马塞卢斯时，这位老人有点不耐烦地回嘴道："老兄，离我的几何图案远点儿！"这个回答激怒了这名士兵，愤怒战胜了理智，他完全忘记了指挥官

---

① 布里阿瑞奥斯（Briareus）是古希腊神话中的百肩巨人，是乌拉诺斯（Uranus）与大地女神盖亚（Gaia）之子。——译者注

下达给自己的特别命令——要把阿基米德安全地带回去。他抽出了自己的佩剑，向这位历史上最伟大的数学家砍去。[70] 图 3-2 展现了这位大师生命中的最后一刻，这幅作品是在赫库兰尼姆（Herculaneum）发现的，它被认为是创作于公元 18 世纪的一幅马赛克仿作。

阿基米德的死亡标志着数学史上一个伟大时代的终结，正如英国数学家、哲学家怀特海评论的那样：

"阿基米德死于一个普通的罗马士兵之手，这标志着一个重大的世界变革。罗马人虽然强大，但他们却为实用主义所累，缺乏创造性思维，他们没有足够的想象力得出全新的观点，而这原本能给予他们更多控制自然的基本力量。没有一位罗马人会因为全神贯注于沉思数学图形而失去生命。"[71]

图　3-2

虽然我们对阿基米德的生平知之甚少，但他的大部分（并非全部）不可思议的手稿却保留下来了。阿基米德有一个习惯，他喜欢把自己在数学上的发现写在小纸条上，送给一起研究数学的朋友或者他尊敬的人。这个相对比较封闭的圈子包括萨摩斯岛的天文学家康诺（Conon）、昔兰尼的数学家埃拉托色尼（Eratosthenes，约公元前276—前194），以及国王希耶罗二世的儿子盖隆。在康诺去世后，阿基米德继续与康诺在贝鲁西尼的学生多西修斯（Dositheus）进行交流。

阿基米德的著作内容涵盖了数学和物理学两大领域，这真是令人震惊。[72] 而且，在这些领域中，他都取得了非同凡响的成就。阿基米德给出了一种通用的数学方法，来计算各种平面图形的面积，如圆的面积、螺旋和抛物线的弦，以及由多种曲面形成的封闭空间的体积（圆柱、圆锥以及诸如抛物线、椭圆、双曲线等其他由曲线旋转后围成的图形）。他还指出，圆周长与直径的比值比 $3\frac{10}{71}$ 要大，但比 $3\frac{1}{7}$ 要小。在阿基米德的时代，没有一种方法能清楚、直观地表示非常大的数，为此，阿基米德发明了一种计数系统，不仅能记录任意大的数，还可以处理任意大的数。在物理学上，阿基米德发现了浮力定律，从此，流体静力学就诞生了。他还计算了许多固体的重心位置，并以数学公式表达了杠杆原理。在天文学上，他通过观察确定了一年的时间，计算了行星间的距离。

许多古希腊数学家的工作都被认为源自阿基米德，或者，只是对他的理论进行了细节上的补充。除此之外，阿基米德的推理方法让他远远超越了同时代的所有科学家。这里我只举三个有代表性的例子来展现阿基米德工作的开创性。第一个例子乍看起来没什么特殊之处，只能让你感觉到阿基米德是一个很好玩，而且极具好奇心的人，但是，如果深入分析的话，你就会发现阿基米德的灵魂深处拥有一种寻根问底、探寻事物根本的可贵品质。另外两个例子则证明了阿基米德的思想已经领先于他所处的时代，这让他立刻进入了我的"魔法师"名单，并成为其中不可或缺的一员。

很明显，阿基米德对大数非常着迷。但是，如果用普通的表达方式记录那些非常大的数会极不方便。例如，美国政府在 2006 年 7 月的债务是 8.4 万亿美元，如果你想在个人支票上写下这个数的话，试想一下吧，数 84 后面的那些零要占据多大的空间。为此，阿基米德发明了一种全新的计数方式，能十分方便地表示有 80 000 万亿个位数的数。随后，在他那本名为《数沙器》的著作中，他就使用这种计数方式计算了世界上所有沙粒的数量值，这也表明，沙粒的数量并非像过去那样被认为是一个无限数。

这本专著的前言也极具启发意义，我在这里仅简单复述其中的一小部分（这是阿基米德写给国王希耶罗二世的儿子盖隆的话）：

"盖隆陛下，由于沙粒的数量过于庞大，所以一直有人认为其数量是无限的。我这里所指的沙粒，不但包括锡拉库扎城和西西里岛其他地方的，还包括所有人类已经涉足的地区里那些发现或未被发现的沙子。也有人认为，沙子的数量并非是无限的，但是，他们认为到目前为止，没有任何一个数能被用来表示这类十分巨大的量。很明显，持这种观点的人，如果让他们想象一下有一个和地球体积一样大的沙堆，就好像地球的海洋和山谷中全部被沙粒填满，地面上的沙子也堆得和山脉一样高，这样一个巨大沙堆里的沙粒数量可能远远超过了他们所能认知的最大数量，甚至比这还要大许多倍。不过,我在这里要介绍一种方法,它利用了几何学中的一些知识。这种方法我已经在给宙克西斯帕斯(Zeuxippus)的信中与他交流过了。(这份文档不幸遗失了。)通过该方法,不仅能够表示我在上文中提到的那个把地球上所有海洋、山谷全部用沙子填平,高山峻岭全部由沙子堆砌而组成的大沙球体的沙粒数量值,甚至就连整个宇宙都用沙子填满后,也能通过这种方法表示出沙粒的数量。现在,您可能已经意识到'宇宙'实际上就是大多数天文学家命名的一个球体,正如您从天文学家那里了解到的,宇宙的中心就是地球的中心,它的半径就是地球中心与太阳中心之间的直线长度,这些都是通常的理解。但是,萨摩斯的阿瑞斯塔克斯(Aristarchus)新近写了一本书,里面提到了很多猜想,其中最主要的一个猜想引出了一条推论,那就是真实宇宙要远远大于我们目前以为的大小。他认为,太阳和恒星都保持固定不变,而地球围绕太阳作圆周运动,太阳则位于这个圆周轨道的正中。"[73]

在这段文字中,阿基米德表达了两个重要观点:第一,他敢于大胆质疑哪怕是最主流的信仰(例如沙粒的数量是无限大的);第二,他尊重阿瑞斯塔克斯的日心说理论(在后来论述中,阿基米德更正了阿瑞斯塔克斯提出的一个猜想)。在阿瑞斯塔克斯的宇宙观里,地球和行星围绕位于宇宙中心、保持固定不动的太阳运动。(请注意,这个模型要比哥白尼提出的早 1800 年!)在稍作评论之后,阿基米德通过一系列逻辑步骤,说明了沙粒问题的解决方案。首先,他估算了如果把沙子一粒紧挨一粒地排列起来,覆盖一颗罂粟种子需要沙粒的数量;接下来,他又估算了需要有多少粒罂粟种子才能摆满一根手指宽度,以及一个体育场的一边(大约 180 米)

大概需要用多少根手指才能排满；之后，他又计算了如果要想排满100亿个体育场，所需的手指数量。通过这种计量方式，阿基米德建立了一种指数体系和一种记号系统，把它们结合在一起后，就能分类表示那些极其巨大的数了。根据阿基米德的估计，天空中恒星的数量至多是从地球上看上去围绕太阳运动的天体数量的1000万倍，由此他计算出，如果将整个宇宙填满沙子，沙粒数量大约是10^{63}（数字1之后有63个零）。他在给盖隆的信中总结道：

"陛下，我能想象得到，对于那些不太了解数学的绝大多数人而言，他们无法相信我所讲的这些内容。但是，对于那些精通数学知识，并思考过地球、太阳、月亮，以及整个宇宙的长度和大小等问题的人来说，这种方法会坚定他们的信仰。基于这个原因，我认为与您讨论这个话题并非不恰当。"[73]

《数沙器》中提出的方法的优美之处在于，它非常方便。利用这种数沙器，阿基米德可以轻松地从日常事物（如罂粟种子、沙粒和手指）跳到抽象的数和数学符号，然后又跳回到太阳系甚至是整个宇宙的大小上来。很明显，阿基米德具有十分灵动的思维，既能充分利用自己的数学天赋揭示未知宇宙的奥秘，又能用宇宙的特征丰富数学的概念。

阿基米德跻身"魔法师"之列的第二项贡献是研究问题的思路和方法，正是在这些方法的指导下，他发现了众多领先时代、令人瞩目的几何学定理。甚至在进入20世纪之前，人们对于阿基米德的方法及其分析问题的一般思维过程的了解，仍然非常有限。阿基米德简洁的文字表达风格隐藏了过程中的许多细节和思考线索。直到1906年，一个戏剧性的发现推开了阿基米德思维大厦的一小扇

窗户，通过这扇窗户，人们才能一窥这位天才在思考问题时的一般
思路和解决问题的一般方法。这一发现过程可谓一波三折，听起来
简直就是意大利作家、哲学家翁贝托·埃科（Umberto Eco）笔下
的历史传说。下面，就让我来简要讲述一下这个故事。[74]

阿基米德重写稿

公元 10 世纪，君士坦丁堡（今伊斯坦布尔）一位不知姓名的抄写
员誊写了阿基米德的三本著作：《方法论》《十四巧板》（*Stomachion*）①
和《论浮体》。[75] 这可能代表了当时的希腊数学家普遍感兴趣的问
题，而公元 9 世纪的希腊几何学家利奥（Leo）把这些内容发扬光
大。但在 1204 年，君士坦丁堡遭到洗劫。在此之后的岁月里，人
们对数学的热情减退了，西方的天主教和东方的正教会之间的分裂
成了事实。在 1229 年前，阿基米德著作的这份书稿经历了辗转曲
折的"悲惨命运"。由于抄本所用的纸张是上好的羊皮纸，可以被
重复利用，因此它们被拆散开来，上面的文字被清洗干净后，羊皮
纸又被重新装订、变成了基督教徒所用的祷告书。抄写员艾奥奈
斯·麦伦那斯（Ioannes Myronas）于 1229 年 4 月 14 日完成了这
本祷告书的抄写工作。[76] 幸运的是，原始文本并没有被彻底清除掉，
图 3-3 展示了这批极其珍贵的抄写稿中的其中一页，图中手稿里
横排书写的文字是祷告书的内容，而竖写的文字则是阿基米德数学
著作的内容。一直到公元 16 世纪，这本重写稿（指重复利用的文档）
终于被送往"圣地"——位于伯利恒东部的圣莎贝思（St. Sabas）

---

① 阿基米德在里面讲述了古代孩子们玩的一种拼图游戏。——译者注

修道院收藏。截至公元19世纪前叶，这所修道院的图书馆共收藏了1000多页手稿。由于阿基米德重写稿中的大部分文字都已经十分模糊，因而它被再次送回了君士坦丁堡。大约在19世纪40年代，著名的德国圣经学者康斯坦丁·蒂辛多夫（Constantine Tischendorf，1815—1874，他也是现存最古老的《圣经》手抄本的发现者）参观了坐落于君士坦丁堡的圣墓大教堂（它是希腊东正教在耶路撒冷的牧首分院）。在那里，蒂辛多夫第一次看到了这份阿基米德重写稿。蒂辛多夫一定是发现了那本祷告书的文字下若隐若现的数学公式。这引起了他极大的兴趣，以至于他竟然想办法匆匆从中偷了一页。1879年，蒂辛多夫的遗产继承人把这页文稿卖给了英国剑桥大学图书馆。

图 3-3

1899年，希腊学者A.帕帕多普洛斯·柯瑞莫斯（A. Papadopoulos

Krameus）将收藏于圣墓大教堂的所有手抄本进行了分类编目，阿基米德重写稿被编为第 Ms. 355 号。柯瑞莫斯读懂了其中的几行数学原文，他也许意识到了它们背后隐藏的重大意义，于是把这些数学文字印在了自己的编目手册中——这是这批珍贵手抄本的传奇故事的一个转折点。不久，编目中的数学表达式引起了丹麦语言学家约翰·路维·海伯格（Johan Ludvig Heiberg，1854—1928）的注意。经过仔细辨认后，海伯格认为这些文字是属于阿基米德的。在1906 年访问伊斯坦布尔期间，他又仔细检查了这批手抄本，并为它们拍了照片。经过一年多的认真研究后，海伯格公布了这一震惊世界的发现——其中有两页是在历史上从来没有记载过的内容，还有一页人们只见过它的拉丁文版本。尽管海伯格已经能够阅读，并在后来所著的一本关于阿基米德著作的书中发表了重写稿的部分内容，但他还是未能完全传达阿基米德著作的原意。可惜的是，1908年后，这批手抄稿从伊斯坦布尔神秘地失踪了，后来又突然出现在一个巴黎人家里，而这家主人宣称，其家族自从 1920 年起就拥有这部手稿。由于保存不善，阿基米德重写稿遭受了一些不可修复的破坏，而先前海伯格发现并破译的那 3 页手稿也彻底遗失了。另外，在 1929 年后，有人在其中 4 页上画了 4 幅拜占庭风格的图画。最终，拥有阿基米德重写稿的那户法国家庭将其送到了佳士得拍卖行进行拍卖，引起了巨大争议。关于阿基米德重写稿所有权的争论，甚至在 1998 年闹到了美国纽约联邦法庭。希腊东正教在耶路撒冷的牧首声称，这批手抄本是 1920 年左右从教会的一所修道院中被偷走的，但法官最终裁定，它们属于佳士得拍卖行。随后，阿基米德重写稿于 1998 年 10 月 28 日在佳士得拍卖行进行了拍卖，并被一位不愿透露姓名的买家以 200 万美元的价格买走。这位买家将阿基米德重写稿送到位于美国马里兰州巴尔的摩的沃特斯艺术博物馆。在那里，工作人员对手稿进行了很好的保养，现代影像科学家采用了早期研究者不曾拥有的工具和装备对它们进行了彻底检查，借助紫外线、多频谱影像，甚至是 X 射线（在美国斯坦福直线加速器中心，它们被科学家仔细地分析）的帮助，科学家们破解了阿基米德重写稿的部分内容。这些内容过去从来没有人见过。在本书写作期间，人们对阿基米德重写稿的保护、破译和学术研究工作还在继续。我非常荣幸地与从事阿基米德重写稿保护与研究的科学小组见了一面，图 3-4 展示的是他们正在准备用各种不同波长的光线照射手稿。[77]

图　3-4

这就是阿基米德重写稿跌宕起伏的故事。这些手稿让我们对这位伟大的几何学家的研究方法有了粗略的了解，实现了前所未有的突破。

《方法论》

当你阅读任何一本古希腊几何学著作时，你都会惊叹于那些两千年前就被提出的定理和证明的简洁与精练，不由自主地被这种风格所打动。但是，这些书通常不会向读者提供清晰的思维线索，让读者明白这些定理最初是如何被构想出来的。而阿基米德那本杰出的专著《方法论》填补了这方面的空白，揭示了作者自己在知道怎样证明之前，是如何确定定理的真实性的。这里有一段文字，摘自阿基米德写给昔兰尼的数学家埃拉托色尼的一封信。在这封信里，阿基米德简要介绍了他的《方法论》的主要内容：

"我将在本书中向您展示这些定理是如何证明的。正如我所说的，您是一位勤奋而优秀的哲学老师，对任何数学研究都非常感兴趣，所以，我认为有必要在这本书里向您详细说明我所采用的这种特殊方法。通过这种特殊方法，您将能借助力学认识特定的数学问题。我相信，这对于发现那些定理的证明不无益处。有些问题最初是通过物理方法认识的，随后却用几何方法证明，因为力学方法无法提供真实的证明。因为，解决那些先前已获得一些相关知识的问题，比处理事先没有一点背景知识的问题要轻松得多。"[78]

在这里，阿基米德触及了在科学研究中和数学发展史上最重要的一个观点——找到"什么是重要的问题或定理"，通常要比解决那些已知的问题或证明已知的定理更加困难。那么，阿基米德是如何发现新定理的呢？利用对力学、平衡理论和杠杆原理的深刻理解，阿基米德先在自己的脑海里与已知物体的体积和图形的面积进行比较，大体估量一下准备计算的物体的体积和图形的面积。通过这种方式，阿基米德发现从几何学上证明未知物体体积和图形面积就容易多了。随后在《方法论》中，阿基米德指出了一系列图形的重心位置，并给出了几何证明。

我们可以从两个方面来认识阿基米德方法的不同凡响之处。首先，从本质上讲，是阿基米德把"思想实验"引入了严谨的科学研究之中。在 19 世纪，德国物理学家汉斯·奥斯特（Hans Christian Orsted）第一次把这种用虚构的实验代替真实实验的方法定名为"Gedankenexperiment"（在德语中的意思是"思考引导的实验"）。在物理学中，这个概念具有很高的地位和价值，思想实验可以用在真实实验之前，让人们能事先了解实验过程。或者在某些情况下，由于缺乏必要条件，真实实验根本不可能在现实中进行，此时思想实验就有了用武之地，它可以帮助人们理解实验内容。其次一点也许更重要，阿基米德把数学从欧几里得和柏拉图等人所打造的人造链条上拆了下来，让它获得了自由。对于欧几里得和柏拉图来说，有一种方式，也仅有这一种方式，可以完成数学工作：你必须从公理出发，利用指定的工具，沿着固定不变的逻辑步骤顺序进行证明。但是，拥有自由灵魂的阿基米德却不甘于被这种方式束缚，他使用自己所能想到的所有方法和证据，提出新问题，并凭借自己的思考将它们解决。他毫不犹豫地探索抽象的数学对象（柏拉图的世界）和物理现实（真实的物体）之间的联系，并在这个过程中不断发展自己的数学理论。①

最后一项奠定、巩固了阿基米德"魔法师"地位的成就，就是他预言了微积分。[79] 微积分是数学的一个分支，由牛顿在 17 世纪末正式建立和发展起来。德国数学家莱布尼茨几乎也在同时期独立研究并提出了该理论。

积分背后隐藏的基本思想其实非常简单——当然，是在被明确指出来之后！例如，假设你想计算椭圆上的一段弧与这段弧的两个端点之间的直线所围成图形的面积，那么，你可以把这个图形分解成许多宽度相等的长方形。当把这些长方形的面积相加之后，你就得到了所求面积（图 3–5）。很明显，分解出的长方形数量越多，这些长方形面积之和就越接近真实的图形面积。换句话说，当被分解的长方形数量逼近无限的时候，把这些长方形的面积加起来就得到了你想要计算的图形实际面积。这一"极限"过程就是积分。利用上述方法，阿基米德计算了球面、圆锥面、椭圆面和抛物面的面积，以及由它们所形成的物体的体积（把椭圆或抛物面绕其轴旋转后得到的物体）。

---

① 比如，阿基米德通过想象，由一个已知面积（体积）的图形（立体）得到一个未知图形（立体）的面积（体积）。在得到结果之后，他再从纯数学上证明它。作者在这里之所以首先强调这一点，是因为对古希腊人来说，数学的大部分就是几何，而几何被柏拉图制定的一些死板规则禁锢了。例如，柏拉图仅允许用没有刻度的直尺和圆规作图。柏拉图及其学派把所有非尺规作图统称为"非机械"的，出于某种神秘的原因，这类作图被严令禁止。而阿基米德是当时唯一摒弃柏拉图古板、守旧的几何概念的先驱。单凭这一点，他就值得被后人称赞。——译者注

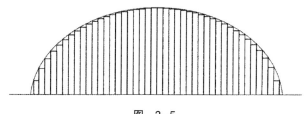

图 3-5

　　微分的一个主要目标是计算曲线上给定一点的切线的斜率，此时，切线与曲线只在这一点相交。阿基米德给出了一种特殊螺旋的切线斜率计算方法。对微分更进一步的研究是由牛顿和莱布尼茨完成的。今天，微积分以及由此衍生的数学分支是建立绝大多数数学模型的基础，在物理学、工程学、经济学或流体力学中都有广泛应用。

　　阿基米德改变了数学世界，也从根本上改变了人们对数学与宇宙之间关系的认识。通过展示数学理论与实践之间令人震惊的紧密联系，阿基米德第一次提出了以观察和实验为基础，而不是靠神秘主义来解释自然界中貌似被数学设计过的各种现象。正是阿基米德的努力，孕育出了"数学是宇宙的语言"，以及"上帝是数学家"这类思想和认识。当然，有些事情阿基米德也没有做到。例如，阿基米德从来没有讨论过，如果把他建立的数学模型应用于实际物理环境中，可能会存在哪些限制。举个例子来说，阿基米德在关于杠杆原理的理论探讨中，就没有考虑过杠杆自身的重量，并且，这一原理假设杠杆的硬度是无穷大的。可以说，阿基米德推开了一扇门，穿过这扇门之后，人类就可以用数学模型解释自然现象。但是，阿基米德推开门的幅度有限，只达到了"挽回面子"[①]的程度。

_____

① 罗马红衣主教贝拉明在评价哥白尼的日心学说时所用的描述，在本章稍后会进一步解释这句话。——译者注

这也就是说，数学模型也许仅仅能代表人类观察到的对象，却不能描述现实存在的物理世界。希腊数学家格米纽斯（Geminus，约公元前 10—公元 60）在研究天体运动时，第一个从细节上讨论了数学模型和物理解释之间的差异。格米纽斯指出了天文学家和物理学家的差别，按照他的观点，天文学家（或数学家）的工作仅仅是提出模型构造的建议。实际上，这个模型是他们观察到的天空中天体运动的再现，而物理学家的工作则是解释这种真实运动。[80] 这种特殊差别在伽利略时代达到了戏剧性的白热化程度，在本章的稍后部分我还会继续讨论它。

也许你会感到奇怪，阿基米德本人认为，自己最杰出的成就是发现了圆柱体内切球（图 3-6）的体积是该圆柱体积的 $\frac{2}{3}$。阿基米德对于这一发现颇为自豪，甚至要求将该发现镌刻在自己的墓碑上，作为墓志铭。[81] 在阿基米德去世后约 137 年，罗马著名演讲家马库斯·图利乌斯·西塞罗（Marcus Tullius Cicero，约公元前106—前 43）发现了这位伟大数学家的墓地，西塞罗对于寻找过程有一段相当生动，也十分令人感慨的描述：

"当我在西西里岛任财务官时，我就四处寻访阿基米德的墓地。锡拉库扎人对此一无所知，并且拒绝承认阿基米德墓地的存在。但是，这一小片完全被荆棘覆盖、被灌木包围的区域，的确是伟大的阿基米德的埋骨之所。我曾经听说过几句话，据说是镌刻在他墓碑上的很短的诗句，这些诗句提到了圆柱体和球体模型。为此，我遍访阿格里根琴门（Agrigentine Gate）附近所有的墓地，逐个查看这些墓地上所立的墓碑。最后我注意到，一块墓碑经过清洗后，在上面可以模糊地发现刻有一个小柱体，在它之上是一个球体和圆

柱，我马上意识到并告诉我身边的锡拉库扎人，这就是我正在寻找
的目标。我们安排了一些人手用镰刀把四周的杂草清理了一下，并
开辟出了一条小路直接通向这座墓碑。碑上的那些诗句依稀可辨，
只不过每句的后半部分已经在岁月的侵蚀下变得模糊不清了。这座
城市是古希腊世界中最著名的城市之一，同时也是过去岁月里伟大
的学术中心，却对自己曾经孕育过的最光彩夺目的公民的葬身之地
一无所知。幸亏，我这位来自阿尔皮努姆（Arpinum）的人出现
了，并认出了它！"[82]

图 3-6

西塞罗的描述并未夸大阿基米德的伟大。事实上，在用"魔法
师"作为本章标题时，我有意抬高了成为"魔法师"的门槛——由
于以伟大的阿基米德为基准，我们至少要向前一跃1800年，才能
找到堪与阿基米德比肩的人物。与宣称自己能够撬动地球的阿基米
德不同，这位"魔法师"坚持认为，地球已经在移动了。

阿基米德最优秀的学生

1564 年 2 月 15 日，伽利略（图 3–7）在比萨市出生。[83] 他的父亲温琴佐（Vincenzo）是一位音乐家，他的母亲茱莉亚·阿曼纳蒂（Giulia Ammannati）是一个风趣的人，但有点急性子，受不了别人愚蠢的行为。1581 年，伽利略听从了父亲的建议，进入比萨大学的文科系学习医学。然而，他对医学并不感兴趣，反而十分喜欢数学。在 1583 年的暑假期间，伽利略请托斯坎的宫廷数学家奥斯台利·里奇（Ostilio Ricci）去见见他的父亲，在这次会面中，里奇极力劝说伽利略的父亲，他说伽利略注定会成为一名数学家。这个问题事实上很快就被解决了，这位充满激情的年轻人完全被阿基米德的著作所吸引，他说："凡是阅读了阿基米德著作的人，都会有一种高山仰止的感觉。与阿基米德相比，其他所有人的思想都不值一提，哪怕只是想做一些与阿基米德的发现相似的工作，也没有多少希望。"[84] 当时，伽利略并没有意识到，他本人正是那些为数不多的能与这位古希腊数学大师相提并论的人物之一。受到阿基米德与国王王冠的传奇故事的启发，伽利略在 1586 年出版了一本名叫《小平衡》的小册子，在这本小册子里，他提出了自己发现的一种流体静力学中的平衡理论。后来，伽利略在佛罗伦萨学院的一次公众演讲中更多地引用了阿基米德的理论。就是在这次演讲中，他讨论了一个极不寻常的题目，那就是但丁在叙事诗《地狱》中提到的地狱的位置和大小。

图 3-7

　　1589 年，伽利略被任命为比萨大学的数学教授，这一部分得益于德高望重的罗马数学家和天文学家克里斯托弗·克拉维思（Christopher Clavius，1538—1612）的极力推荐。伽利略曾经于1587 年拜访过克拉维思，并马上得到了他的赏识。一颗年轻的数学新星冉冉升起，前途无量。在这之后的三年里，伽利略着手进行他的第一项研究，这项研究是关于运动定律的。很明显，他在此期间发表的文章受到了亚里士多德著作的启发，里面既包含着有趣的思考，也混杂着许多错误的主张。例如，伽利略开创性地认识到，在检验物体运动定律时，人们可以利用倾斜平面减缓物体运动速度。但与此同时，他又错误地声称，如果有两个物体同时从塔上落下，"当刚开始下落时，木球要比铅球下落速度更快"。[85] 在某种程度上，伽利略的第一位传记作者温琴佐·维维安尼（Vincenzio Viviani，1622—1703）错误地描述了伽利略在这一阶段的爱好和思维过程。维维安尼塑造了一个广为流传的形象，在他的笔下，伽利略是一位一丝不苟、不达目的誓不罢休的实验主义者，他对新生事物的敏锐洞察完全来自于他对自然现象的仔细观察。[86] 事实上，直到 1592 年伽利略迁居帕多瓦之前，他的研究方向和研究方法主要集中在数学领域。伽利略信奉思想实验，信奉阿基米德以几何图形的方式对世界的描述，而这些几何图形遵循数学的规律。伽利略在后来讲过，在当时，他对亚里士多德最主要的不满是："（亚里士多德）不仅对几何学中那些深刻和高妙的发现不太重视，甚至对这门科学最基本的规律也不太关注。"[87] 伽利略还认为，亚里士多德过于依赖感觉的体验了，"因为它们提供的是客观真相的表象"。事实上，伽利略提出："在任何时候，都要运用推理而不是实例（因为我们寻找的是结果的原因，而这不会从经验中得出）。"

1591 年，伽利略的父亲去世了，家庭的重担一下子落在了这位年轻人的身上。为了减轻生活压力，他接受了帕多瓦的一个职位，因为他在那里的收入是在比萨大学时的三倍。随后的 18 年是伽利略一生中最快乐的时光。在帕多瓦，他认识了马莲娜·甘巴（Marina Gamba），并与她保持了长期的交往，伽利略虽然一直没有娶马莲娜，但他们育有三个孩子——维吉尼娅、利维亚和温琴佐。[88]

1597 年 8 月 4 日，伽利略给著名的德国天文学家约翰尼斯·开普勒写了一封私人信件，他在信中承认自己相信哥白尼学说"已经很长一段时间了"。除此之外，他还提出，许多自然现象如果用地心说来解释的话根本解释不通，但如果用日心说模型来分析的话，这些问题则会迎刃而解。然而，他对哥白尼"似乎被嘲笑，并在观众的起哄声中被赶下台"的事实感到哀伤。这封信标志着伽利略与亚里士多德学派的宇宙论之间的巨大裂痕日益加深。从此，现代天文物理学登上了历史舞台。

星际信使

在 1604 年 10 月 9 日的夜晚，维罗纳、罗马和帕多瓦的天文学家们惊恐地发现天空中有一颗星星迅速地变亮，其亮度甚至超过了天空中其他所有的恒星。身在布拉格的让·布朗诺斯克（Jan Brunowski）是一名专为皇室提供服务的官方气象学者，他在 10 月 10 日也看到了这一天文现象，这使他陷入了极大焦虑，并迅速将这一情况通知了开普勒。连续数日的阴云使开普勒没办法观察天空。直到 10 月 17 日，开普勒才第一次看到这颗星星，从此连续观察了一年左右的时间，并最终在 1606 年出版了关于这颗"新星"的书。今天我们已经知道，1604 年天空中的景象并不代表着诞生了一颗"新的星星"，而是意味着一颗衰老的"旧的星星"在爆炸后的死亡。如今，这个事件被称为"开普勒超新星"。当年，这颗超新星在帕多瓦引起了巨大的轰动。伽利略在 1604 年 10 月用肉眼观察了这颗新星，在之后的 12 月和次年 1 月，他就此现象在公众面前发表了三次演讲。为声讨迷信思想，伽利略在演讲中提出，这颗新星在天空中的位置（相对于天空中其他恒星）没有明显的移动（视差），说明这颗新星位于月球范围之外。这次观测的重大意义不可估量。在亚里士多德学说的世界里，天空中的所有变化都应当严格限定在月亮这一边，比这更远的恒星所形成的球面不可能改变，是神圣不可侵犯的。

实际上，这种"神圣不可侵犯的球面"理论早在 1572 年就已经开始动摇了。当时，丹麦天文学家第谷·布拉赫（Tycho Brahe，1546—1601）观察到了另一颗恒星的爆炸，现在我们将它称为"第谷超新星"。1604 年的事件实际上是为亚里士多德宇宙论的棺材钉下了另一颗钉子。但是，人类理解宇宙的真正突破既不是来自理论推测，也不是通过肉眼观察得到的。事实上，使用凸面玻璃透镜和凹面玻璃透镜进行的简单观测实验，才让人类对宇宙的认识有了真正的突破。人们发现，把凸面玻璃透镜和凹面玻璃透镜放在一条直线上，让两者相距大约 33 厘米，通过透镜组看出去，就会发现远处的物体似乎就在眼前，这就是望远镜的雏形。到了 1608 年，这种观测仪器已经在全欧洲迅速普及，有一位荷兰人和另两位法兰德斯光学仪器制造商甚至为此申请了专利。关于这种神奇仪器的传言传到了威尼斯神学家保罗·萨比（Paolo Sarpi）耳中，他于 1609 年 3 月前后把这个传言告诉给了伽利略。为了在第一时间证实信息的真实性，萨比还特地给在巴黎的朋友雅克·巴都奥瑞（Jacques Badovere）写了一封信，询问传言的真伪。按照伽利略自己的说法，他被"渴望看到美丽事物的心情所控制"。后来，伽利略在他 1610 年 3 月出版的一本著作《星际信使》中叙述了这件事：

"大约 10 个月前，我听说一个法兰德斯人制造了一种望远镜。通过它，观察者可以把距离非常遥远的物体看得非常清楚。为了验证这种被传得神乎其神的仪器，好像还进行了一些相关实验，有些人相信它是真的，也有些人认为这根本不可能。过了几天，法国巴黎尊贵的巴都奥瑞先生给我的来信中证实了它的存在，这促使我全身心地投入研究其工作原理之中。通过研究，我自己也发明了一种与之类似的仪器。我所做的这些研究工作，不久之后就成了我的光学折射理论的主要内容。"[89]

这件事证明了，伽利略具备与阿基米德同样的创造性实践思维，这也正是阿基米德性格中的典型特征。伽利略知道望远镜能被造出来后，很快就研究出望远镜的工作原理是什么，以及它是怎么制造出来的。不仅如此，在 1609 年 8 月到 1610 年 3 月期间，伽利略在使用自己发明的望远镜观察天空时，还在不断地改进它，最终把自己发明的望远镜的放大倍数从大约 8 倍提升到了大约 30 倍，这本身就需要有相当高超的工程技巧。但是，伽利略真正的伟大之处在于，他不仅知道怎么在实践中改进这架望远镜，而且，他知道应该利用自己发明的这个增强视力的密闭管（伽利略称之为 perspicillum）来干些什么。伽利略制造和改进望远镜的目的不是观察威尼斯港口外的轮船，也不是检查帕多瓦城市建筑的屋顶。他把望远镜对向了天空。接下来发生的事是科学史上前所未有的，正如科学史学家诺埃尔·斯维德劳（Noel Swerdlow）指出的："在两个月的时间里，即 1609 年的 12 月至 1610 年的 1 月，他的发现改变了世界。过去没有人，今后也不大可能有人能与他相比。"[90] 事实上，2009 年被命名为"国际天文年"，就是为了纪念四百年前伽利略对星空的那次观察。伽利略究竟做了什么，使他成为一位不同凡响的传奇般的英雄？他利用自己制造的望远镜观察天空，最终取得了许多震惊世人的成果，这里我只列举其中的一小部分。

当伽利略把望远镜转向月亮，重点观察月球明暗相交的分界线（这条线把月亮的黑暗和光明部分区分开来）时，他发现这个天体的表面十分粗糙，上面有山脉，有巨坑，也有广阔的平原。[91]他还观察了光线是怎样出现又如何被黑暗吞噬，而最初那些针尖般的亮点是如何逐渐扩大延伸，就像太阳在地球上升起时驱散山顶的黑暗一样。他甚至利用几何学知识计算了其中一座山峰的高度，根据他的计算，这座山峰至少有 6400 米高。这还不算完，伽利略观察到当月亮处于新月状态时，黑暗的那部分并不是完全黑暗，也能被微弱的光给照亮。从这个现象分析，他认为这是由于地球能反射太阳光。正如地球被满月照亮一样，伽利略确信，月球表面也同样沐浴在地球所反射的太阳光线中。

虽然这些发现并不是全新的，但是伽利略提供的证据将过去那些与此相关的争论提升到了一个全新的高度。在伽利略之前，天空和地面之间有明显的区分，也就是说，研究天空的理论和研究地球的理论是截然分开的。这种差异不仅仅是在哲学上或科学上，大量古代的神话、宗教的教义、浪漫的诗歌、美学的感悟都围绕着天空和地面的差异展开。而现在，伽利略却高声说，很多事是我们过去从未想象过的。与亚里士多德学派相反，伽利略把地球和天体（月亮）当成同一类型的天体：两者都有坚固的、起伏不平的表面，它们都反射太阳光。

伽利略并不满足于仅仅对月亮的观察，又将他的目光投向了更远的天体——行星，它们被古希腊人戏称为夜晚星空中的“漫游者”。从 1610 年 1 月 5 日开始，伽利略把他的望远镜转向了木星，令他惊讶的是，他发现有三颗过去从未被报道过的星星，它们似乎呈一条直线横越过木星，其中两颗在东面，一颗在西面。在之后的几天里，伽利略观察到这几颗与木星有密切关系的星星还不断地变换它们在天空中的位置。在 1 月 13 日，伽利略发现了第四颗与前三颗十分类似的星星。经过一周的仔细观察后,伽利略得出了一个震惊世人的结论,就像月亮是地球的轨道卫星一样,他认为这四颗星星实际上是木星的轨道卫星。

所有能给科学史带来巨大冲击的伟大人物,都有一种明显区别于普通人的才能,那就是他们都具有一种深刻的洞察力,能从众多相差无几的结论中迅速找出究竟哪一项发现才是真正有价值的。此外还有一种品格,或许也是许多有影响力的科学家所共同具备的:他们能深入浅出地介绍自己的科学发现,并能让其他人很容易就理解他们的观点。伽利略在这两方面都是大师级人物。由于担心可能会有其他人也发现了木星的卫星,伽利略于 1610 年春天仓促地在威尼斯出版了他那本著名的学术专著《星际信使》。伽利略十分礼貌而又聪明地把这本书献给了托斯卡纳大公科西莫二世·德·美第奇(Cosimo Ⅱ de Medici),还把这三颗卫星命名为"美第奇星"(Medicean Stars)。两年后,在结束他称为"大西洋苦力"①的生活后,伽利略计算出了这四颗卫星的轨道周期——环绕木星运行一周所用的时间。今天我们知道,伽利略的计算与真实的精确时间相差不过几分钟。《星际信使》一书面世之后,迅速成为欧洲市场上的畅销书,首印 500 本很快就销售一空,这也使得伽利略成了欧洲大陆上的名人。

发现木星卫星的重要性,被怎么强调都不过分。不仅因为这是自古希腊人观察太阳系以来第一次新发现的四颗天体,而且,仅这四颗星星的存在,就足以回击对哥白尼主义最严厉的指控了。[92]

---

① 在这段观察天空、收集并计算观测数据的辛苦研究经历中,伽利略称自己为"大西洋苦力"(atlantic labor)。——译者注

亚里士多德学派坚持认为, 地球不可能围绕太阳旋转, 因为地球已经有月球在它的轨道上运行了, 宇宙中怎么可能有两个不同的轴心呢? 伽利略的发现明白无误地表明, 行星也可以有自己的卫星环绕运行, 并且行星本身也在围绕太阳旋转。

　　1610 年, 伽利略的另一项重要成就是他观察到了金星的相位[①]。在以地球为中心的学说中, 金星被认为是在一个小圆周上运行(本轮), 并且它的轨道是围绕地球的。本轮的圆心被认为总是在太阳与地球的连接线上。(如图 3-8a 所示, 该图仅是一幅示意图, 并没有按真实比例绘制。)在这种情况下, 当一个人站在地球上观察时, 应当看到金星总是以新月的形状出现, 并逐渐变圆。但在哥白尼的系统中, 当人们从地球上进行观察时, 金星在太阳那一边从一个小圆盘开始逐渐变大并变暗, 当它变得最大和最暗的时候, 就是它距离地球最近的时候(图 3-8b)。当金星在这两个位置之间运行时, 它应当完成一个完整的星相序列, 就像我们看到的月亮那样。在伽利略与他过去的一个学生贝内代脱·凯斯特利(Benedetto Castelli, 1578—1643)的通信中, 他阐述了这两种理论的预测之间重要的不同, 并且指导了 1610 年 10 月到 12 月期间一系列至关重要的观测。结论是非常清楚的。这些观测最终确认了哥白尼的预测, 证实金星的确是在围绕太阳轨道运行。1610 年 12 月 11 日, 伽利略开玩笑似地给开普勒寄了一张小纸条, 上面写满了晦涩难懂的变形词: "Haec immatura a me iam frustra leguntur oy." 意思是说: "这些我早就试过了, 但没用。"[93] 开普勒左思右想不得其解, 最后不得不放弃揣测。[94] 1611 年 1 月 1 日伽利略又给开普勒写了

---

① 如月亮一样的消长盈亏。——译者注

一封信，他又写了一句话，颠倒了其中变形词中的字母顺序：
"Cynthiae figuras aemulatur mater amorum." 这句话的真实意思是
"爱神（Venus，意指金星）的母亲模仿了辛西雅（Cynthia，是月
亮女神的称号）的模样。"

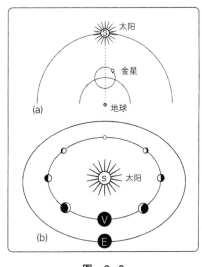

图　3-8

到目前为止，我讲述的伽利略的发现要么与太阳系中的行星有
关——它们是围绕太阳运行并反射太阳光的天体，要么与围绕行星
运行的卫星有关。伽利略还有两项非常重要的发现也与星星有关，但
这里的"星星"指的是能自己发光的天体，即恒星，例如太阳。第
一项是关于太阳的。在亚里士多德学派的世界观里，太阳被视为非
现实世界中完美的代表，并且永恒不灭。想象一下，当人类意识到太
阳的表面远称不上完美时，这会带来多么巨大的震撼。太阳有瑕疵，
并在自转过程中还会不断出现黑斑，这些黑斑过后又消失了。经过仔

细观察，伽利略绘制了太阳黑子图像（图 3-9 是他的亲笔手绘）。对此，伽利略的同事费德里科·塞思（Federico Cesi, 1585—1630）写到，他们"为这样壮观的奇景和精确的表达而感到高兴"。实际上，伽利略并不是第一个观察到太阳黑子的天文学家，也不是第一个记录它们的人。耶稣教会神父、科学家克里斯托弗·沙伊纳（Christopher Scheiner）曾写过一本小册子《与太阳黑子有关的三封信》（*Three Letters on Sunspots*），这本小册子让伽利略十分恼怒，他甚至不得不就此发表了一份清晰的答复。沙伊纳坚持认为，在太阳表面不可能有真正的黑子。[95] 沙伊纳的主张主要基于两个原因：一是按照他的观点，黑子的存在是因为它们太黑了（他认为黑子的色泽要比月球黑暗部分的颜色还要深）；二是，太阳黑子似乎总不能回到相同的位置。由此，沙伊纳得出了结论：太阳黑子是在太阳上运行的小行星。很明显，伽利略并不这么认为，在他的著作《关于太阳黑子的历史和证明》（*History and Demonstrations Concerning Sunspots*）中，他系统地逐条驳斥了沙伊纳的观点。伽利略用他那一丝不苟的态度、风趣诙谐的表达，以及让著名作家奥斯卡·王尔德（Oscar Wilde）都会情不自禁地起身长时间鼓掌的绝妙讽刺，阐明了太阳黑子实际上并不真是"黑的"，只是相对于太阳耀眼明亮的表面而言，它们显得颜色很深。而且，伽利略的作品中坚持认为太阳表面的确存在太阳黑子，这一点毫无疑问。（在本章稍后部分还会继续讨论伽利略的证明。）

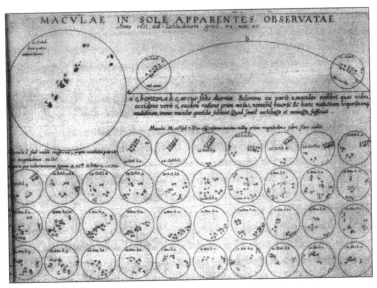

图 3-9

此外，伽利略还进行了人类历史上首次对太阳系以外宇宙空间的探索。与观察月球和行星时的经历不同，伽利略发现，即使利用望远镜也根本无法看清这些天体。这一现象背后的意义十分清楚：这些星星要比行星远得多。这本身就足够令人吃惊了，但是真正让人瞠目结舌的是那些新发现的星星的数量。伽利略通过望远镜能看到它们发出的微弱的光芒。在猎户星座周围的一小块区域内，伽利略发现的星星不少于 500 颗。当伽利略把他的望远镜横扫过银河，即那条穿越夜晚星空的一小片昏暗的光带时，他陷入了极度惊讶之中。他发现，即使是看上去非常平滑、明亮的光斑，事实上也是由数不清的星星组成的，而过去从来没有人发现过这一点。突然间，宇宙变大了！伽利略用科学家特有的理性和冷静的语言，记录下了自己的观察结果：

　　"我们观察到的第三件事是银河的物质本质。在望远镜的帮助下，我们可以非常仔细地观察银河，所有那些被几代人争论不休，并让哲学家头痛不已的问题，都被可见的现实给解决了。我们终于能从世俗的争吵中解放出来。银河系实际上是由无数的星星组成的聚集体，这些星星可以被划分为不同的星座。不论你的望远镜指向哪片区域，你都会看到在你的视线所及范围内有数不清的星星。其中有相当一部分星星更大，也更显眼，但更多的则是比较小，并且难以发现的天体。"

　　一些与伽利略同时代的人对此反应十分热烈。伽利略的发现激发了全欧洲人的想象，其中既有科学家，也有并不从事科学研究的人。苏格兰诗人托马斯·斯格特（Thomas Seggett）曾用一种十分强烈的语气说：

　　"哥伦布发现了新大陆，人类却为之杀戮。
　　伽利略的新世界没有伤害任何人。
　　哪一个更好？"[96]

　　亨利·沃顿爵士（Henry Wotton）当时担任英国驻威尼斯大使。在《星际信使》出版后，他想方设法搞到了一本，并迅速把它寄给了英国国王詹姆斯二世，随书还附了一封信：

　　"我呈送给陛下的是近来发生在我周围最轰动的新闻（我完全是平心而论）。随信寄去的书是由帕多瓦的一位数学教授所写的，他借助一种光学仪器的帮助，发现了四颗围绕木星运行的小行星，除此外还发现了其他许多恒星。"[97]

如果把伽利略的所有成就都记录下来的话，可以写出好几卷书（事实上已经写出来了），但这超出了本书的范围。在这里，我只想探讨其中一些惊世骇俗的发现如何对其世界观产生了影响。特别是，如果说数学与广阔的宇宙之间存在联系的话，那么伽利略发现的是一种什么样的联系？

自然之书

科学哲学家亚历山大·柯瓦雷（Alexandre Koyré，1892—1964）曾经评价道，伽利略在科学思想上的革命可以提炼为一项本质原则：数学是科学的基本原理。当亚里士多德学派沉醉于定性描述自然，甚至为此摆出亚里士多德的权威时，伽利略则坚持认为，科学家应当倾听自然本身发出的声音。他主张，解密宇宙术语的关键是相关的数学和几何模型。这两种方法之间有显著的不同，分别被各自阵营中的领军人物在其著作中举例证明过。亚里士多德学派的乔治奥·科瑞西奥（Giorgio Coresio）写道："让我们总结一下，那些不想在黑暗中工作的人必须向亚里士多德求教，他是一位优秀的自然解说者。"[98] 对此，另一位亚里士多德学派学者、比萨哲学家温琴佐·迪·格拉齐亚（Vincenzo di Grazia）补充道：

"在考虑伽利略的证明之前，似乎有必要先弄明白，那些想通过数学推理证明自然事实的人与真理相距有多远。如果没有弄错的话，在这些人之中，与真相相距最远的一个人就是伽利略。所有科学家、艺术家都有他们自己的准则，有他们自己的理由，也正是通过这些，他们才能够说清楚各自领域内有哪些特性。用一门科学的法则是无法证明其他科学的性质的。因此, 如果有人认为他可以用数学观点来证明自然的属性, 这种想法简直太疯狂了, 因为这两门学科完全不同。自然科学研究的是自然物体, 这些物体有它们自己的运动形式和适用的环境因素, 但数学研究的是从所有运动中抽象出的结果。"[99]

这种划分科学分支的封闭式思想, 恰恰是伽利略所极力反对的。在《论浮体》这本流体静力学专著的草稿中, 伽利略引入了数学作为人类真正揭示自然奥秘的强大工具。

"我可以想象那些来自敌对者们言辞激烈的责难, 我几乎能听到他们在我耳边的咆哮:'这个问题应当是物理学研究的, 不能用数学来解决。几何学家应当始终坚持他们的想象, 当得出的结论与数学分析结果有明显差异时, 也不要涉及哲学观点。'按照他们的说法, 似乎有不止一种类型的真理, 似乎几何学在今天是获得哲学真理的一种阻碍, 似乎一个人要是成了一位哲学家, 就不可能同时是一位几何学家。我们似乎还必须把这种暗示作为必要的结论, 一个人只要研究了几何, 就不可能懂得物理, 也不可能从物理学的角度出发, 去理性地分析和处理物理学中的问题。如此一来, 最愚蠢的一件事就是, 有一位内科医生怒气冲冲地宣称, 阿夸彭登泰那位伟大的医生①既然是一名著名的外科医生和解剖学家, 就应该满足于他自己的领域, 只用他的外科手术刀和药膏来治疗病人, 而不应该再试着利用药物来治疗疾病。在这位愤怒的医生看来, 外科知识

---

① 这里指的是意大利阿夸彭登泰 (Acquapendente) 的解剖学家谢洛尼莫斯·法布里休斯 (Hieronymus Fabricius, 1537—1619)。

与药剂学知识应当是完全对立的，甚至外科知识会损害药剂学知识的发展和运用。"[100]

人类观察自然现象并试图了解其成因和规律，但如果站在不同的角度去认识和分析的话，对同一自然现象的解释可能会完全不同。这里仍然以太阳黑子的发现和认识为例，这是一个非常简单的例子，我们却能从中得到一些很重要的启示。正如我在前文中提到过的，耶稣教会天文学家克里斯托弗·沙伊纳全面并仔细地观察了太阳黑子，但他坚信亚里士多德学派完美天空的理论，这一偏见使他犯了错误，并影响了他的判断。随后，当他发现太阳黑子不能回到同一位置并按原先的顺序排列时，他马上声明他"能防止太阳被黑子所伤害"。沙伊纳因为坚持天空静止不变这一理论，结果限制了自己的想象力，并且妨碍了他对"太阳黑子可以改变，甚至面目全非"这一观点的研究和思考，最终得出了错误的结论：太阳黑子必须是围绕太阳运行的行星。[101] 对于太阳黑子距离太阳表面有多远这个问题，伽利略的解释则完全不同。他把需要解释的现象总结为三点：第一，黑子在接近太阳球体边缘时比在太阳中心附近时要纤细一些；第二，黑子越接近太阳的中心，黑子之间的距离看起来要更大一些；第三，黑子在太阳中心附近的运动速度似乎要比它们在太阳边缘时快一些。伽利略仅仅使用了一个几何结构，并以此为基础提出了一种猜想，而这个理论猜想却能解释所有观察到的现象。伽利略认为，太阳黑子与太阳表面相邻，并且被太阳吸引，在其周围运动。如果对这个猜想进行细节性解释的话，就必须理解球体上一种在光学上被称为透视收缩的视觉现象，伽利略的理论猜想主要就是基于这一现象提出的。这种现象是指，当从远处观察球体上的物体时，人类的视觉会感觉物体越接近球体边缘，该物体就会越细，物体之间的距离也会更近。图 3–10 展示了在一个球体上画的几个圆，可以很清楚地看到这几个圆的透视收缩现象。

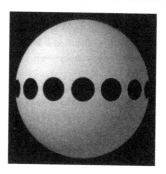

图　3–10

　　伽利略的证明对于建立科学研究过程而言意义重大。伽利略表示，观测到的数据只有纳入适当的数学理论中时，才会在描述现实世界时变得有意义。若不是在更广阔的理论背景中理解，同样的观察可能会导致有歧义的解释。

　　伽利略从来没有放弃过任何一次斗争机会。他对于数学本质的思考，以及对数学在科学研究中的地位的认识，在其辩论集《试金者》中进行了集中和清晰的阐述。这本闪耀着思想光辉、富有真知灼见的学术专著，一经面世马上就流传开来，甚至教皇乌尔班八世（Urban Ⅷ）在进餐时也不忍释卷。但是，你也许会十分惊讶，伽利略在《试金者》中的核心观点却明显是错误的。[102] 在这本书里，他试图找出理由证明，彗星实际上是月亮这一边的光学折射所引起的一种巧合现象。

　　围绕着《试金者》这本书展开的故事听起来有点像是从意大利

歌剧的剧本中摘录出来的。1618 年秋，前后有 3 颗彗星接连出现在夜空里。特别是第三颗彗星，可观察时间长达 3 个月之久。在1619 年，耶稣教会罗马神学院的霍雷肖·格瑞斯（Horatio Grassi）匿名出版了一本小册子，介绍了他对这些彗星的观测情况。在伟大的丹麦天文学家第谷·布拉赫的研究基础上，格瑞斯得出结论，彗星位于太阳和月亮之间的某个地方。这本小册子本来不太受人关注，但是，当伽利略从朋友那里得知，耶稣教会准备把格瑞斯的这本书当作攻击哥白尼学说的材料时，伽利略决定对此进行回应。伽利略通过一系列演讲（其中大部分演讲稿是他本人亲笔所写）进行反击，这些演讲稿被他的学生马里奥·古德西奥（Mario Guiducci）结集出版，这就是《关于彗星的演讲》（Discorso delle Comete）的由来。[103] 在这本书中，伽利略公开抨击了格瑞斯和第谷。这次轮到格瑞斯出击了，他以罗萨利奥·沙西（Lothario Sarsi）为笔名，并伪装成自己的一个学生，公开回复了一篇文章，言辞极为尖酸刻薄。在这篇文章中，格瑞斯毫不含糊地批评了伽利略。这篇回复文章名为《天文学与哲学的平衡》（The Astronomical and Philosophical Balance），重点讨论了伽利略对于彗星的观点，也讨论了马里奥·古德西奥在佛罗伦萨学院所介绍的观点。格瑞斯在解释他利用第谷的方法计算彗星的距离时，假装自己学生的口吻争辩道：

"请让我的老师去追随第谷的步伐吧！这是一种错吗？如果是的话，他又该去追随谁呢？是亚历山大学派日心说的创造人托勒密吗？他的追随者的喉咙正被出鞘的、越逼越近的火星之剑指着。是哥白尼吗？但他虔诚地呼吁每个人都应当远离他，而且还蔑视、反对他最近备受非难的猜想。因此，关于那些未知星星的解释，第谷是唯一一位赢得我们认同的领导者。"[104]

这些文字直观地说明了，在人类历史进入 17 世纪时，耶稣教会的数学家们在追寻真理的过程中不得不走一些弯路。一方面，格瑞斯对伽利略的批评富有深刻的洞察力，完全是公正客观的。但另一方面，由于不能屈服于哥白尼主义者，这些条条框框也禁锢了格瑞斯的思维，阻碍了他进行全面的理性分析。

作为旁观者，伽利略的一些朋友看得十分清楚，格瑞斯的攻击会从根本上动摇伽利略的权威。他们极力要求伽利略进行反击。这最终促成伽利略在 1623 年出版了《试金者》。（书的全名表明，这本书精确地权衡了格瑞斯的《天文学与哲学的平衡》。）

正如我在上文中提到的，在《试金者》一书中，伽利略对数学和宇宙两者之间的关系做了最清晰、最有力的阐述，这里摘录了其中一段有代表性的文字：

"我相信，罗萨利奥·沙西坚定不移地认为，在哲学中，一定要用某些名人的观点来支持自己，就好像我们的思想如果不与其他人的论断相结合，那一定是无知而浅薄的。也许他觉得哲学是某人创作的奇幻小说，就像《伊利亚特》①或《奥兰多的疯狂》②一样，这些书中最无关紧要的就是故事的真实性。沙西先生，事情不是这样的。哲学就记载在我们眼前的那本伟大的书中（我的意思是指宇宙），如果我们不能首先通晓它使用的语言和文字符号的话，就不可能理

---

① 古希腊描写特洛伊战争的英雄史诗，相传为荷马所作。
② 《奥兰多的疯狂》（*Orlando Furioso*）是由卢多维科·阿里奥斯托（Ludovico Ariosto）在 16 世纪创作的叙事史诗。

解它。用来书写这本书的语言就是数学，文字符号就是三角形、圆形和其他一些几何图形。没有它们，人类想理解书中哪怕一个字都是不可能的。没有它们，人类想穿越迷宫的任何努力都是徒劳的。"[105]

振聋发聩，不是吗？甚至在有人提出"数学在解释自然方面为什么如此有效"这个问题之前几个世纪，伽利略就认为他已经得到了答案！对他而言，数学是宇宙唯一的语言。他坚信，想要理解宇宙的话，就必须使用它所使用的语言——上帝就是一位数学家。

伽利略的著作所表达的一整套思想细腻地描绘了一幅画卷，这幅画清晰地表达了他对数学的理解。第一，我们要认识到对伽利略来说，数学最终就是几何。他对绝对的数字计算基本不感兴趣。他主要用数量比例和相关的表达来描述自然现象。伽利略是阿基米德真正的信徒，他所使用的方法的基本原则就是广泛而有效地运用几何。第二，伽利略对几何和逻辑进行了严格区分，其最后一本著作集中地阐述了这一点，而这本书就是著名的《关于两门新科学的对话和数学证明》。书中记录三名对话者之间的讨论内容，这三个人分别是萨尔维蒂（Salviati）、萨格莱多（Sagredo）和辛普利西奥（Simplicio），他们分别代表科学史上泾渭分明的不同阵营。[106] 萨尔维蒂是伽利略的发言人，代表了伽利略的观点。萨格莱多是一位颇有点贵族气的哲学爱好者，他的思维已经从亚里士多德的错误观念中解放出来了，因此能被新的数学科学的力量所说服。辛普利西奥在伽利略过去的著作中曾被塑造成一个被亚里士多德权威所折服的人，他完全认同亚里士多德学派的观点，而在本书中则以一位思想开明的学者形象出现。按书中所写的，在对话的第二天，萨格莱多和辛普利西奥之间有一段非常有趣的交流。

萨格莱多：辛普利西奥，我们该怎么说呢？是不是一定不能承认几何是最强有力的工具，能磨砺人的思维，令其完全理智，令其善于思索？难道柏拉图没有足够充分的理由让他的学生在处理问题时首先以数学为基础吗？

辛普利西奥看来同意萨格莱多的观点，并引入了逻辑作为对比。

辛普利西奥：我开始真正理解了，尽管逻辑在指导我们推理时，也是一种非常优秀的工具，但在帮助我们唤醒心智、发掘探索方面，逻辑的确无法与锐利的几何相比。

接下来，萨格莱多进一步明确区分了两者之间的不同。

萨格莱多：对我而言，逻辑教会我判断已经发现的结论的推理和证明是否正确，是否令人信服，但是，我不相信它能教给我怎么实现令人信服的推理和证明。

伽利略在这里传递的信息十分明确：他相信几何是发现新真理的工具；而逻辑，在他看来是一种方法，通过这种方法对已有的发现可以进行评估和评论。在本书第 7 章中，我们还要更深入地分析另外一种观点，即数学完全来自于逻辑。

伽利略如何认识到数学是自然的语言？毕竟像这样一个在哲学上影响深远的结论，绝不可能凭空出现，并成了现实。事实上，这一思想的起源可以追溯到阿基米德的著作。这位古希腊大师是第一个利用数学解释自然现象的人。随后，数学家似乎走入了一条蜿蜒崎岖的小路，这条路上有中世纪的计数者，有意大利宫廷数学家，通过他们努力，数学获得了值得研究与讨论的地位。最后，在伽利略时代，几位耶稣教会数学家，特别是克里斯托弗·克拉维思也承认数学应当在形而上哲学（解释自然的哲学原理）和物理现实之间采取中立立场。在《对〈欧几里得几何原本〉的评论》一书的序言中，克里斯托弗写道：

"数学各分支研究的对象都被认为与人类可感知的事物相分离，尽管数学专注于研究物质世界，但是如果我们考察--下它的研究课题，就会清楚地看到，数学在形而上哲学和自然科学之间占据了一个中间的过渡位置。"

然而，伽利略并不满足于把数学仅仅当作两者之间的调停者或连接器。他迈出了更大胆的一步，他认为，数学是上帝书写自然的语言。但是，这个鉴定结论引出了另一个严肃的问题，这个问题甚至给伽利略本人的生活带来了重大的影响。

科学和神学

根据伽利略的观点，上帝在设计自然时使用的是"数学"这门语言。而天主教会认为，上帝是《圣经》的"作者"。当以数学为基础的科学解释与《圣经》中的说法产生矛盾时，人们该相信哪一个呢？特伦特的神学委员会在 1546 年直截了当地回答了这个问题："任何一个依赖自己的判断并根据自己的想法曲解《圣经》的人，都无胆量与圣母教堂（无论是已经做出或现在做出）的解释相违背，因为那里才是评判其真正理念与含义的殿堂。"1616 年，神学家被要求就哥白尼的日心说理论发表自己的观点。他们最终得出结论，认为这是"异端邪说，在许多地方明显与《圣经》的理念相违背"。换句话说，教会反对伽利略所坚持的哥白尼学说，其核心不在于哥白尼揭示了地球并非处于宇宙的中心位置，而在于他对《圣经》的解释挑战了教会的权威地位。[107] 在这场争论达到最高峰时，罗马天主教会感到必须要严肃对待这场关于神学改革的论战，而伽利略与教会之间的冲突日益明显。

在 1613 年末，这一事件迅速发展，伽利略曾经的一个学生贝内代托·凯斯特利（Benedetto Castelli）在为托斯卡纳大公及其随从们做一场关于天文学发现的报告时，被要求解释一下哥白尼日心说和《圣经》中的描写之间的差别，例如，上帝让太阳和月亮停止了运动，以便使约书亚和以色列人能在特拉维夫谷与艾莫瑞特人的战争中获得胜利。尽管凯斯特利向伽利略汇报说，自己在为哥白尼理论辩护时"像冠军一样神气"，但伽利略还是对这场争论感到忧心忡忡。伽利略感到，自己恐怕不得不就科学和《圣经》之间的矛盾表达自己的真实观点。在 1613 年 12 月 21 日，他在给凯斯特利的一封长信中写道：

"为了被大多数人理解，有必要讲讲与《圣经》的论述有显著差异的事情。然而，自然是不可能被更改的，也不可能被动摇。自然不关心自己背后隐藏的原因和运作方式是不是能被人类所理解，并且，它从不会偏离已经规定好的自然法则。因此对我而言，任何自然效应，不论它是由经验置于我们眼前的，还是来自证明的必然结论，都不能因《圣经》里的文字而被质疑。《圣经》中数千上万的文字有着多种解释，其中每个句子不可能像自然效应那样严格遵守法则。"[108]

这种对《圣经》含义的理解明显与当时一些严苛的神学观点相

抵触。[109] 举个例子，道明会修道士多明戈·班尼（Domingo Bañez）在 1584 年写道："圣灵不但通过《圣经》中记录着的话语鼓舞了所有人，而且还规定和暗示了他所写下的每一个字的意思。"很明显，伽利略并不相信这一点。他在致凯斯特利的信中补充道：

"我倾向于认为，《圣经》的权威有意使众人坚信不疑，这些是拯救其灵魂所必需的真理，这些真理远远超出人类的理解能力，不是任何学问或圣灵所透露的任何意义（指《圣经》）能够确切表达的。上帝赋予了我们感知、推理和理解的能力，却不允许我们使用它们，但又期望以其他方式告知我们这些知识，我们所处的境地就好像是在利用这些天赋为自己获得知识。对我而言，这种方式并不可信，尤其，在面对那些在《圣经》中只有只言片语，而且还有多种结论的科学时，更是如此。天文学就是一个典型的例子，《圣经》中涉及这门科学的内容只有很少的一点，甚至连行星的名称和数量都没有列举完全。"

伽利略的这封信被抄送到了罗马宗教法庭，有关信仰的任何事宜通常都在这里评判，当时最有权势的人是红衣主教罗伯特·贝拉明（Robert Bellarmine，1542—1621）。起初，贝拉明对哥白尼学说的反应相当温和，因为他认为整个日心说模型是"挽回面子的一种方式，就好像那些提出本轮概念，却并不真正相信本轮确实存在的人一样"。与前辈们一样，贝拉明仅仅把这个由天文学家提出的数学模型视为一种噱头，认为设计这个模型的目的就是描述人类观察到的自然现象，并没有任何物理现实依据。贝拉明始终认为，这种"挽回面子"的发明，并不能证明地球真的在动。之后，贝拉明在哥白尼的《天体运行论》一书中没有看到直接的威胁，尽管他迅速补充说，地球是运动的这一观点不仅会"激怒所有哲学学者和神学家"，也会"因指出《圣经》的错误而损害神圣的信仰"。

如果我再接着描述这个悲剧故事的细节的话，恐怕就会超出本书的讨论范围，也偏离了我们关注的焦点，所以，我在这里仅简要地回顾一下这段历史。在 1616 年，哥白尼的著作被罗马教会禁书审定院列为禁书。尽管伽利略大量参考了有重大影响力的早期神学家圣奥古斯汀（St. Augustine，354—430）的思想和著作，以此支持他对自然科学和《圣经》之间关系的解释，但并没有为他赢得更多同情。[110] 尽管一系列信件清晰地表达了伽利略的主要观点——他认为在哥白尼的理论和《圣经》的文本之间不存在本质上（与表面上相比）的分歧，但在当时，伽利略还是被神学家们认定为冒犯他们领地的"不速之客"。那些心存疑虑的神学家们在对待科学问题时，同样毫不犹豫地表达了自己的观点。

乌云已经在地平线上聚集，但伽利略仍然相信理性会占据上风。事实上，当理性挑战的是信仰时，这种想法是一个巨大的错误。伽利略在 1632 年 2 月出版了《关于两种主要世界体系的对话》，图 3-11 就是这本书首版时的卷首插图。[111] 在这本辩论形式的著作中，伽利略全面而详细地表明他的哥白尼学说思想。他甚至提出，通过力学平衡和数学的语言探索科学真相，人类就能理解神的思维。换句话说，当一个人利用几何得到一个问题的解决方法时，他在这一过程中具备的深刻见解就如同上帝的一样。教会的反应迅速而果断。《关于两种主要世界体系的对话》一书在发行出版之后第六个月就被禁止了。一个月之后，伽利略被罗马教廷传唤，让他就"异教"的指控进行自我辩护。伽利略于 1633 年 4 月 12 日接受了审判，在 1633 年 6 月 22 日被教廷"强烈怀疑为异端分子"。

法庭指控伽利略相信并坚持那些错误的并违背《圣经》的教义，即认为太阳是世界的中心，太阳不是从东向西运动而是地球在动，地球并不是世界的中心。判决是严厉的：

> "我们判决正式监禁你，时间由本庭定夺。你要接受为期三年、每周唱诵一次《七篇忏悔诗篇》的苦修，这种苦修是我们所享受的，现在由你奉行。本庭保留部分或全部调整、减轻或取消上述对你的惩罚和苦修的权力。"[112]

图 3-11

这位 70 多岁、健康已被严重摧毁的老人无法承受这种压力，精神濒于崩溃。最后，伽利略递交了弃绝信仰的信件，并在信中承诺："完全抛弃太阳是世界中心、太阳不动、地球不是世界中心、是地球在动的错误观点。"他总结道：

"因此，我极其渴望从尊敬的枢机和所有虔诚的基督教徒脑海中消除对我的强烈怀疑。我也认识到，这种怀疑是我过去的言行应得的报应。满怀诚挚和真实的信仰，我宣誓弃绝、诅咒、憎恶我先前所有的错误和异端邪说，以及其他任何与教会精神相违背的宗派，我发誓在今后绝不会再次谈论或维护任何可能引起对我类似怀疑的言论，包括口头的或书面的。"[113]

伽利略的最后一本书《关于两门新科学的对话和数学证明》在 1638 年 7 月出版发行，原稿通过走私被偷运出了意大利，并在荷兰莱顿出版。这本书的内容真实，并有力地表达了伽利略的态度和观点。一切都体现在他那传奇性的话语之中："Eppur si muove."意思是："地球还是在动啊。"人们说，伽利略在审判末期一直在念叨这句公然表达了违抗之意的话语，但事实上，他可能从未真正说出口。

1992 年 10 月 31 日，罗马天主教会最终决定为伽利略"恢复名誉"，承认伽利略自始至终都是正确的，但仍避免了直接批评宗教裁判所。当时的教皇约翰·保罗二世讲道：

"荒谬的是，伽利略作为一位虔诚的信徒，证实自己在这个问题上（即科学和《圣经》之间明显的不一致）比反对他的神学家具有更强的洞察力。当时，绝大多数神学家没有看到《圣经》自身与其解释之间的明显差异，这导致他们不恰当地将属于科学研究范畴的问题转移到了宗教教义领域。"

全世界的新闻报纸都为此欢欣雀跃。《洛杉矶时报》报道称："官方认可：地球围绕太阳运转，甚至梵蒂冈也这么认为。"当然，也有很多人对此不以为然，认为这不值得高兴。有人觉得，这种来自教廷的"mea culpa"（拉丁文，意为"这是我的过失"）太晚了，也太微不足道了。西班牙的伽利略研究专家安东尼亚·贝尔唐·玛瑞（Antonio Beltran Mari）评论道：

"事实上，罗马教皇仍然认为他是权威，有资格就伽利略及其科学研究发表观点。这一事实表明，在教皇本人看来，什么都没有改变。教皇的所作所为与当年审判伽利略的审判官在本质上并无二致，只是他现在承认，他们错了。"[114]

公平地说，教皇无论怎么做都会以失败告终。站在他的角度做出任何一个决定，无论是忽略争议、继续承认伽利略有罪，还是最终承认教会的错误，都可能会招致批评。然而，现在如果有人仍试图引入《圣经》的神创说作为"科学理论"的替代品（比如掩盖在"智能设计"这层薄纱下），那他最好不要忘了，伽利略已经在四百年前就打响了这场战役，并最终胜利了！

第 4 章

魔法师：怀疑论者和巨人

电影《你一直想知道却羞于启齿的关于性的所有事情》[①] 由七个幽默好玩的故事组成。伍迪·艾伦（Woody Allen）在其中一个故事里饰演了一位宫廷小丑，他的日常工作就是做一些滑稽可笑的事，以取悦一位中世纪的国王和他的随从们。这个小丑非常爱慕王后，因此他给了王后一些药，希望借此引诱她。王后果然被小丑吸引了。然而，他想尽办法最终也未能得逞。小丑在王后的卧室里万分沮丧，他愤怒地大叫："我必须在文艺复兴到来之前快点想出办法，否则我们全部都要变成画了。"

抛开其中的玩笑成分，这句略显夸张的话形象地表现了 15 世纪至 16 世纪在欧洲大陆上发生的事。文艺复兴时代确实诞生了众多绘画、雕塑和建筑杰作，那些令后人为之倾倒的艺术珍品，成了今天人类文化的重要组成部分。在科学领域，文艺复兴见证了天文学中由哥白尼和开普勒开创，并由伽利略发展的日心说理论走向兴盛。伽利略利用望远镜观察到的结果孕育了对宇宙的新见解，而他的力学实验也展现了非凡的洞察力。与其他因素相比，这才是此后

---

① *Everything You Always Wanted to Know About Sex But Were Afraid to Ask*，又译《性爱宝典》。——译者注

几个世纪里，数学取得极大发展的最关键的动力。当亚里士多德哲学体系发出即将崩溃的第一个信号时，在与教会神学意识形态做斗争的过程中，哲学家们已经开始着手研究构建人类知识大厦的新地基了。数学似乎是真理确定无疑的表现形式，它为新的开端提供了最完美、最坚实的基础。

在这样一个伟大的历史转折中，有一个人试图找出一种能指导所有理性思考的固定模式，将人类所有的知识、科学成就，乃至人类社会伦理统一为一个整体。他就是法国年轻的政府官员勒内·笛卡儿。

一个做梦的人

很多人都认为，在近代所有伟大的哲学家之中，笛卡儿（图4-1）可以当之无愧地排名第一，同时，他也是第一位真正意义上的生物学家。除了这些功勋赫赫的标签，英国经验主义哲学家约翰·斯图亚特·密尔（John Stuart Mill，1806—1873）甚至将笛卡儿在数学上做出的贡献描述为"人类有史以来在精确科学上迈出的最伟大的一步"。[115] 现在，你或许能理解笛卡儿的才能和智慧为什么令后世敬仰了。

图4-1　笛卡儿

　　笛卡儿于 1596 年 3 月 31 日出生于法国拉海镇（La Haye）。为了纪念这位著名的数学家，这座小镇在 1801 年被改名为拉海 - 笛卡儿镇，1967 年之后，人们更习惯称之为笛卡儿镇。[116]1604 年，笛卡儿在年仅 8 岁时被送进了拉弗莱什教会学院学习拉丁文、数学、文学、科学和经院哲学，他在那里一直学习到了 1612 年。由于笛卡儿自幼体弱，不能过多地运动，因而被特许不用遵守学院严格的作息时间。他不必每天早晨 5 点起床，可以在床上度过整个早晨的时光。后来，每天利用清晨的时间进行思考的习惯伴随了笛卡儿一生。有一次，他对朋友、法国数学家布莱兹·帕斯卡讲到，对他来说，保持身体健康并取得丰硕成果的秘诀就是每天早上睡到自然醒。然而，正如我们之后看到的，这句话竟然一语成谶，成了笛卡儿命运的一个悲剧性预言。

　　在离开拉弗莱什教会学院之后，笛卡儿又进入了法国普瓦提埃学院学习，并最终以律师的身份毕业。但很明显，他从来没有真正从事过任何法律方面的工作。出于浮躁不安的心态和对外面世界的向往，笛卡儿决定加入奥兰治亲王莫里斯的军队，当时他们驻扎在荷兰共和国（荷兰的前身）的布雷达。笛卡儿在布雷达服役期间，发生了一件小事，这个偶然事件成为笛卡儿思想发展过程中的一个标志，具有深远的意义。传说有一天，笛卡儿在大街上闲逛，突然看到路边立着一块牌子，上面写着一道数学问题，正在征集解决方法。笛卡儿请一位经过的路人把这个问题从荷兰语翻译为拉丁语或法语。[117]几个小时之后，笛卡儿就成功地解决了这个问题，这让他真正认识到了自己在数学方面的天赋。而那位笛卡儿从未谋面却为他翻译问题的路人不是别人，正是荷兰数学家和科学家艾萨克·比克曼（Isaac Beeckman，1588—1637），他对笛卡儿的物理数学研究的影响持续了数年之久。[118] 在随后的 9 年里，笛卡儿要么在混乱的巴黎逗留，要么在各个军队中服役。当时的欧洲正在"三十年战争"（1618～1648 年）的痛苦中挣扎，战火四起、处处烽烟，不同宗教派别和政治派系之间纷争不休，从布拉格、德国直至特兰西瓦尼亚（今罗马尼亚西北部）到处都有战争。对于年轻的笛卡儿而言，想要打一仗或加入军队是十分容易的事。尽管如此，在这段时期，他仍然利用战斗的间隙学习数学，正如他后来所说的："全身心地沉溺于数学学习中。"

1619 年 11 月 10 日，笛卡儿做了三个梦。这些梦不仅对笛卡儿今后的生活产生了深远的影响，而且，或许也标志着现代文明的开端。[119] 在描述这一事件时，笛卡儿在自己的笔记中写道："我激动万分，并从中发现了一门绝妙科学的基础。"这是怎样的三个影响深远的梦呢？

实际上，这三个梦中的前两个是噩梦。在第一个梦里，笛卡儿发现自己被狂暴的旋风卷向了空中，风的巨大力量使他不由自主地以左脚为轴快速旋转，与此同时，他随时会从空中摔下来，这让他感到无比恐惧。这时一位老人出现了，递给他一个国外出产的甜瓜。第二个梦也是一幅十分恐怖的画面，他被抓进了一个阴森森的房间，房间里不时响起霹雳一般巨大的不祥的声音，在他身体周围不断有到处飞溅的火花。第三个梦与前两个梦形成了鲜明的对比，呈现在笛卡儿面前的是一幅祥和静穆的画面，当他四处环顾时，发现房间里有一张桌子，桌子上有书时隐时现。这些书包括一部名为《诗人集成》（*Corpus Poetarum*）的诗歌选集和一部百科全书。他随手打开了那本诗歌选集翻到了其中一页，一眼看到的正是公元 4 世纪罗马诗人奥索尼乌斯（Ausonius）的一首诗。诗中写道："我的生命应当走什么样的道路?"(Quod vitae sectabor iter?)此时,一个神秘的人从空气中闪现了出来,他引用了另一句诗:"是又不是。"(Est et non.)笛卡儿想给他看看奥索尼乌斯的诗歌,但整本书却消失在了虚空中。

　　一般情况下,梦境总是似是而非、颠三倒四的,梦的意义并不在于其具体的内容,而在于做梦的人对它的解释。笛卡儿对这三个神秘的梦的解释产生了令人震惊的影响。他认为,百科全书代表了科学知识的集合,诗集则代表了哲学、启示和热情。"是又不是"就是著名的毕达哥拉斯对立,笛卡儿认为,这代表了真理和虚妄。(大家不必惊奇,一些心理学家甚至认为甜瓜暗示了性。)笛卡儿绝对确信,这三个梦表明人类的所有知识在理性思想的帮助下可以统一为一体。1621 年,笛卡儿退役了。在随后的 5 年里,他继续四处游历。在旅途中,笛卡儿也没有放弃研究数学。在这段时间里,所有见过笛卡儿的人,包括当年具有巨大影响力的精神领袖红衣主教皮埃尔·德·贝鲁尔(Pierre de Bérulle, 1575—1629)都被笛卡儿深刻的见解和清晰的思路深深打动,并为之叹服。很多人都鼓励笛卡儿继续他的研究,并将他的思想写下来公开出版。对于一个年轻人来说,这种富于智慧的关爱和建议可能会适得其反,就像在电影《毕业生》中对达斯汀·霍夫曼所扮演的角色所说的那句忠告:"塑造自己!"(Plastics!)但是笛卡儿不同。他已经把自己的目标定为研究真理,因此他很容易就被说服了。最后,笛卡儿移居荷兰,当时,那里似乎能提供一个更安静的思考环境。在随后的20 年里,他写出了一本又一本不朽的著作。

　　1637 年,笛卡儿出版了第一本关于科学基础思考的杰作《谈谈方法》①，图 4-2 展示的是这本书在首版时所使用的扉页。这本著作还有三个值得着重关注的附录，分别关于光学、气象学和几何学。紧接着，笛卡儿在 1641 年出版了一本哲学方面的著作《第一哲学沉思集》，1644 年又出版了一本物理学专著《哲学原理》。在出版这几本书以后，笛卡儿的大名传遍整个欧洲，在他的仰慕者和有书信往来的人中，还包括已经被放逐的波希米亚公主伊丽莎白（1618—1680）。1649 年，笛卡儿被邀请访问瑞典，教授瑞典女王克里斯蒂娜（1626—1689）哲学。出于对王室成员的尊敬，笛卡儿接受了邀请。事实上，笛卡儿在给女王的回信中充满了 17 世纪所特有的谦卑，以致在今天我们看到这封信时都感觉有点可笑："我已经做好一切准备以执行女王陛下的任何命令。即便我出生在一个瑞典或芬兰家庭，我对您也不可能比现在有更多的热情，也不可能表现得更完美了。"那位年仅 23 岁有着钢铁般意志的瑞典女王坚持要求笛卡儿在早晨 5 点这个极不适宜的时间给她上课。在北欧这片土地上，清晨实在太过寒冷了。笛卡儿在给朋友的信中写到，在这里甚至连思维也被冻僵了。[120] 后来事实证明，这种寒冷对他是致命的。他说："我在这里不得其所，很不自在。我只想要宁静和沉思。如果一个人自己不能获得宁静，即使是地球上最有权势的国王也不能赐予他。"在勇敢地面对瑞典长达数月的严酷寒冬和黑暗的早晨之后（对于笛卡儿来说，这样的清晨是他一生都在努力回避的噩梦），笛卡儿最终患上了急性肺炎。1650 年 2 月 11 日，就好像试图避开再次被叫醒一样，笛卡儿在凌晨 4 点钟去世了，享年 54 岁。

---

① 全名为《谈正确引导理性并在科学中探索真理的方法》(*Discours de la Méthode Pour bien conduire sa raison, et chercher la vérité dans les sciences*)。——译者注

这位开辟了现代文明的人，成了自己的诤上心态和一位年轻女王的任性的牺牲品。

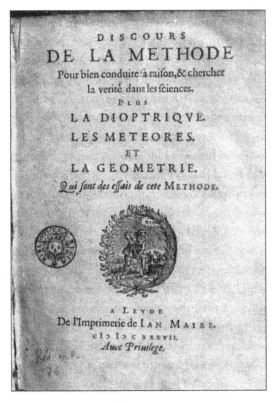

图　4-2

笛卡儿被安葬在了瑞典。1667 年，他的遗骸（或者说，至少是他遗骸的一部分）被运回了法国。[121] 在那里，笛卡儿的遗骸又被多次转移，一直到 1819 年 2 月 26 日才最终埋葬在圣日耳曼·德佩教堂（Saint Germain des Prés）的一所附属小礼拜堂内（图

4-3）。据说，笛卡儿的一块头盖骨从瑞典流出后，经过了数人之手，最后被化学家伯齐得乌斯（Berzelius）购得，并带回了法国。这块头盖骨现存放在法国巴黎人类博物馆的自然科学馆中，经常呈现在穴居人头盖骨的对面。

图 4-3　我本人站在笛卡儿极其简朴的黑色纪念碑旁边

一个现代人

如果某个人的身上贴上了"现代"这个标签，通常意味着他能非常自如地与 20 世纪（现在就是指 21 世纪了）的专业人士或同行们进行交流。笛卡儿可以被称为"现代"人，原因是他敢于质疑自己之前所有哲学和科学中的结论。他曾经说过，他所接受的教育的唯一用处是使他感到更加困惑，以及让他认识到了自己的无知。在那本伟大的《谈谈方法》一书中，他写道："关于哲学，我发现，尽管它在人类最聪明的大脑中孕育了几个世纪，但其中的所有观点都存在争议，并因此更加不确定。"虽然笛卡儿本人的哲学思想同样被后来的哲学家指出存在明显的缺点，但是，笛卡儿这种前所未有的，甚至是对最基本概念的怀疑，确实使他显得十分"现代"。[122] 更重要的是，从笛卡儿现存著作中的观点里可以看出，他认识到数学的方法和推理步骤能精确地得出某种必然结论，而这正是在他之前的经院派哲学所缺乏的。[123] 他的观点表达得十分清楚：

"那些由简单容易的推理所组成的长长链条，是几何学家惯于用来完成最困难的证明的工具。这让我有理由推测，所有能被人类理解的知识都能以同样的方式彼此联系。并且我认为，如果我们拒绝接受那些貌似是真理，但并非真理的结论，而且遵守从一个事物演绎到另一事物的正确顺序，那么，没有什么是我们最终触及不到的，或者隐藏得太深以致我们发现不了的。"

这些大胆的言辞，在某种程度上说明了笛卡儿的观点甚至比伽利略更深刻。在笛卡儿看来，不仅物理宇宙是用数学语言写就的，而且人类的所有知识都遵循数学的逻辑。用笛卡儿的话说："它（数学方法）是最强有力的知识工具，比人类能动性赠予我们的其他任何工具都有效，它是万物的根源。"因此，笛卡儿的一个重要目标就成了如何证明物理世界，对他来说，这个现实是可以用数学语言描述的，可以不用依赖经常误导我们的感性认识来描绘。他提倡，人类在思维过程中应当过滤掉眼睛所能看到的[①]，而将感知转为思考[②]。笛卡儿坚持认为："没有任何确定的标志能够区分已被唤醒，还是仍在沉睡。"但是，笛卡儿也怀疑，如果我们原以为真实的所有事物其实都不过是一场梦，那么我们怎么能知道，那些真实的事物甚至是地球和天空，不是某些"有无穷力量的恶魔"为我们制造出来的某种"梦幻般的虚妄"？或者，正如伍迪·艾伦曾经说过的："如果一切都是幻觉，没什么是真实存在的，那么会发生什么呢？如果是这样，我绝对为我的地毯花了冤枉钱。"

这些疑问在笛卡儿脑海里不断涌现，最终促使他说出了那句最著名的名言："我思，故我在。"[124] 换句话说，在思考的背后，应当存在一种意识心智。也许有点自相矛盾，怀疑这种行为本身却不能被质疑！笛卡儿试图从这一看起来微不足道的开端构建一个完整、可信的知识体系。笛卡儿广泛涉猎了哲学、光学、数学、力学、医学、胚胎学、形而上哲学，并在这些学科中都取得了对后世影响颇深的成就。尽管笛卡儿坚信人类理性思考的能力，他却不相信仅凭逻辑就能揭示真理。在这一点上，笛卡儿得出了在本质上与伽利略相同的结论："就逻辑而言，三段论及其他大部分认识在我们已知的领域内是很有效的，但是，在探索未知领域时却不见得同样有效。"而在他大胆尝试彻底改造和重新构建所有学科的基础的过程中，笛卡儿试图利用自己从数学方法中提炼出的规律，确保工作建立在实际、坚实的基础之上。笛卡儿在《探求真理的指导原则》一书中描述了这些严格的指导性规律。他从那些自己确信不疑的真理（类

---

① 即感性认识。——译者注
② 即理性认识。——译者注

似欧几里得几何学中的公理）开始；接着，试图把那些错综复杂的
问题分解成若干更易于处理的简单问题；然后，从那些最基础的现
象开始研究，逐步深入到其内部复杂的本质；最后，重复检查整个
过程以确保不会有任何可能的解决方法被忽略。不用说，即使是通
过这种严格的步骤小心翼翼地构建，也不能保证笛卡儿的结论完全
正确。事实上，尽管笛卡儿最为人称道的是他在哲学上的巨大突
破，但真正让他获得不朽声望的还是他在数学上的成就。在这里，
我将简要介绍他的一个非常简单却闪耀着夺目光芒的数学思想，它
被密尔称为"人类有史以来在精确科学上迈出的最伟大的一步"。

纽约市地图上的数学问题

让我们看看图 4-4 所示的美国纽约市曼哈顿区的地图——这
只是整个曼哈顿区的一部分地图。如果你站在 34 大街和第八大道
的拐角处，而你想要找的人站在 59 大街和第五大道的交会处，你
肯定会找到他，对吗？这道题恰恰体现了笛卡儿的一种全新几何学
方法的精髓。笛卡儿在《谈谈方法》的一篇 106 页的附录中大体勾
勒了这一思想，这篇附录被称为《几何》。[125] 你也许很难相信，正
是这个看起来十分简单的概念从根本上改变了数学。笛卡儿用微不
足道的事实表明，正如曼哈顿地图所展示的那样，用平面上的一对
数就能清晰无误地确定一个点的位置（图 4-5a）。之后，笛卡儿利
用这一事实发展出了一门非常有用的理论——解析几何。为了纪念
笛卡儿，这种以两条相交直线组成的参考系被命名为"笛卡儿坐标
系"。传统上，我们把水平线标记为"x 轴"，把垂直线标记为"y
轴"，这两条线相交的点被称为"原点"。例如，在图 4-5a 中所标

记的点 A，其横坐标值为 3，纵坐标值为 5，这样一来，点 A 就可以用一对有序数 $(3,5)$ 表示了——注意，原点的坐标值被规定为 $(0,0)$。

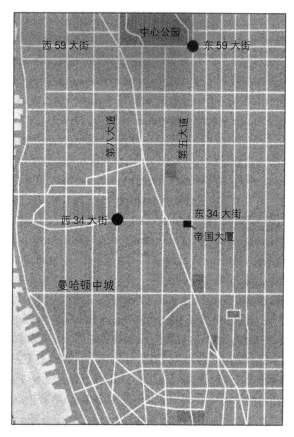

图　4-4

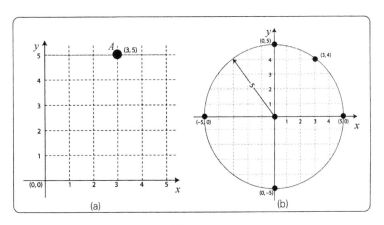

图 4-5

试想一下，如果我们想描绘出平面上距离原点 5 个单位的所有点，肯定会画出一个以原点为圆心、半径为 5 个单位的圆（图 4-5b）。如果在这个圆周上取一个点，其坐标值为 (3, 4)，我们会发现这一坐标值恰好满足 $3^2 + 4^2 = 5^2$。事实上，我们可以很容易地证明（利用毕达哥拉斯定理），这个圆上的所有点的坐标 (x, y) 都满足 $x^2 + y^2 = 5^2$。更进一步地说，在这个平面上，只有这个圆周上的点的坐标值能使等式 $x^2 + y^2 = 5^2$ 成立。这就意味着，代数等式 $x^2 + y^2 = 5^2$ 可以精确且唯一地表示这个圆。换句话说，笛卡儿发现了一种能用代数等式表现几何中曲线的方法，反之亦然。[126]如果这种方法仅针对一个简单的圆成立，那乍听上去，这似乎没什么值得激动的。但事实上，今天我们所能见到的一切曲线图，包括股票市场每周的波动图、过去几个世纪以来北极的气温变化图，或者宇宙的比例图，全部都来自笛卡儿这一天才的思想。从此以后，代数和几何突然之间不再是两个独立的数学分支了，它们表达了相

同的真理。描述一条曲线的数学等式暗含了该曲线所有我们能想象
得到的特性，例如所有的欧几里得几何定理。这还不是全部，笛卡
儿进一步提出，不同曲线可以用相同的坐标系来描述，通过找出代
表这些曲线的代数表达式构成的方程组的一般解，进而简单地找到
这些曲线的交点。通过这种方法，笛卡儿充分利用代数学自身的优
势纠正了传统几何学中那些令他极为厌烦的缺点。例如，欧几里得
将几何中的点定义为不可再分的、没有大小的独立存在体，而笛卡
儿使用一对简洁有序的数就能定义平面上的点。在此之后，欧几里
得那种模糊的定义方法就永远地过时了。不过，这种蕴含深刻见解
的全新定义方式只是笛卡儿解析几何思想的冰山一角。笛卡儿还指
出，如果坐标点 (x, y) 中的 x 和 y 这两个数有某种关系，也就是
说，x 的每一个值都对应着唯一的 y 值，那么此时，x 和 y 就构成
了一种函数关系。函数的确无处不在，你在减肥时每天测到的体
重值、孩子在每个生日那天测量的身高值，或者汽车在行驶途中
车速与油表里程的关系，所有这些数据都能用函数来表示。

　　函数是现代科学家、统计学家、经济学家真正的"面包和黄
油"，须臾不可或缺。如果多次重复的科学实验或观察最终得出了
相同的函数关系，它们就可能被提升到自然规律的地位——这里所
谓的规律是指所有自然现象都要遵循的、可用数学描述的行为方
式。例如，牛顿发现了万有引力定律（我会在本章稍后部分详细地
讨论）。万有引力定律指出如果两个点上物体之间的距离扩大两倍，
那么它们之间的引力效应通常会降低为原来的四分之一。笛卡儿的
思想为用数学系统性地处理几乎所有事物推开了一扇门——"上帝
是一位数学家"这一理念的核心意思也不过如此。从纯数学的角度
看，几何和代数这两门数学分支在过去被认为是毫无关联的，但笛

卡儿证明了，如果从更高角度分析的话，两者是完全等价的。通过建立二者之间的等价关系，笛卡儿拓展了数学的研究范围，为进入分析领域铺平了道路，让数学家能轻易地在数学各分支学科之间进行交叉研究。如此一来，不仅各种不同的自然现象都能用数学描述，甚至数学本身也变得更广阔、更丰富、更统一了。正如伟大的数学家约瑟夫–路易·拉格朗日（Joseph-Louis Lagrange，1736—1813）指出的："当几何和代数沿着各自的道路独立前进时，它们的进展缓慢，并且应用范围也有很多限制。但是，当这两门科学结合起来以后，它们相互从对方那里汲取了新鲜的活力，相辅相成，并加快步伐迈向了完美。"

　　虽然笛卡儿在数学上取得了辉煌的成就，但他本人的兴趣却不局限于数学。笛卡儿曾经指出，如果把科学比作一株参天大树的话，那么形而上哲学就是这株大树的根，物理学是它的主干，而三个最主要的分枝则分别代表力学、医学和道德。乍一看，笛卡儿对几个分支的选择似乎有点奇怪，但事实上，它们分别象征着笛卡儿想要实践的新思想的三个主要领域：宇宙、人体和人生的指导。在荷兰生活的头 4 年里（1629～1633 年），笛卡儿把所有时间和精力都用在撰写关于宇宙学和物理学的专著《世界》（*Le Monde*）上。[127] 但是，就在这本书出版的前夕，笛卡儿的工作被一些令人忧虑的消息打断了。震惊之余，他写信给一位朋友，即著名的自然哲学家、评论家马兰·梅森（Marin Mersenne，1588—1648）。笛卡儿哀叹道：

　　"我本打算送给您一本《世界》作为新年礼物。甚至在两个星期之前，我还想如果届时全书没有按时完成的话，至少要送给您其中的一部分。但我不得不说，我同时费尽心力去查问了在莱顿和阿姆斯特丹是否出版了伽利略的著作《关于两种主要世界体系的对话》，因为我曾经听说这本书已于去年在意大利出版了。我从他人那里得知，这本书的确是出版了，但之后不久，所有印刷成品在罗马被焚毁，并且，伽利略也被宣判有罪，还处以罚金。我对这个消息感到极为震惊，我甚至差点决定把我的所有论文付之一炬，或者至少不能让其他任何人看到。就我所知，那位意大利人曾经十分讨教皇的欢心。我想象不出，除了试图建立地球在运动这一理论之外（对此他毫不怀疑），还会有其他什么原因能让他获罪。我知道，一些红衣主教严厉地指责这种观点，但我曾听说，所有这类知识在罗马是被公开教授的。我必须承认，如果他的这种观点是错误的话，那么我的整个哲学的基础也是错误的，因为他的观点可以用我的哲学思想很清晰地证明。这种思想在我书中的每一部分都有所反映，与书中内容交织在一起，如果我强行把它剔除的话，整本书的内容就会严重缺失。但无论如何，我不想出版一本哪怕其中有一个字会让教会反对的著述。因此，我宁愿不出版这本书，也不愿意让它以一种残缺不全的形式面世。"

笛卡儿的确放弃了出版《世界》（一份不完整的手稿最终在1664年编印成书发行），但在1644年出版的《哲学原理》吸纳了其中的大部分结论。在这本进行了系统论述的著作中，笛卡儿表达了他所理解的自然规律，还提出了旋涡理论。其中有两条规律和牛顿第一运动定律与第二运动定律极为相似，可惜的是，其他部分却是错误的。[128] 旋涡理论假设太阳位于一个旋涡的中心，这个旋涡是由连续不断的宇宙物质形成的。笛卡儿认为，行星随着这个涡流运动，就像一片树叶在河流的旋涡里围绕着涡流中心旋转一样。接下来，他认为行星也会形成自己次一等的旋涡，行星的卫星在这个旋涡里运动。虽然笛卡儿的旋涡理论明显是错误的（在后来，牛顿不留一丝情面地指出了其中的谬误），但它还是十分有趣的——这是人类第一次郑重其事地把宇宙作为整体来研究的理论，而且依据的是在地球表面上也适用的规律。换句话说，在笛卡儿眼中，天空和地面的现象并无差别，地球是宇宙的组成部分，因而它们遵循统一的物理规律。不幸的是，笛卡儿在构建详细的理论内容时却忽视了他本人提出的原则：旋涡理论既没有基于自相一致的数学分析，也不是通过严谨的科学观测后得出的。尽管如此，在笛卡儿的理论情景中，太阳和行星多少破坏了围绕在其周围的宇宙物质的平滑性，很久之后，其中的某些概念成了爱因斯坦引力理论的基础。在爱因斯坦的广义相对论中，引力并不是作用于遥远空间的神秘力量。在某种程度上，质量巨大的物体，例如太阳，会让它们附近的空间弯曲，就像一个滚动的球会让蹦床下陷一样，继而行星就会在这个弯曲的空间里沿着可能的最短路线运动。

在这段对笛卡儿极简练的叙述中，我几乎刻意回避了他所有在哲学方面对后世具有巨大影响的思想，否则，我们就会偏离本书的中心主题太远了（但在本章稍后部分，我会继续讨论笛卡儿对上帝的看法）。我忍不住要引用英国数学家沃尔特·鲍尔（Walter William Rouse Ball，1850—1925）在 1908 年所写的那段有趣评论：

"关于他（笛卡儿）的哲学理论，应该说，他讨论的问题已经被争论了两千年，而且可能还会被继续争论两千年。不必说，那些问题本身的确极其重要，也十分有趣，但是，过去所有对这些问题的解答要么缺乏严格的理论证明，要么总能找出反证。这样带来的后果就是，每产生一种解释就会引出更多的问题。并且，每当有像笛卡儿这样的哲学家相信自己最终解决了这些问题时，就会有后来者在不久之后指出其中的谬误。我曾经读到，哲学主要在上帝、自然和人三者之间的内在关系上争论不休。最早期的哲学家是古希腊人，他们主要研究上帝和自然之间的关系，却对人单独研究。基督教则全身心地投入上帝和人的关系讨论之中，完全忽略了自然。最后，现代哲学家们主要关心人和自然之间的关系。这种观点是时下流行的看法，它正确与否我在这里不想讨论，但这种为现代哲学界定了研究领域的表述却指出了笛卡儿著作的局限性。"

笛卡儿用下面这段文字作为《几何》这本著作的结尾："我希望后世子孙能友善地评价我，不仅针对我所解释的那些事，而且针对我有意遗漏的那些内容，这样一来，其他人才能同样享有发现的乐趣。"（图4–6）笛卡儿肯定不会知道，有一个人会把他的数学思想作为科学向前迈进的核心力量，而这个人在他去世那年才8岁。这位杰出的天才可能比人类历史上其他所有人都有更多的机会去享受"发现的乐趣"。

LIVRE TROISIESME. 413

les Problefmes d'vn mefme genro, iay tout enfemble
donné la façon de les reduire à vne infinité d'autres di-
uerfes; & ainfi de refoudre chafcun deux en vne infinité
de façons. Puis outre cela qu'ayant conftruit tous ceux
qui font plans, en coupant d'vn cercle vne ligne droite;
& tous ceux qui font folides, en coupant auffy d'vn cer-
cle vne Parabole; & enfin tous ceux qui font d'vn degré
plus compofés, en coupant tout de mefme d'vn cercle
vne ligne qui n'eft que d'vn degré plus compofée que la
Parabole; il ne faut que fuiure la mefme voye pour con-
ftruire tous ceux qui font plus compofés a l'infini. Car en
matiere de progreffions Mathematiques, lorfqu'on a les
deux ou trois premiers termes, il n'eft pas malayfé de
trouuer les autres. Et i'efpere que nos neueux me fçau-
ront gré, non feulement des chofes que iay icy expli-
quées; mais auffy de celles que iay omifes volontaire-
rement, affin de leur laiffer le plaifir de les inuenter.

F I N.

图 4-6

那儿有光

在艾萨克·牛顿去世时, 18 世纪著名的英国诗人亚历山
大·蒲柏 (Alexander Pope, 1688—1744) 已经 39 岁了, 他用一
句广为流传的对句, 简明扼要地概括了牛顿的成就, 展现了他的伟

大（图4-7）：

　　"自然和自然的规律隐藏在黑暗中，

　　上帝说，要有牛顿！之后，所有角落都被照亮了。"[129]

图4-7　牛顿安葬于伦敦西敏寺，其墓碑上有蒲柏写下的墓志铭

　　大约在牛顿去世后一百年左右，拜伦在他的叙事诗《唐璜》中写下了这几行字：

　　"这是唯一一位在亚当之后，

　　能抓住下落的物体或苹果的人。"

　　对于在牛顿之后的所有科学家们来说，即使抛开那些神秘因素，牛顿也是一个奇迹，并且始终保持着几分传奇色彩。牛顿那句众所周知的名言——"如果说我看得更远的话，那是因为我站在了巨人的肩上"——常常被科学家们在展示自己的主要发现时，作为范例来引用，以表达他们的慷慨和谦虚。但是，历史上的真实情况却不是这样，牛顿其实把这句话当作了隐晦、间接的讽刺，以回应罗伯特·胡克（Robert Hooke，1635—1703）。[130] 胡克也是一位有丰硕成果的物理学家和生物学家，牛顿把他当作自己科学生涯中最大的对手。胡克曾在若干场合中指控牛顿窃取了他的思想，一项是在光学领域中某个理论，还有一项就是引力理论。在 1676 年 1 月 20 日胡克写给牛顿的一封私人信件里，他采用了一种十分委婉的措辞："我认为你的设计和我的（光学理论）同样都是以发现真理为目标，因此我认为我们同样都能忍受那些反对意见。"牛顿决定和他玩同样的游戏。在 1676 年 2 月 5 日牛顿在给胡克的复信中写道："笛卡儿在这方面取得了很大成就（指笛卡儿在光学领域的思想），你又增加了很多方法，特别是把薄片的光辉带入了哲学的思考中①。如果说我看得更远的话，那是因为我站在了巨人的肩上。"[131] 胡克远称不上巨人，他个子很矮，并有严重的驼背，所以牛顿这句广为流传的名言的真实意思，只是他觉得自己绝对不欠胡克任何东西！牛顿利用所有可能的机会侮辱胡克，声称他的理论足以让"（胡克）说过的所有话"完全作废，他甚至拒绝出版自己的《光学》一书，直到胡克去世以后才出版。这些事实表明，后人在阐释牛顿这句话的时候，不要太过于牵强。两人之间长期的不和在研究引力理论时进一步加剧，达到了巅峰。[132]当听说胡克对其他人说自己才是引力理论的创始人时，牛顿怀着报复的心理，一丝不苟地从他关于引力理论著作的最后一部分参考

---

① 指胡克用他的复合显微镜观察树皮切片后发现了植物细胞，这是人类历史上第一次成功观察细胞。——译者注

文献中，删除了所有出现了胡克名字的地方。牛顿在 1686 年 6 月 20 日给他的朋友、天文学家埃德蒙德·哈雷（Edmond Halley，1656—1742）的信中写道：

> "他（胡克）应当为自己的无能表示愧疚。他的文笔平淡如水，毫无文采可言，他甚至根本不知道怎么表达。现在这样不是很好吗？数学家满足于通过乏味的计算和单调的劳动来发现、处理和解决所有事，而另一些人只会假装发现了所有真相，这两类人肯定是在窃取那些追随他们的人，以及走在他们之前的人的发明。"

牛顿在这里清楚地表达了，为什么他认为胡克不值得拥有任何荣誉，那是因为胡克不能用数学语言阐述自己的思想。事实上，用抽象的数学公式总结，是牛顿理论真正引起人们关注的一大特点，所有自然规律全部被精确地表达成如水晶般清晰、自相一致的数学关系。正是数学内在的精确和深刻，使牛顿的发现由单独的理论上升到了不可动摇的自然规律的高度。与此形成鲜明对比的是，胡克的理论虽然在很多方面也体现出了独创性，但从总体上而言，不过是直觉、推测和猜想的集合。[133]

长期以来，英国皇家学会在 1661 年至 1682 年间的会议记录一直被认为已经遗失了，但在 2006 年 2 月，人们在一个很偶然的机会下，从英格兰汉普郡一所普通房间的橱柜里找到了它，据说它已经在那个地方尘封了约 50 年。在这批珍贵的羊皮纸文稿中，有超过 520 页的内容是由罗伯特·胡克亲笔记录的。在 1679 年 12 月的一次会议记录中，描述了胡克和牛顿之间的通信情况，在这些信件里，他们讨论了一个证明地球在自转的实验。①

让我们重新回到牛顿的科学成就上。牛顿吸收了笛卡儿的思想——"宇宙能用数学描述"，并通过自己的工作把这一思想变成了现实。在他那本不朽的名著《自然哲学的数学原理》（通常被称为《原理》）的序言中，牛顿称：

> "我们把这本书献给自然哲学的数学原理，是因为似乎所有哲学的主题都在其中——从运动的现象探索自然的力，又从这些力中证实其他的现象。本书第一卷和第二卷最终引向了这一结论。在第三卷中，我们提供了一个例子来说明'世界系统'。鉴于在前两卷中已经给出了数学证明，在第三卷中，我们将从天体现象直接得出引力效应使得物体朝太阳和行星运动的结论。从那些力的效应，以及其他同样用数学证明了的命题中，我们可以推导出行星、彗星、月亮和大海的运动。"[134]

当我们认识到，牛顿真的实现了他在《原理》序言中所许诺的所有事情时，我们唯一可能的反应就是惊呼"哇喔!"牛顿对笛卡儿著作的怀疑和影射也显而易见：他把书名定为《数学原理》，正好和笛卡儿的名著《哲学原理》相对。在他那本更强调以实验为基础并以对光的研究为主要内容的著作《光学》一书中，牛顿依然使用了同样的数学推理和方法论。[135] 在《光学》的一开始他就写道："在这本书里，我并不是用臆断来解释光的属性，而是以实验和推理提出并验证光的属性。这是为了阐释我随后提出的定义和公理。"

① 关于牛顿和胡克的讨论，请参见《黑洞与暗能量：宇宙的命运交响》（人民邮电出版社，2017 年出版）一书的第 1 章。——编者注

之后，牛顿利用简洁的定义和命题，让全书看起来就像在讨论欧几里得的几何学著作。最后，在书的结论部分，牛顿补充了几句，进一步强调地说："在数学中——同样也在自然哲学中，当探索难以处理的事物时，分析法应当永远优于综合法。"

牛顿利用他的一整套数学工具所做出的伟大业绩，超乎了一般人的想象。正是在这位天才出生的那一年，伽利略离开了人世，这是历史的巧合吗？他用数学公式系统地阐述了力学基础原理，破译了行星运动的规律，为解释光和色彩现象的本质建立了理论基础，并且开创了对微积分的研究。在这些成就中，牛顿哪怕只完成了其中的一项，也足以让他在人类历史上最卓越的科学家行列里占有一席之地。正是他在引力理论方面所做的工作，把他推向了"魔法师"奖台的最高处——那里是为人类最伟大的科学家所保留的位置。牛顿的这项工作在天空和地球之间架起了一座桥梁，融合了天文学和物理学，使整个宇宙都置于数学这把大伞之下。那么，牛顿的伟大著作《原理》是如何诞生的呢？

我开始思考将引力延伸到月亮上

威廉·史塔克利（William Stukeley，1687—1765）是一位收藏家和物理学家，他是牛顿的朋友（尽管他们的年纪相差40岁），也是这位科学巨匠的第一位传记作者。在他撰写的《艾萨克·牛顿爵士生平回忆录》中，我们读到了这则科学史上极富传奇色彩的故事：

"1726年4月15日，我去艾萨克爵士位于肯辛郡的奥贝尔公寓里作客，我们俩在一起待了整整一天，并且一起共进了晚餐。晚饭后，天气变得暖和起来，我和他一起来到花园里，坐在一颗苹果树下喝着茶。当时就我们两个人在那里聊天，他告诉我，就是在这种环境下（1666 年，牛顿因瘟疫不得不从剑桥回到家乡），引力这个念头突然进入了他的脑海。那时他正陷入沉思，一个从树上落下的苹果打断了他的思考，并引起了他的注意。他想，为什么苹果总是垂直地落向地面？为什么它们总是落向地球的中心，而不是斜着掉下来，或者干脆向上飞？确信无疑的是，是地球拽着它们下落。一定有一种相关的拉力作用于苹果，并且这种与地球有关的拉力之和的方向是向着地心，而不是向地球侧面的。只有这样，才能使得苹果垂直下落，或者说落向地心。因此，如果说一个物体拉另一个物体，那么这种拉力肯定与它们的质量有比例关系。这个苹果也在拉地球，正如地球吸引苹果一样。这样就可以说，存在一种力量——我们称之为引力，这种引力可以扩展到整个宇宙中……这就是那个令人叹服的发现诞生的过程。借这一理论，牛顿在坚实的基础上建立了自己的哲学思想，并且震惊了全欧洲。"[136]

　　不论这个神秘的苹果是不是真的在 1666 年落在了牛顿面前，这个传说都从一个侧面揭示了牛顿的天才和他独一无二的深邃思考。[137] 毫无疑问的是，牛顿第一次写下关于引力理论的手记是在 1669 年之前，他并不需要真正地观察一个下落的苹果，来知道地球在吸引它表面的物体。他在系统阐述宇宙的引力规律时所表现出的不可思议的洞察力，也肯定不是仅仅源于一个从树上掉下来的苹果。事实上，有证据表明，牛顿在确切阐述普遍存在的引力效应时，必须有几个关键概念，而直到 1684 年和 1685 年间，牛顿才真正认识到这些概念。在科学发展的历史上，如此重要的概念是极为少见的，即便是那些拥有非凡才智的科学家，例如牛顿，也不得不经历长时间的思索才能发现。

这一切也许在牛顿年轻的时候就已经开始了。[138] 在一次偶然的机会，他看到了欧几里得的那本非常有影响力的著作《几何原本》。根据牛顿本人的说法，他第一次"仅仅读了读其中论点的标题"，因为在他看来，那些命题太容易理解了，他甚至"怀疑所有人都可以写出其中任何一个证明，以此作为消遣"。第一个引起他的关注，并让他在那本书中划了几道线的命题是"直角三角形斜边的平方等于两条直角边的平方和"，也就是著名的毕达哥拉斯定理。你也许有点吃惊，牛顿尽管在剑桥大学三一学院时读过几本数学方面的书，但他也肯定没读过很多在当时可以轻易弄到手的数学著作。很明显，他觉得自己不需要那些知识！

对牛顿的数学和科学思考影响最大的一本书，正是笛卡儿的《几何》。牛顿在 1664 年读到了这本书，之后他又反复读了好几遍，直到"完全掌握了这本书"。函数的概念所提供的灵活性和其中的自由变量，似乎为牛顿提供了无限的可能。解析几何，以及与之有关的笛卡儿在函数、切线和曲线方面的探索，不仅为牛顿创建微积分铺平了道路，而且真正地点燃了牛顿那内在的、固有的科学精神，令其闪烁着耀眼的光芒。用直尺和圆规作图，来解答几何问题的乏味时代一去不复返了，取而代之的是用数学表达式代表任意曲线。然而 1665 年至 1666 年，一场恐怖的瘟疫袭击了伦敦，每周死亡人数高达数千，剑桥大学被迫关闭，牛顿也不得不离开学校，回到他的家乡乌尔索普村。在那座偏僻却安静的小山村里，牛顿第一次证明，让月亮绕地球运行的力（正是这种力量让苹果从树上掉了下来）和地球的引力事实上是同一种力。牛顿在 1714 年左右写的一份备忘录中记录了那些早期的尝试：

　　"在同一年（1666 年），我开始思考将引力延伸到月亮上，正是这种引力使天体在一个球面上旋转。并且我已经发现了如何计算引力。根据开普勒定律，行星运动周期与其距轨道中心的距离成固定比例关系，我由此推断出，让行星在轨道上运动的那种力，一定与行星距轨道中心的长度的平方成反比。由此，在比较让月亮保持运动轨道所需的力和地球表面的引力这两个力的数值时，我发现它们极其接近。所有这些工作都是在发生瘟疫的那两年（1665 年与 1666 年间）完成的，那几年也是我发明、研究的黄金时期，而且我在此期间比任何时间都更专注于数学和哲学。"[139]

　　牛顿在这里所指的（基于开普勒行星运动定律的）重要推断是：两个球体之间的引力与两者之间距离的平方成反比。换句话说，如果地球和月亮之间的距离是现在的 3 倍，那么地球和月亮的吸引力将以 9 倍（3 的平方）的速度递减。

　　出于某些至今也未能完全明了的原因，在这之后，牛顿实质上放弃了对引力和行星运动的更深入的研究。[140] 直到 1679 年，牛顿一生的竞争对手罗伯特·胡克给他寄来两封信，又重新唤起了他对力学的关注，特别是行星的运动引起了他的高度重视。牛顿的好奇心又被点燃了，而后果是戏剧性的。牛顿利用他先前系统阐述的力学原理，证实了开普勒行星运动第二定律，并指出行星围绕太阳在椭圆形轨道上运行时，行星与太阳之间的连线在相等时间间隔内扫过的面积相等（图 4-8）。他还证明了"天体在椭圆轨道上运行时……引向椭圆焦点的引力与距离的平方成反比"。这些理论是通向《原理》之路的重要奠基石。

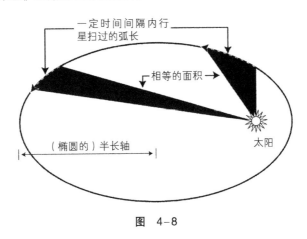

一定时间间隔内行
星扫过的弧长

相等的面积 ➤

（椭圆的）半长轴

太阳

图 4-8

《原理》

在 1684 年的春季或夏季的某一天，哈雷去剑桥拜访了牛顿。[141]
在此之前，哈雷曾经和胡克以及著名的建筑学家克里斯托弗·瑞恩
（Christopher Wren，1632—1723）讨论过开普勒行星运动定律。他
们在咖啡馆里交流时，胡克和瑞恩都说自己在几年前就已经推断出
引力与距离的平方成反比这一规律了，但是，他们二人不能从这个
推断中构建出一个完整的数学理论。哈雷决定问牛顿一个至关重要
的问题：根据行星引力与距离平方成反比这一规律，能得出行星形
成的轨道是什么样子吗？让哈雷极其震惊的是，牛顿脱口而出这是
个椭圆，并告诉他，早在几年前自己就已经证明出来了。数学家亚
伯拉罕·棣莫弗（Abraham de Moivre，1667—1754）在一份备忘

录中记录了这个故事（图4-9展示的是这份备忘录的其中一页）。

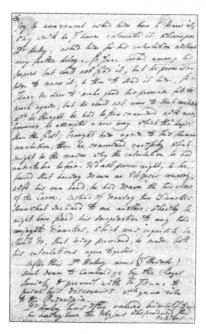

图　4-9

"在1684年，哈雷博士去剑桥拜访他（牛顿）。在聊天中，哈雷问牛顿，他认为哪种曲线能够符合那个猜想，即行星和太阳之间的引力与它们之间的距离的平方成反比。艾萨克·牛顿马上回答说，那一定只有椭圆才符合（这一猜想）。哈雷乐不可支，惊奇地问他怎么知道的，牛顿说是他计算得出的，于是，哈雷要求马上看看他的计算过程。牛顿在他的论文里翻了半天却没有找到，不过他向哈雷许诺，会重写一份后寄给他。"

哈雷的确在 1684 年 11 月再次拜访了牛顿，但在他的这两次拜访时，牛顿都在紧张地工作，棣莫弗给了我们一段非常简短的描写：

"艾萨克爵士为了履行他的承诺，（再次）一头埋入了工作，但是，他却得不出和以前一样的结论，而这个结论他一直以为自己过去已经完成了，并且还是仔细检查过了的。不得已之下，他试图用另一种方法进行证明，这种新方法要比前一种麻烦，不过他最终得到了与之前一样的结论。接下来，牛顿再次仔细检查为何采用第一次的计算方式得不出正确结果……用这两种方式他都给出了一致的答案。"

这段干巴巴的概括性描述甚至没有打算告诉我们，哈雷在两次拜访之间的几个月中，牛顿究竟完成了什么工作。事实上，他写了一本完整的专著《物体在轨道上的运动》(De Motu Corporum in Gyrum)。在这本书里，牛顿证明了大部分天体运动的轨迹是圆形或椭圆形的，证实了开普勒的所有行星运动定律，甚至解决了微粒在阻尼介质（如空气）中的运动问题。哈雷为牛顿的才智所倾倒，他对牛顿的工作十分满意，极力劝说牛顿将所有这些令人难以置信的发现结集出版，于是《原理》最终诞生了！

刚开始时，牛顿本人并不觉得他这本书有什么重要的。他个人认为，这不过是在某种程度上对《物体在轨道上的运动》一书的拓展，是补充了一些细节后的另一个版本。然而，当牛顿开始着手写作时，他意识到其中一些内容需要更深入的思考，特别是有两个地方不断困扰着他。第一个问题是：起初，牛顿在系统阐述他的引力定律时，把太阳、地球和行星当作数学上的质点来研究，并没有考虑它们自身的大小。他当然知道这是不符合实际情况的, 因此, 当这一理论应用在实际的太阳系中时, 牛顿仅把计算结果视为一个近似解。有人甚至猜测, 正是因为牛顿对这个问题的研究状况极不满意, 才在 1679 年后再次放弃了对引力这个课题的研究。[142] 当考虑到作用在苹果上的力时, 情况变得更加复杂。很明显, 苹果与其下面正对着的那部分地面之间的距离最短, 远小于苹果与地球其他部分的距离, 那么, 如何计算苹果受到的净引力呢? 天文学家赫伯特·霍尔·特纳 (Herbert Hall Turner, 1861—1930) 在 1927 年 3 月 19 日的《伦敦时报》上发表了一篇文章, 记录了牛顿当时的思想斗争:

"在那时, 他已经认识到了物体间的引力与它们之间距离的平方成反比, 但他也发现, 如果把这一理论用于实际, 就会有一些难以克服的困难, 而这是那些缺乏头脑的人根本没有意识到的。其中最重要的一个问题甚至在 1685 年之前都没有得到很好的解决……这就是如何把地球与相距十分遥远的物体 (如月球) 之间的引力和地球与相距十分接近的物体 (如苹果) 之间的引力统一起来。在前一种情况下, 组成地球的不同微粒 (牛顿希望把他的定律拓展到地球, 并最终使它成为普遍规律) 与月亮的距离很远, 无论是量级还是方向, 力都无太大不同; 但是, 这些微粒与树上的苹果距离很近, 相比之下, 力的量级和方向都有显著差异。在后一种情况下, 如何把这些分散的引力叠加在一起或组合成一个单独的结果? 而且, '引力的中心' 若真的存在的话, 它们能聚集吗?"

最终的突破性进展是在 1685 年春季出现的。牛顿设法证实了一条非常重要的定理: 对于两个球体而言, "一个对另一个的引力与两者球心之间距离的平方成反比"。也就是说,这两个球在相互吸引时,可被视为浓缩到球心的质点。这一优美而简洁的证明,得到了数学家詹姆斯·维特布莱德·李·格莱舍(James Whitbread Lee Glaisher,1848—1928)的高度赞赏。格莱舍在纪念牛顿《原理》出版 200 周年纪念会(1887 年)上的演讲中说道:

"我们从牛顿自己的著作中得知,在这一理论从他的数学研究中诞生之前,他都没有期望能得到这么完美的结论。然而,一旦牛顿证实了他那超群的定理,宇宙的所有原理都展现在了他眼前。当牛顿意识到,当那些结论应用于太阳系时,不仅仅是他原以为的近似正确,而是真正精确时,这些命题在牛顿眼中一定截然不同了!……可以想象,这种由近似到精确的突然转换,激励了牛顿更加努力地工作。正是凭借他的聪明才智,我们在今天才能把绝对精确的数学分析应用于实际的天文学问题中。"[143]

牛顿在勾勒《原理》草稿时,另一个一直给他带来巨大困扰的问题是,他完全忽视了行星对太阳的引力效应。换句话说,在牛顿早期的理论阐述中,他把太阳抽象为一个固定不动的纯粹的力的中心。他认为,这在现实世界中"几乎不可能存在"。这种方案本身与牛顿自己的第三运动定律相矛盾。根据牛顿第三运动定律,"两个物体间的作用力与反作用力总是大小相等、方向相反"。因此,每颗行星吸引太阳的力应当与太阳吸引行星的力完全相等。接下来他补充道:"两个物体(如地球和太阳)之间一定有作用力和反作用力。"这个貌似并不是十分重要的认识,其实是通向万有引力的一块重要的基石。我们可以试着猜出牛顿的思路。如果太阳对地球有某种拉力,那么地球也在用同样的力量拉着太阳。也就是说,不是地球简单地围绕太阳在轨道上运行，而是它们都围绕共有的引力中心旋转。但这并不是问题的全部，在太阳吸引行星的同时，所有行星也在吸引着太阳，而且事实上，每颗行星所受的引力不仅来自太阳，也来自其他行星。类似的逻辑也适用于木星和它的卫星，适用于地球和月亮，甚至适用于苹果和地球。然而，牛顿的结论却简洁得令人震惊——只有一种引力，这种力在宇宙任何地方的任意两个物体之间都起作用。这就是牛顿需要的全部。《原理》的拉丁文版本有 510 页，在 1687 年 7 月正式出版。

牛顿的实验和观察的精确度大约只有 4%，但他从中建立了引力的数学定理，其精确度甚至优于百万分之一。他第一次把对自然现象的解释和对观察结论的预测这两种力量统一了起来。从此以后，物理学和数学就永远结合在一起，而科学与哲学的离异也成了必然。

在经过牛顿的粗放式撰写，辅以数学家罗杰·高迪斯（Roger Cotes，1682—1716）的细致编辑之后，《原理》的第二版在 1713 年问世了（图 4–10 展示的是这个版本的扉页）。虽然高迪斯为这本书同样付出了极大心血，但牛顿为人向来不知领情，这一次也不例外。他甚至在这本书的前言中都没有提到高迪斯的名字。仅在高迪斯因患严重感冒，年仅 33 岁就不幸英年早逝之后，牛顿才表现出了一点感激之情："如果他还在世的话，我们可能会了解更多的东西。"

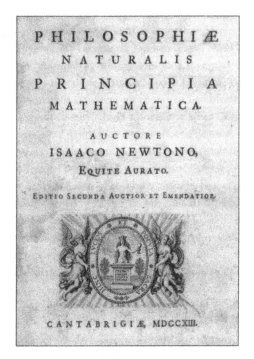

图 4-10

奇怪的是，牛顿关于上帝的最重要的一些评论，在第二版中却是以补述的形式出现的。在 1713 年 3 月 28 日，他给高迪斯写了一封信，当时距离《原理》完整的第二版正式发行不到 3 个月时间了。牛顿在信中写了这样一句话："从（自然的）现象讨论上帝，应该属于自然哲学的职责。"确实，牛顿在《原理》一书的"综合批注"（General Scholium）中表达了他对于"永恒、无穷、全能、无处不在"的上帝的看法，他把这一部分内容当作对《原理》的最后润色。

但是，在这个不断扩大的数学的宇宙中，上帝的角色还能保持不变吗？或者，人们是不是发觉，上帝越来越像个数学家了？毕竟在发现万有引力定律之前，行星的运动一直被理所当然地认为是上帝的工作。在对自然的科学解释中，重点发生了转移，牛顿和笛卡儿又是如何看待这一点的呢？

牛顿和笛卡儿的数学家上帝

与他们那个时代的大多数人一样，牛顿和笛卡儿都是虔诚的基督教徒。一位笔名叫伏尔泰（Voltaire，1694—1778）的法国作家写下了大量关于牛顿的文章，其中曾有一句名言："假如上帝真的不存在，对我们而言，发明他还是十分必要的。"

在牛顿看来，世界的真实存在和人类观察发现的宇宙表现出的数学规律性，都是上帝存在的证据。[144] 这种因果关系是神学家托马斯·阿奎纳（Thomas Aquinas，约 1225—1274）第一个提出来的，与此相关的论证被认为属于一般哲学中的宇宙论和目的论范畴。简单地说，宇宙论声称，既然物理世界是现实存在，那么就一定有一个"终极原因"（first cause），也就是创世主上帝。目的论，或者叫设计论，试图从世界明显的设计痕迹中证明上帝的存在。牛顿在《原理》中这样表达了自己的思考："太阳、行星和彗星构成的这种最美丽、最完美的系统，只能产生于某种智慧、强大的存在，并受其支配。如果天空中的恒星是另一些星星的中心，它们同样形成了很多系统，而这些系统也是由类似的智慧存在形成，它们也一定都服从于那个唯一的存在的支配。"宇宙论、目的论，以及其他类似的作为上帝存在证据的理论，其正确性已经在哲学家那里争论了几个世纪了。[145] 我个人的感想是，有神论者不需要那些论证来坚定他们的信仰，而无神论者也不会因它们而被说服。

然而，牛顿从其定律的普遍性出发，又为这些争论增添了新的内容。他把整个宇宙受相同规律支配并表现出某种稳定性这一事实，当作存在"上帝之手"的进一步证据。他说："特别是，由于来自恒星的光线与太阳光线的性质相同，从每一个系统射出的光线也进入了所有其他的系统。至少，恒星构成的系统应当通过各自的引力相互作用、牵引，他（上帝）已经把这些系统分开得极其遥远了。"

在《光学》这本书中，牛顿清楚地表明，他不相信自然规律本身能充分解释宇宙的存在。他认为，上帝是组成宇宙物质的原子的创造者和（秩序的）维持者，"因为创造了（原子）的上帝让它们变得有序。如果他真的这么做了，那么寻找其他的世界起源，或者假设仅仅通过自然法则就产生一种混沌，继而产生世界，这都是违背哲理的。"换句话说，在牛顿眼中，上帝（相对于其他角色）首先是一位数学家。这不是一个比喻，而几乎就是事实——创世主让受数学法则支配的物理世界"存在"。

与牛顿相比，笛卡儿的观点更富有哲学的味道，他十分关注证实上帝存在的相关理论。他认为，从我们自身存在（"我思，故我在"）的确定性，延伸出我们编织客观科学绣帷的能力，这些都是证明至高无上的、完美的上帝"存在"的牢不可破的证据。笛卡儿坚持认为，这个上帝是所有真理的最终源头，也是人类推理可靠性的唯一保证。在笛卡儿的时代就已经有人批评这种可疑的循环性理论（也就是众所周知的"笛卡儿循环"）。特别是法国哲学家、神学家和数学家安东尼·阿尔诺（Antoine Arnauld，1612—1694）对此表达了强烈的质疑，他提出了一个简洁有力的问题：如果我们需要通过证明上帝存在来保证人类思考过程的正确性，那么，我们如何才能确信那些产生于人类思维中的证据是完全正确的呢？笛卡儿虽然付出了极大心血，想从这个有缺陷的循环中脱身，但许多后世哲学家并没有觉得笛卡儿的努力能说服他们。笛卡儿关于上帝存在的那些"增补证明"同样也有问题，它们通常被归入哲学的"本体论"范畴。哲学神学家坎特伯雷的圣安瑟莫（St. Anselm of Canterbury，1033—1109）在 1078 年首次比较系统地阐述了这类推理之后，在历史上，本体论又多次以其他形式出现。其逻辑构建过程如下：根据定义，上帝是完美的代表，是人类可以想象到的最伟大的存在；但是如果上帝不存在，就可能还要想象出一个更伟大的存在；这个"存在"除了拥有上帝一切完美之处以外，还有上帝不曾拥有的其他东西，这将与"上帝是最伟大的存在"这一定义产生矛盾；因此，上帝不得不存在。按笛卡儿的话说："存在不能从上帝的本质属性中剥离，正如三角形的三个内角之和等于两个直角（之和），这是三角形的本质属性，不可能从三角形的属性中剥离出去。"

　　这种逻辑的技巧并不能让更多哲学家信服，他们坚持认为，在物理世界中证明任何意义重大的存在物，而且特别是像上帝这样的伟大存在，仅依靠逻辑的力量是不够的。[146]

　　奇怪的是，笛卡儿最终因为鼓吹无神论而被控告，他的著作在 1667 年被送往罗马教会禁书审定院列入审查。这可真是一个荒诞的指控，因为笛卡儿一贯坚持，上帝是最终真理的保证。

　　为了继续当前讨论的主题，我们先把哲学问题放在一边。在笛卡儿关于上帝的观点中最有趣的一个是，笛卡儿认为上帝创造了所有"永恒的真理"。尤其，他声称："所有你认为永恒的数学真理，事实上已被上帝制定好了，并同他创造的其他东西一样完全依赖于他。"因此，笛卡儿的上帝不仅是一位数学家，在某种意义上，还是数学世界和物理世界的创造者。而这两个世界都是全部建立在数学基础之上的。根据这种在 17 世纪末极为流行的世界观，很明显，人类只能"发现"数学而不能"发明"数学。

更重要的是，伽利略、笛卡儿、牛顿的著作从根本上改变了数学和科学之间的关系。首先，科学上大量涌现的新发明为数学研究提供了强劲动力。其次，通过牛顿定律，甚至是如微积分这类最抽象的数学领域，也成了物理学解释的本质要素。最后，也许是最重要的一点，数学和科学之间的界线完全改变了原有的形态——它变得模糊了，数学分析和广阔的科学探索几乎融合在了一起。所有这些发展都极大地激发了数学家的热情，这大约是自古希腊时代以来从未有过的现象。数学家感到，世界就在那里等待被征服，并且有无数可能的新发现。

第5章

统计学家和概率学家：不确定的科学

世界不是静止、一成不变的。我们身边的绝大多数事物，要么正在运动中，要么处于不断变化中。甚至我们脚下看起来十分稳定的地球，事实上也在时刻不停地围绕它的轴自转，同时又在围绕太阳公转，并且还（与太阳一起）围绕银河的中心旋转。我们呼吸的空气实际上是由数以亿计的微粒组成的，它们无时无刻不在漫无目的地移动着。在同一时刻，树木在生长，放射性元素在衰减，大气温度根据季节变化每天都有升降，人类对生活的期望值也在不断增长。这种宇宙中无处不在、永不停息的运动，并没有难住数学。利用由牛顿和莱布尼茨引入的一个数学分支，也就是众所周知的微积分，我们可以对运动和变化进行严谨地分析和准确地建模。[147] 今天，这种有效的工具得到了十分广泛的应用，可以用来解决多种多样的问题，例如计算宇航飞船的运动轨道，或者分析传染病的传播与扩散等。正如在拍电影时，通过把运动分解为一帧一帧连续的画面，就可以捕捉到运动的瞬间一样，微积分通过细微的栅格也可以测量变化，而这种栅格能定量、测定非常短暂的现象，如瞬时的速度、加速度或变化的比例。

沿着牛顿和莱布尼茨的巨人步伐，"启蒙运动"时期（17世纪晚期到 18 世纪）的数学家进一步拓展了微积分，将之发展为一门更有效、应用范围更广阔的数学分支——微分方程。有了这种新式武器之后，数学家们可以从细节上为各种纷繁复杂的现象从数学理论上提供解释，从小提琴的弦产生音乐的奥秘、热的传导、喷泉顶部水花的运动到水和空气的流动，可谓无所不包。一时间，微分方程成为物理学研究的必备工具。

在为微分方程开辟了全新应用前景的先驱中，不少人是富有传奇色彩的伯努利家族成员。[148] 从 17 世纪中叶到 19 世纪中叶，这个家族至少诞生了 8 位有影响力的数学家。而这几位才华横溢的家庭成员之间的激烈竞争和他们杰出的数学贡献一样有名。[149] 虽然伯努利家族成员之间的内部纷争通常与争夺数学上的权威地位有关，但他们争论的问题在今天看来算不上最重要。尽管如此，解决那些错综复杂的难题，还是在很多方面为数学本身的发展奠定了坚实基础。但毫无疑问，在将数学塑造为各类物理过程的共同语言的过程中，伯努利家族发挥了巨大作用。

有一个故事能展现伯努利家族中最聪明的两个成员的复杂思维。哥哥雅各布·伯努利（Jakob Bernoulli, 1654—1705）是概率论的创始人之一，在本章稍后部分我们会继续讨论他。在 1690 年，一个老问题重新引起了雅各布的关注——说它"老"，是因为这个问题最早是由文艺复兴时期的代表人物达·芬奇在两个世纪前提出来的，达·芬奇还对它进行了认真研究。问题是这样的：一根灵活却不能延展的链条，当其两端固定时，它垂下来时的形状是什么样的（图 5-1）？达·芬奇在他的笔记本上画了几根类似链条的草图。笛卡儿的朋友艾萨克·比克曼曾经向他请教过同样的问题，但没有证据表明，笛卡儿试图解决过它。最终，这个问题成为数学史上一个著名的难题——"悬链线问题"（catenary 源自拉丁语 catena，意思是"一根链子"）。[150] 伽利略曾认为，悬链线的形状是抛物线，但这被法国耶稣教会数学家伊格内修斯·帕迪斯（Ignatius Pardies，1636—1673）证明是错误的。不过，想要从数学上真正解决问题，并给出悬链线正确的形状，帕迪斯显然无法胜任。

图　5-1

　　在雅各布·伯努利重新提出这个问题仅一年之后，他的弟弟约翰·伯努利（Johann Bernoulli，1667—1748）就给出了正确答案，约翰利用的数学工具就是微分方程。莱布尼茨和荷兰数学物理学家克里斯汀·惠更斯（Christiaan Huygens，1629—1695）同样解决了它，但惠更斯采用的是一种更难理解的几何方法。约翰对于自己能成功解决这个困扰了他的哥哥和老师的问题感到极为自得，甚至在哥哥去世 13 年后，他仍不时得意扬扬地提起。约翰在 1718 年 9 月 29 日写给法国数学家皮埃尔·雷蒙·德·蒙特莫特（Pierre Rémond de Montmort，1678—1719）的一封信中，表现出了无法抑制的狂喜：

　　"你说是我的哥哥提出了这个问题，这的确是事实。但你随后又说是他给出了问题的解答，这却不是真的。当他在我的建议下提出了这个问题时（当时是我首先想到了这个问题），没有一个人能给出答案，包括我们俩人在内。到最后，我们甚至对解决这个问题基本上不抱什么希望了，差点认为它根本是无法解决的。一直到1690 年，莱布尼茨在莱比锡的杂志上发表了一篇文章说他已经解决了这个问题，但他并没有给出解答过程，这为其他研究者留出了思考时间，同时也极大地鼓舞了我们，让我哥哥和我有了重新开始研究的勇气。"[151]

在这里，约翰有点厚脸皮地把"建议提出这个问题"也当作了自己的功劳，之后他掩饰不住内心的喜悦，继续写道：

"我哥哥的努力没有取得什么进展，而我则比较幸运，因为我发现了足以解决这个问题的技巧。（我可不是吹牛，我为什么要掩盖真相呢？）我花了整整一个晚上的时间，直到第二天清晨，我终于弄明白了。我欣喜若狂，马上冲向了哥哥的房间，当时他也在为这个戈尔迪亚斯结①头痛不已，但毫无头绪。他同伽利略一样认为这个悬链线是一条抛物线。'停！停！'我对他说，'别再费神证明悬链线的形状是抛物线了，因为这根本就是完全错误的……'但是你却告诉我，是我哥哥解决了这个问题，简直太荒谬了。我问你，你难道真的认为，如果是我哥哥解决了这个问题的话，他会那么好心把荣誉让给我，让我作为解决难题的第一人与惠更斯、莱布尼茨等人站在领奖台的最前排？"

---

① 戈尔迪亚斯结（Gordian knot），传说由古代弗里吉亚国王戈尔迪亚斯所挽的一个极为复杂难解的结，根据神谕，解此结者将成为亚细亚王，亚历山大大帝直接挥剑斩断了这个结，用这样的方式将它解开了。——译者注

如果你需要证据证明，数学家也有普通人的各种情感，也有常人拥有的喜怒哀乐，只需这一个故事就足够了。然而，家庭内部的竞争丝毫没有削弱伯努利家族的辉煌成就。在发生了悬链线问题这个小插曲之后的几年里，雅各布、约翰和丹尼尔·伯努利（Daniel Bernoulli，1700—1782）不但解决了类似悬链线这类问题，而且还解决了抛射体（如子弹、炮弹等）在阻尼介质中的运动的问题，并通过解决这些问题进一步发展了微分方程。

悬链线的故事从另一个侧面说明了数学的力量——即使那些看上去微不足道的物理问题也有数学解决方案。顺便说一句，美国密苏里州圣路易斯的"大拱门"让数以百万计的旅游者惊叹不已。荷兰裔美国建筑师艾洛·萨里宁（Eero Saarinen，1910—1961）和德国裔美国结构工程师汉斯卡尔·班德尔（Hannskarl Bandel，1925—1993）就是以反转的悬链线形状设计了这一标志性建筑。

物理学在发现支配宇宙行为的数学规律方面，取得了震惊世人的成果。这不免会引起一个疑问：类似原理是不是也能解释生物学、社会学或经济学的活动？数学家们不禁要问，数学难道只是自然的语言？还是说，它也是人性的语言？即便并不存在普适的原理，数学工具是否至少可以被用于对人类社会行为建模，并提供解释？首先，大多数数学家非常肯定，基于微积分的某些"规律"可以精确地预测未来的事件，无论这些事是大是小。这也是著名的数学物理学家皮埃尔·西蒙·德·拉普拉斯（Pierre Simon de Laplace，1749—1827）的观点。拉普拉斯在其五卷本的著作《天体力学》中，第一次对太阳系中的运动给出了完整的（严格地说是近似完整的）解释。另外，拉普拉斯还回答了一个连巨人牛顿都为之困惑不已的问题：为什么太阳系如此稳定？牛顿曾认为，由于星体之间的相互引力，行星最终将不得不落向太阳，或飞离（太阳），进入自由的宇宙空间。而在解释太阳系的稳定性时，牛顿提到了"上帝之手"。拉普拉斯并不认同这样的想法，他简单地从数学上证明了太阳系的稳定周期远比牛顿先前预测的时间要长久得多。这种观点取代了牛顿是上帝的努力保证了太阳系的稳定的观点。为了解决这个复杂的问题，拉普拉斯引入了另一种数学形式，即"扰动理论"，就此计算出了影响每颗行星轨道运行的众多微扰力在累积、叠加后的效应。最后，拉普拉斯第一次提出了太阳系起源的模型，这一模型集中反映在他的星云假说中：他认为，太阳系是由一团气态的星云收缩固化后形成的。

在认识到拉普拉斯取得的卓越成就之后，我们也许就会理解他在《关于概率的哲学思考随笔》中那些大胆的思想和观点，也不会对此大惊小怪了：

"所有事件，哪怕是那些似乎不遵循自然伟大法则的貌似微不足道的事件，事实上都是太阳公转的结果。如果忽略了把这类事件统一为一个完整宇宙系统的各种联系，那么这些事件将不得不依赖一些终极原因，而这些终极原因会产生或面临偶然性……因此，我们应当把眼前这个宇宙状态视为先前宇宙状态的结果，以及未来宇宙状态的原因。如果一种智能知道在某一时刻所有自然运动的力和物体的位置，并能够对这些数据进行分析，那么从宇宙最大的物体到最小粒子的运动，都会包含在一条简单的公式中。对于这种智能来说，没有任何事是含糊不清的，而在他眼中，未来也只会像过去一样。在完美阐释天文学上，人类心智只能展现这个智能的冰山一角。"[152]

　　也许你对拉普拉斯在假说里提出的那个至高无上的"智能"抱有疑虑。实际上，拉普拉斯所说的"智能"并不是上帝。与牛顿和笛卡儿不同，拉普拉斯不是一位虔诚的基督教教徒。后来，拉普拉斯把他的《天体力学》献给拿破仑。拿破仑在此之前已经从他人那里听说了拉普拉斯在这本书中没有涉及上帝，于是就问他："拉普拉斯先生，有人告诉我，你在写这部关于宇宙系统的鸿篇巨著时，甚至没有提及宇宙的创造者？"拉普拉斯迅速回答道："这是因为我不需要那种假想。"拿破仑被逗乐了，他把拉普拉斯的回答当作笑话讲给了数学家约瑟夫 – 路易·拉格朗日。拉格朗日惊奇地说："啊！这是一个优美的假想，能解释许多事情。"故事还没有结束。当拉普拉斯听说了拉格朗日的反应后，他平淡地评论道："先生，这个假想确实能解释所有事情，但它不能做任何预测。作为一名学者，我必须向您提供能够做预测的理论。"

　　量子力学是一门研究亚原子世界的科学理论。20 世纪量子力学的发展证明了，假如期望宇宙万物都是确定的，这未免太过于乐观了。现代物理学研究已经证实，要精确预测每一次实验结果是不可能的，哪怕仅在大体上进行预测，也是不可能的。理论只能预测不同结果的可能性。很清楚，社会科学中的情况会变得更加复杂，因为社会科学中的各种相关因素往往交织在一起，而它们通常是很难确定的。17 世纪的研究者们很快就发现，要寻找像牛顿的万有引力定律那样精确、普适的社会规律，从一开始就注定是不可能成功的。就当前来说，把人类天性的复杂性引入方程式，要以此想获得确切的预测，这几乎是不可能的。如果把整个人类的心智都纳入考察范围内，那么就更没有希望了。然而，科学家们并没有气馁，一小批具有天才智慧的思想者们发展出了全新的、革命性的数学工具——统计学和概率论。

超越死亡和纳税的怪人

英国著名小说家丹尼尔·笛福（Daniel Defoe，1660—1731）因探险小说《鲁宾逊漂流记》而闻名，他还写了一本以超自然现象为题材的作品《魔鬼的政治史》。笛福认为，几乎所有地方都能看到魔鬼的行迹，于是他在这本书里写道："只有如死亡和纳税那样确定无疑的事，才是可以确信的。"本杰明·富兰克林（Benjamin Franklin，1706—1790）似乎也认同这种看法。在83岁高龄时，他在写给法国物理学家让-巴蒂斯特·里洛伊（Jean-Baptiste Leroy）的信中说："我们的宪法正在顺利施行。一切貌似有望延续下去。但是除了死亡和纳税之外，这个世界上没有什么是确定的。"确实，我们的生命历程看起来就是不可预测的，容易受到自然灾害的影响，受到人类错误的影响，甚至受到单纯的意外和偶然的影响。"由于发生了……，我们无法……"这类句子在日常生活中经常出现，用来表达人们在面对无法预料的事件时的无助，或者遇到不可控的局面时的无奈。虽然有各种各样的阻碍，或者，正是因为这些挑战，数学家、社会学家和生物学家从16世纪就开始了一系列尝试，希望系统地解决不确定性问题。在建立了统计力学之后，人们意识到物理学的基础就是不确定性（表现为量子力学），因此，20世纪和21世纪的物理学家更满怀激情地投入了这场战斗。由于缺乏精确的宿命论，研究者们使用的武器就是计算特殊结果的概率。虽然不能实际预测某一特定结果，但计算不同后果的可能性，就是退而求其次的好办法了。统计学和概率论就是用来提高猜测和推断准确性的工具，它们不仅为现代科学打下了坚实的基础，而且可以应用于经济活动、体育竞赛等各种社会活动中。

其实，我们每个人在做决定时都会使用概率和统计，只不过通常都是下意识的。例如，你也许并不知道 2004 年全美国交通事故共有 42 636 起，但我知道，假如有人说这个数字是 300 万，你肯定也会相信。而且，在知道这一数字后，你很可能会在早上进入汽车前，再考虑一下自己是不是还要驾车出行。为什么关于交通事故的精确数字会让我们在开车出行时感到惴惴不安？人们会产生这种依赖感，一个关键因素是这些数字来源于非常庞大的数据。美国得克萨斯州有一个名为法瑞的小镇，其人口在 1969 年仅为 49 人，这个小镇的交通事故数量就很难产生同样的说服力。无论是经济学家、政治咨询顾问、遗传学家、保险公司还是其他任何试图从海量信息和数据中得出有价值的结论的人或机构，如果仔细研究他们的分析过程，我们就可以看到，概率和统计是他们手中那张挽开的弓上最关键的箭之一。人们常说，数学已经渗透入那些传统上不属于精确科学的领域，而这通常就是概率和统计为数学打开的窗户。这些取得丰硕成果的领域是怎么出现的？

Statistics 这个词源于意大利语 stato（政府）和 statista（处理政府事务的人），它最初的意思是，政府官员对事实进行简单的收集。第一位从现代意义上对统计学做出重要贡献的人是约翰·格兰特（John Graunt，1620—1674），事实上，他并不是一位真正的科学家。[153] 格兰特是 17 世纪伦敦的一个小杂货店主，他店里主要出售纽扣、针和小织物等。这份工作让他有了非常多的自由时间。格兰特利用空闲自学了拉丁语和法语，并开始对伦敦的《死亡率登记表》产生了兴趣。这份表格记录了伦敦每个教区每周的死亡人数，自 1604 年起就在伦敦公开出版。发行这些报告的主要目的是对流行病传播造成的后果提供早期预警。利用这些第一手资料,格兰特开始了一项有趣的观察,并最终出版了一本只有 85 页的小册子,名字是《有关死亡率登记表的自然和政治观察,在以下索引中提及》。图 5-2 展示的就是从格兰特的书中摘录出的一张样表。在这张表中,格兰特按字母顺序列出了大约 63 种疾病和死亡人数。在为英国皇家学会会长写的一篇献词中,格兰特指出,自己研究的是"空气、乡村、季节、收获、健康、疾病、寿命,以及性别和年纪的比例"。在自然历史上,这是一本真正的专题著作。的确,格兰特所做的不仅仅是收集和展现数据那么简单。例如,通过仔细检查,格兰特第一次给出了在伦敦和汉普郡乡下教区罗塞姆接受洗礼的男性婴儿和女性婴儿的平均人数,以及下葬的男性和女性的平均人数,他还首次展示了出生婴儿性别比例的稳定性。具体来说,他发现在伦敦,每 14 个男孩出生就会有 13 个女孩出生,而在罗塞姆,每 16 个男孩出生就会有 15 个女孩出生。不同寻常的是,格兰特预言,"外出的旅行者会打听其他国家是否也是相同情况"。他同时也指出:"这对人类来说可谓一种赐福。男性多于女性,对于一夫多妻制来说是天然的障碍。在一个一夫多妻的国家里,女性不能与他们的丈夫享有平等的地位。而现在,在我们这个国家里,女性与她们的丈夫地位平等。"今天,我们通常认为男婴和女婴的出生比例是 1.05 : 1。为什么会有多出的男婴?过去传统的解释是,这是出于母亲的自然天性。因为根据经验,男性胎儿及婴儿比女性更加脆弱,也更容易夭折,男婴的出生比例较大,是母亲们提前做的一种准备。顺便说一句,也许受其他目前还不十分清楚的因素影响,美国和日本的男女婴孩出生比例自 20 世纪 70 年代以来就一直在下降。

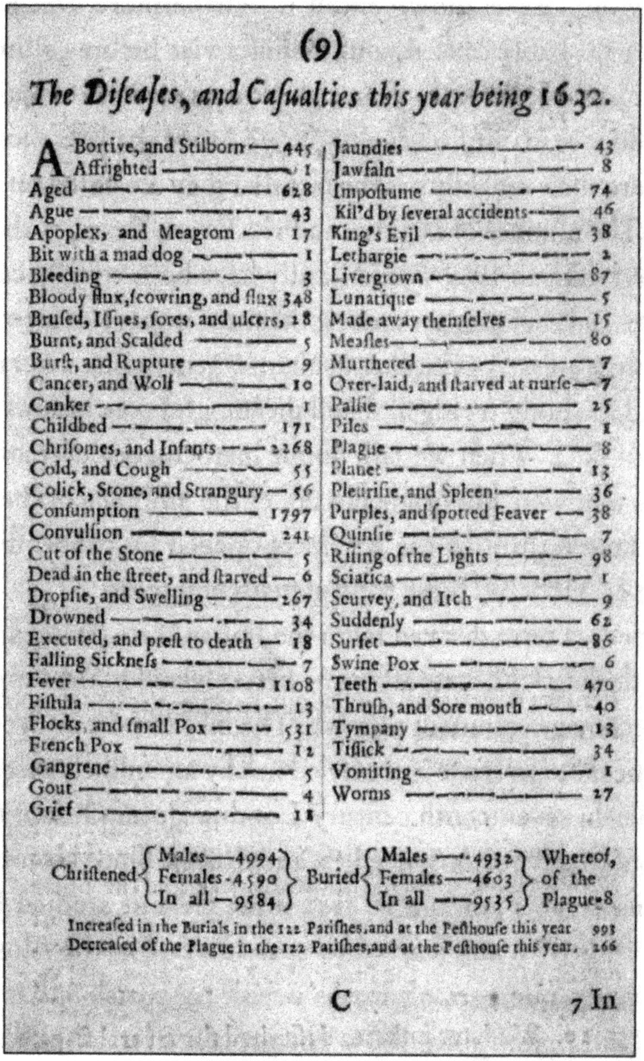

(9)

The Diseases, and Casualties this year being 1632.

Abortive, and Stilborn	445	Jaundies	43
Affrighted	1	Jawfaln	8
Aged	628	Impostume	74
Ague	43	Kil'd by several accidents	46
Apoplex, and Meagrom	17	King's Evil	38
Bit with a mad dog	1	Lethargie	2
Bleeding	3	Livergrown	87
Bloody flux, scowring, and flux	348	Lunatique	5
Brused, Issues, sores, and ulcers	28	Made away themselves	15
Burnt, and Scalded	5	Measles	80
Burst, and Rupture	9	Murthered	7
Cancer, and Wolf	10	Over-laid, and starved at nurse	7
Canker	1	Palsie	25
Childbed	171	Piles	1
Chrisomes, and Infants	2268	Plague	8
Cold, and Cough	55	Planet	13
Colick, Stone, and Strangury	56	Pleurisie, and Spleen	36
Consumption	1797	Purples, and spotted Feaver	38
Convulsion	241	Quinsie	7
Cut of the Stone	5	Rising of the Lights	98
Dead in the street, and starved	6	Sciatica	1
Dropsie, and Swelling	267	Scurvey, and Itch	9
Drowned	34	Suddenly	62
Executed, and prest to death	18	Surfet	86
Falling Sickness	7	Swine Pox	6
Fever	1108	Teeth	470
Fistula	13	Thrush, and Sore mouth	40
Flocks, and small Pox	531	Tympany	13
French Pox	12	Tissick	34
Gangrene	5	Vomiting	1
Gout	4	Worms	27
Grief	11		

Christened { Males—4994, Females—4590, In all—9584 } Buried { Males—4932, Females—4603, In all—9535 } Whereof, of the Plague-8

Increased in the Burials in the 122 Parishes, and at the Pesthouse this year 993
Decreased of the Plague in the 122 Parishes, and at the Pesthouse this year 266

C

7 In

图　5-2

格兰特的另一项开创性研究是根据不同原因的死亡人口数据，对现存人口构建一种年龄分布表，或称"生命表"。很明显，这种表包含了丰富的政治意义，因为它从总体上为政府提供了适合服兵役的人口数量，即 16 岁到 56 岁的所有男性。严格地讲，格兰特并没有给出足够的信息来推断出人口的年龄分布。但是，他的工作充分说明了其独创性的思维和开拓性的精神。以下就是他对当时婴儿死亡率进行的估算：

"在首次考察近 20 年来所有因患病和其他突发因素的死亡人数时，我们看到的总数是 229 250 人，其中有 71 124 人死于鹅口疮、惊厥、佝偻病、牙病、寄生虫病，以及诸如流产、早产、肝肿大和以上几种疾病的并发症。也就是说，在所有的死亡案例中，有近 1/3 的人死于上述疾病，而对这些病例进行分析时，我们偶然发现大部分是年龄不超过 5 岁的儿童。还有 12 210 例死于天花、水痘、麻疹，以及没有出现痉挛症状的寄生虫病。根据观察，这些病例的死亡人口中大约有 1/2 是不到 6 岁的儿童。现在，如果把约 229 000 例死亡人口中的 16 000 人视为死于大瘟疫或非正常死亡，我们可以马上得到一个基本认识：在所有死亡案例中，不到 6 岁的儿童所占比例大约为 36%。"

换句话说，格兰特估算出了 6 岁以前儿童的死亡率是（71 124 + 6105）÷（229 250 - 16 000）= 0.36。格兰特使用类似证据和有事实根据的推测，也估算出了老年人的死亡率。最后，格兰特通过关于年龄与死亡数之间的比例关系，进行了数学假设，填补上了 6 岁到 76 岁之间不同年龄段死亡率的空白。格兰特的许多结论在过去可谓闻所未闻。正如我们今天所看到的，他的研究成果成功地开创了统计科学。格兰特仔细观察了过去被认为纯粹是偶然或注定的特定事件（如因各种疾病引起的死亡）之间的比例关系，揭示了它们之间其实存在某种极为稳定的规律，同时也为社会科学研究引入了科学、定量的研究方法。

格兰特之后的研究者们在很多方面都采纳了他的研究方法，并针对统计学应用发展出了更好的数学理解。令人吃惊的是，对格兰特的生命表做出最重大改进的不是别人，正是天文学家埃德蒙德·哈雷，也就是极力劝说牛顿出版《原理》的那个人。为什么所有人都对生命表感兴趣？一部分原因是——至今仍是——这张表是人寿保险的基础。人寿保险公司（以及那些为金钱而结婚的人）对诸如以下这类问题都表现出极大的兴趣：如果一个人能活到 60 岁的话，那么他（她）有多大概率能活到 80 岁？

为了构建出生命表，哈雷使用了保存在西里西亚的布雷斯劳城（现波兰的弗罗茨瓦夫）中自 12 世纪末以来所有的细节记录。布雷斯劳城的一位牧师，卡斯珀·诺伊曼（Dr. Caspar Neumann）在他的布道中利用了这些列表中的数据，来反对那些认为健康受月相影响，或者人的寿数是 7 或 9 的倍数等迷信思想。最后，哈雷那篇名字相当长的论文《人类死亡等级的估算，源自于布雷斯劳城的出生和葬礼的统计情况，估算人类死亡情况以试图确定人寿的年金》，成了人寿保险数学计算的基本依据。[154] 为了对保险公司如何评估各种保险产品有一个基本概念，让我们先看看哈雷的生命表。

哈雷的生命表

当前年龄	人数	当前年龄	人数	当前年龄	人数
1	1000	11	653	21	592
2	855	12	646	22	586
3	798	13	640	23	579
4	760	14	634	24	573
5	732	15	628	25	567
6	710	16	622	26	560
7	692	17	616	27	553
8	680	18	610	28	546
9	670	19	604	29	539
10	661	20	598	30	531
当前年龄	人数	当前年龄	人数	当前年龄	人数
31	523	41	436	51	335
32	515	42	427	52	324
33	507	43	417	53	313
34	499	44	407	54	302
35	490	45	397	55	292
36	481	46	387	56	282
37	472	47	377	57	272
38	463	48	367	58	262
39	454	49	357	59	252
40	445	50	346	60	242
当前年龄	人数	当前年龄	人数	当前年龄	人数
61	232	71	131	81	34
62	222	72	120	82	28
63	212	73	109	83	23
64	202	74	98	84	20
65	192	75	88		
66	182	76	78		
67	172	77	68		
68	162	78	58		
69	152	79	49		
70	142	80	41		

通过这张表我们可以看出，年纪为 6 岁的人数是 710 人，但能活到 50 岁的人只有 346 位。我们可以从比例 346/710 估算出，一个活到 6 岁的人能活到 50 岁的是概率 0.49。同样，表中展示了 60 岁的人数是 242，而到 80 岁时，只有 41 人还健在，那么从 60 岁活到 80 岁的人的比例是 41/242，也就是说，如果一个人已经活到了 60 岁，他能继续再活 20 年的概率大约是 0.17。这一过程背后隐藏着清晰而简单的合理性。换句话说，我们可以依靠过去的经验来判断未来事件发生的概率。如果用来作为判断基础的事例的数量足够丰富（哈雷表的人口基数是 34 000 人），如果特定的推断持续有效（死亡率是一个随时间推移持久不变的常数），那么由此计算出的概率的可信度还是很高的。以下是雅各布·伯努利对这个问题的描述：

"我要问，谁能把那些让任何年龄段的人都可能罹患的疾病的致死人数真正搞清楚，把各种可能情况都考虑在内，并说明白哪些疾病比其他疾病更加致命，而且还能以这些数据为基础，预测未来几代人的寿命和死亡率之间的关系？"[155]

伯努利认为，这种预测"所依赖的因素完全是模糊不清的，它们相互关系中的复杂性可能会欺骗我们的感觉，让我们得出错误的结论。"在得出这一结论后，伯努利给出了一个统计与概率的方法建议：

"然而，有另外一种方法能引导我们得出寻找的答案，并至少能让我们断定那些之前不能决定的未来，那就是从大量的类似事件中观察，然后从观察结果中推断。在相同的条件下，我们可以认定一件未来将要发生（或不会发生）的事件基本遵循过去类似事件的发生方式。如此观察过去，我们就可以推断未来。举个例子，如果与提丢斯①有同样年纪并处于同一条件下的有300人，其中有200人在不到10岁时就夭折了，其他人还幸存着，我们可以合理地从中得出确定的结论：提丢斯在未来10年里寿终正寝的可能性是他能活过这10年的可能性的2倍。"

在哈雷那篇关于死亡率的数学论文的结尾之处，有几段富于哲学意味的评述，其中有一段特别感人：

"除了我先前提到的用法以外，从这张表中得出以下推断也不是不可接受的事情。我们埋怨生命的短暂是多么不公平的事啊！假如不能高寿，就认为自己遭受了不公正的待遇，这么想也是多么不公平啊！从这张表中我们可以看出：在所有出生的人中，只有一半的人能活到17岁——当时有1238人出生，但只有616人活到了17岁。与其对英年早逝不停地抱怨，还不如怀着耐心，坦然地屈从于自然的消亡，这是人类作为易腐物质的一种必然过程，也是人类精美而脆弱的身体结构形成的必要条件。在怀着感恩之心慨叹自己幸存下来时，我们应当记住，在人生历程中，在生命这个竞技场上，只有一半的人能到达终点。"

与哈雷的悲观统计结果相比，现代社会的生存条件已经有了极大改善，但不幸的是，这种改善并不是在所有国家都得以实现。例如在赞比亚，据统计，在该国于2006年出生的1000个婴儿中，就有182个儿童在5岁前不幸夭折了，同时，赞比亚的人口平均寿命

----

① 提丢斯（Titius）是德国天文学家，他最伟大的成就是提出了关于太阳系中行星轨道半径的一个简单的几何学规则，被称为提丢斯－波得定则，今天人们发现这只是一种巧合，没有太大的科学意义。——译者注

还不到 37 岁，这真让人感到痛心。

当然，统计关注的绝不仅仅是死亡。它们已经渗透到了人类生活的方方面面，覆盖领域包括物理特性分析和人类智力发育，等等。第一位清楚认识到统计学会在社会科学中产生"潜在法则"效应的人，是比利时博学家阿道夫·凯特勒（Adolphe Quetelet，1796—1874），正是他首次引入了统计学中常用的"平均男性"概念，也就是今天我们所说的"平均人"（average person）。

平均人

1796 年 2 月 22 日，阿道夫·凯特勒出生在比利时一个有着悠久历史的古老小城基恩特（Ghent）。他的父亲是一位市政官员，在小凯特勒 7 岁那年，父亲就不幸去世了。[156] 为了生计，凯特勒在 17 岁时就开始教授数学。在成为专职讲师之前，他写过诗歌和歌剧剧本，参与了两个戏剧的写作，还翻译过一部文学作品。不过，凯特勒最喜欢的还是数学，他是基恩特学院有史以来第一位科学博士。在 1820 年，凯特勒被推选为布鲁塞尔皇家科学院正式成员，不久之后，就成了科学院内最活跃的一分子。在随后的几年里，他全身心地投入教学工作，还发表了几篇关于数学、物理和天文学研究的论文。

凯特勒在基恩特学院开设了一门科学史的课程，他对科学发展历程进行了深入的思考，并得出了一些深刻的见解："科学发展到越高级的形式，就越趋向于数学领域，同时数学也会逐渐占据该学科研究范围的中心位置。我们可以从该学科与计算结果的接近程度来大致判断这门学科真正臻于完善的程度。"

1823 年 12 月，凯特勒被公费送去巴黎学习天文学的观测技巧。然而，在对当时这座世界公认的"数学之都"做为期 3 个月的访问期间，凯特勒完全转向了另一个研究领域——概率论。对凯特勒启发最大，同时也点燃了他对概率论的研究热情的那个人就是拉普拉斯。凯特勒在后来总结了自己对统计学和概率的看法：

"偶然，这是一个神秘，同时被滥用的词。我们常常把'偶然'当作一个借口来掩盖自己的无知，它成了控制一般人思维中那片最抽象领地的幽灵，我们已经习惯把它当作完全独立的事件来看待。但是在哲学家面前，偶然根本不存在，他会综合考虑一系列表面独立的事件，敏锐的洞察力不会让他被各种可能性所迷惑而步入歧途。如果他能给自己足够的时间来抓住自然规律，偶然这个词就会消失不见了！"[157]

这一结论非常重要。凯特勒从本质上否定了偶然性的作用，大胆地（甚至还未完全证明）用推断来代替它。凯特勒的这个推断就是，就算是社会现象背后也有其深刻的原因，而统计结果展示的有序性可以用来揭示隐藏在社会秩序背后的规律。

凯特勒想把自己的统计方法应用于实践测试，于是着手展开一项雄心勃勃的计划。他需要收集数千项与人体自然特征有关的测量结果。例如，通过独立测量人体特征数据，他分析了 5738 名苏格兰士兵胸围大小的数据分布，以及大约 100 000 名法国应征入伍者身高的数据分布。换句话说，他用图表的方式展示了法国应征入伍者的身高情况。例如，从他所绘制的图表中可以一眼看出，身高在 5 英尺① 到 $5\frac{1}{6}$ 英尺之间的人数有多少，$5\frac{1}{6}$ 英尺到 $5\frac{1}{3}$ 英尺之间的人

———————
① 1 英尺 ≈ 0.3048 米。——译者注

数又有多少，等等。后来他又构建了许多类似的曲线，其中有一条他称为"道德品质"分布的曲线，这条曲线也建立在大量的数据基础之上。出乎凯特勒意料的是，他还发现，人类的基本特征都遵循一种钟形频率分布，我们今天称为正态分布（图 5-3，也称高斯分布，以"数学王子"卡尔·高斯的名字来命名，恐怕有点不公平）。无论是身高、体重、肢体长度的测量，还是反映人类智力特征的心理测试，类似的曲线一次又一次地重复出现。事实上，凯特勒对这条曲线并不陌生，18 世纪中叶的数学家和物理学家就已经发现这条曲线了，而且，凯特勒在天文学研究中对此非常熟悉。只不过，这条曲线能与人的生理特征联系起来，这的确让人感到惊讶。在过去，人们通常认为这条曲线是误差曲线，因为在测量出现任何类型的误差时，它都会出现。

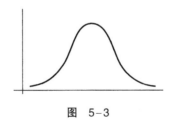

图　5-3

举例来说，假如你对精确测量一个容器中的液体的温度感兴趣，你可以使用一支高精度的温度计每隔一小时测量一次液体的温度。在连续测量 1000 次后，你会发现由于随机错误和可能的温度波动，不是所有的测量结果都一样。相反，实际测量结果趋向于集中在一个中心数据值附近，一些测量数值可能比这个中心数值高一些，而另一些数值则低一些。如果你以温度数值为参照，将测量的时间也绘制在图上的话，就会得到一条钟形的曲线，这与凯特勒根据人体生理特点绘制的曲线基本类似。事实上，在任何物理定量分析中，测量的数值越多，得到的频率分布就越接近正态分布。这一事实展现了极富戏剧性的含义：数学"无理由的有效性"无处不在，就连人类犯下的错误都要遵循严格的数学规律。

凯特勒认为，这些结论将产生深远的影响。他把自己的发现——人类生理特征遵循误差曲线——当作自然界试图打造某种"平均人"的证据。[158] 根据凯特勒的观点，正如在多次测量一根针的长度时，测量的误差值会围绕平均（真实）长度值分布，并形成一条曲线，同样，自然的误差也会分布在某种生物周围。他声称，一个民族的所有人都集中在该民族的同一个"平均人"周围，就好像"其他人都是对这一（平均人）测量的不同结果，但由于测量工具过于粗陋，导致了这种巨大变化。"

很显然，凯特勒的这个推断过于偏激了。凯特勒发现人类的生物特征（无论是生理上的还是精神上的）确实呈现出正态频率曲线分布，尽管这一结论本身极其重要，但是，我们既不能把它当作自然意旨的证据，也不能把个体的变异仅仅当作"错误"来对待。例如，凯特勒发现法国应征入伍士兵的平均身高是 $5\frac{1}{3}$ 英尺，但在个头较低的那一批士兵中，他发现有一个人只有 $1\frac{5}{12}$ 英尺。显然，任何人在为一个身高 $5\frac{1}{3}$ 英尺的人测量身高时，都不可能产生多达近 4 英尺的误差。

根据凯特勒的"法则"观念，人类都是按照一个模子塑造成形的。即使我们忽略这一观念，从另一个角度来看，人类无论在身高、体重还是在智商值等特征上，都遵循正态曲线分布，这一事实本身就值得高度关注。如果这还不够的话，美国职业棒球大联盟比赛中的击球率甚至也呈现出一种理性的正态分布，股票指数（由许多单独的股票组成）的平均回报率同样也呈正态分布。不仅如此，如果出现了偏离正态曲线的分布，那也需要引起重视，并对其进行仔细检查。举个例子来说，在英国，如果有一所学校的学生成绩被发现不是正态分布的，就会马上引起有关方面的注意，相关机构就会对该校学生成绩的打分情况展开专项调查。当然，这并不是说所有分布都必然是正态的。莎士比亚在他的戏剧中使用的单词的长度就不是正态分布的。相对于由 11 个字母或 12 个字母组成的长单词，莎士比亚更偏爱使用仅有 3 个或 4 个字母构成的短单词。美国的家庭平均收入也不是一条正态曲线，据统计，在 2006 年，全美 6.37% 的家庭收入大约占据所有家庭收入之和的 1/3。这一事实引发了另一个有趣的问题：如果人类体力和智力特征（设想这些特征决定了一个人的可能收入情况）都呈正态分布，那么人类的个人收入为什么不是正态分布的呢？回答这样的社会经济学问题远远超出了本书的讨论范围。然而，从目前有限的观察出发，一个令人印象深刻的事实是，基本上人类所有可测量的特征，或者（任何种类）动物和植物的特点，其形态分布全部都符合某种类型的数学函数。

在历史上，人类生理特征不仅是研究频率分布的基础，也为建立数学中的"相关性"概念铺平了道路。相关性度量了一个变量的变化引起另一个变量变化的程度。例如，一位身材较高的女士穿的鞋的尺码通常也要更大一些。同样，心理学家发现了父母的智力与他们的孩子在学校的成功程度之间具有某种相关性。

当两个变量之间没有精确的函数依赖关系时，相关性就变得特别有用。举例来说，一个变量是亚利桑那州南部地区日间的气温，而另一个变量是在这一地域发生火灾的次数。当给定一个气温值时，由于火灾还与其他因素有关，比如空气的湿度和人为在林区生火等，所以没有人能精确预测可能发生火灾的次数。换句话说，对于任何确定的温度值，都可能对应多个起火的数值，反之亦然。尽管如此，数学中的"相关系数"可以定量分析气温值和火灾数量这两个变量之间依赖关系的紧密程度。

第一位引入相关系数这一工具的人是英国维多利亚女王时代的地理学家、气象学家、人类学家和统计学家弗朗西斯·高尔顿爵士（Francis Galton，1822—1911）。[159] 顺便说一句，高尔顿是查尔斯·达尔文的表兄弟。高尔顿并不是一位专业的数学家，作为一个极其重视实践的人，他常常把自己富有创见性的数学思想丢给其他数学家，特别是统计学家卡尔·皮尔森（Karl Pearson，1857—1936）。以下是高尔顿对相关性的解释：

"肘尺的长度①与人的身高有关，两者之间的关系非常紧密，一个较长的肘尺通常对应着一个个头较高的人，而一个非常长的肘尺总对应着一个大高个。但是，如果这两者之间的关系不是很紧密，按平均数计算，一个非常长的肘尺或许只对应一个相对较高的人，而不是一个非常高大的人。然而，如果这种关系是'零'的话，那么一个非常长的肘尺或许与某个特定身高无关，并在平均来看，只与普通人的身高相关。"

皮尔森最终给出了相关系数精确的数学定义：当相关性非常高时，也就是说，当一个变量与另一个变量的变化紧密相连时，定义

———————

① 一种古代的长度单位，以前臂长度为基准，大约有46厘米长。

相关系数的值为 1；当两个变量反相关时，即当其中一个变量变大时，另一个变量会减小，并且反过来的话也是这样，此时相关系数的值则等于 - 1；如果一个变量在变化时与另一个变量毫无关系，就好像另一个变量根本不存在，此时的相关系数值为 0。例如，一些政府的行为与民众相信政府能代表自己利益的期望，很不幸，这两者之间几乎就是 0 相关的。

现代医学研究和经济预测都强烈依赖于对相关系数的确定和计算。例如，吸烟和患肺癌之间的关系，在阳光下曝晒与患皮肤癌之间的关系，通过观察和计算，这些因素都已经被初步确定为是相关的。股票市场分析员一直在努力找出并试图定量计算市场行为与其他变量之间的相关性，因为任何这样的发现都潜藏着巨大的效益。

早期的一些统计学家已经清楚地认识到，收集和解释统计数据十分棘手，在处理它们时要极其小心。如果一位渔民使用的渔网网眼直径是 10 英寸的，我们可以十分简单地得出他捕到的鱼的宽度都大于 10 英寸。道理很简单，凡是窄于 10 英寸的小鱼都会从渔网中逃脱出去，这就是所谓"选择效应"的一个典型案例。如果说结论有偏颇的话，问题通常主要出现在两个地方：要么是在收集数据时所使用的工具不正确，要么是在分析数据时所采用的方法不对。例如在现代社会中，民意调查通常的访问人数不会超过一千人，那么实施民意调查的人如何能确定这些受访者所表达的观点能正确代表数百万人的意见？另外一个需要注意的问题是，相关性并不是必然包含的原因，烤面包机的销量在上升，同时，欣赏古典音乐会的观众人数也增加了，但这并不意味着，家里出现烤面包机能够增强这个家族对音乐的鉴赏力。相反，这两种（上升）效果也许是因为经济大环境的改善造成的。

虽然有上述种种重要的警告，但统计学已经成了研究现代社会最强有力的工具之一，不夸张地说，它把"科学"引入了社会学的各学科之中。那么，统计学为什么这么重要？答案来自数学的概率论，这一理论统治了现代生活的诸多方面。工程师判断在宇航探险车上应当安装哪种安全机械装置，物理学家分析粒子加速器的实验结果，心理学家在智商测试中评定孩子的智力发育情况，制药公司评估自己生产的新药的疗效，遗传学家研究人类遗传现象，所有这些都会用到数学中的概率论。

碰运气的游戏

人们热心研究概率的起因颇有些不足挂齿：赌徒们试图调整自己的赌注，来增加赢的概率。[160] 特别是在 17 世纪中期，一位化名"梅雷骑士"（Chevalier de Méré）① 的法国贵族——他也是一位有名的赌徒——向当时法国著名的数学家和哲学家布莱兹·帕斯卡（Blaise Pascal，1623—1662）提出了一系列关于赌博的问题。帕斯卡在 1654 年与当时另一位著名的法国数学家皮埃尔·德·费马（Pierre de Fermat，1601—1665）之间频繁通信，在这些信中，他们就类似问题进行了深入的交流。事实上，概率论的基本理论就这样建立起来了。

让我们看看帕斯卡在 1654 年 7 月 29 日写给费马的一封信中讨论的一个有趣的问题。[161] 这个问题假设了有两位贵族，他们在玩一种赌博游戏，游戏的工具是一只骰子。在游戏开始之前，每个人都在

---

① 原名安东尼·贡博（Antoine Gombaud，1607—1684），是一位法国作家。——译者注

桌子上放下了 32 枚金币作为赌资。第一个人选择的是数字 1，而另一个人选择的是数字 5。如果掷出的骰子向上的一面出现了一位玩家选中的数字，那么这名玩家就会获得一个点，第一位获得 3 个点的玩家获胜。假设游戏在进行一段时间之后，数字 1 出现了两次（选择 1 的一方获得了两个点），而数字 5 只出现了一次（选择 5 的一方只获得了一个点），此时出于某种原因，游戏在这一刻被迫终止了，那么桌子上的 64 枚金币应当如何分配呢？帕斯卡和费马给出了数学上的逻辑答案。假设游戏继续，如果那位已经有两个点的玩家在下一次掷骰子时赢了，那么全部的 64 枚金币就都属于他了；如果选择 5 的玩家在下一次掷骰子中赢了，那么二人就可以平均分配这 64 枚金币，每个人都得到 32 枚。但是，如果双方都不再掷骰子，第一位玩家可能会争辩道："就算我在下一次掷骰子时输了，我也会得到 32 枚金币。而对于余下的 32 枚金币，我有可能得到，你也有可能得到，机会是均等的。所以，应当把这 64 枚金币中我无论如何也会得到的那 32 枚先给我，然后再平均分配剩下的 32 枚金币。"换句话说，第一位玩家应当得到 48 枚金币，而另一位只能得到 16 枚。难以置信，不是吗？一门全新的、反映了深刻思想的数学分支，就诞生于这类十分浅显，甚至有点微不足道的讨论之中！然而，这正是数学的有效性既"无理由"又神秘莫测的原因。

　　概率论的本质可以从以下这些简单的事实中看清楚。[162] 没有人能确定地预测出，一枚抛向空中的硬币在落地时哪一面会向上。即使是连续抛 10 次同一枚硬币，每次都是头像向上，也丝毫不能提高我们对第 11 次抛出的硬币是哪一面朝上的预测能力。[163] 但是，如果把这枚硬币抛上一千万次，我们就可以精确地预测出，头像一面向上的次数非常接近一半，并且有字一面向上的次数也非常接近一半。事实上，在 19 世纪末，统计学家卡尔·皮尔森非常有耐心地连续抛了一枚硬币多达 24 000 次。根据他的记录，抛出头像的次数是 12 012 次。在某种程度上，这就是概率论讲述的一切。概率论为我们提供了超多次试验的结果的精确信息，但不能预测任何特定的试验结果。如果一个试验有 n 种可能的结果，而且这几种可能结果发生的概率都是相同的，那么任何一个结果发生的概率就是 $1/n$。比如你掷一个骰子，那么出现数字 4 的概率是 $1/6$，这是因为一个骰子有 6 个面，而抛出任何一面的概率都是相同的。设想一下，你连续掷 7 次骰子，每一次都得到 4，那么下一次你得到 4 的概率有多大？概率论给出了一个非常清楚的答案：仍然是 $1/6$。这是因为骰子没有记忆，任何"幸运之手"的说法或"下一次抛骰子会补偿先前抛掷过程中的不平衡（骰子各面出现的次数不同）"的观念都是妄想。事实真相是，如果你掷了 100 万次骰子，那么结果会平均分布，并且出现 4 的概率会非常接近 $1/6$。

我们再来看一个稍微复杂一点的例子。假设你一次同时抛 3 枚硬币，那么一个头像向上，另外两个字面向上的概率是多大？只需列举所有可能的结果，就能很容易得到答案。如果我们把头像向上的一面定义为"H"，有字的一面定义为"T"，这样的话，就会有 8 种可能的结果：TTT、TTH、THT、THH、HTT、HTH、HHT、HHH。对照这 8 种结果，你会发现有 3 种情况与"一个头像、两个字面"的要求相符。因此，这一情况发生的概率是 $3/8$。在更一般的情况下，假设有 n 种可能的基本结果，并且出现每种结果的机会都是均等的，m 是你所感兴趣的事件数量，那么该事件发生的概率就是 m/n。请注意，这就意味着概率总是 1 和 0 之间的某个值。如果你所感兴趣的事件不可能发生，那么 $m = 0$（表示没有你喜欢的结果），而此时的概率值也是 0。另一方面，如果该事件绝对会发生，也就是说，所有的 n 种事件都是肯定的（$m = n$），此时概率就是 $n/n = 1$。抛 3 枚硬币的试验结果还证实了概率论中的另一个重要结论：如果有多个事件，它们彼此是完全独立的，那么这些事件发生的概率是个体概率的产物。还是以同时抛 3 枚硬币为例，获得 3 个头像的概率是 1/8，其计算过程是这样的：因为抛一枚硬币得到头像的概率是 1/2，而抛 3 枚硬币时每枚硬币落地所得到的结果之间都是互相独立的，所以 $1/2 \times 1/2 \times 1/2 = 1/8$。

你也许会想，除了在赌场或其他赌博活动中大显身手之外，这些基础的概率论概念还有什么其他用途吗？你可能无法想象，那些看起来并不是十分重要的定律正是现代遗传学（一门研究生物遗传特征的科学）的核心基础理论。

把概率论引入遗传学的是一位摩拉维亚牧师格莱格·孟德尔（Gregor Mendel，1824—1884）。[164] 孟德尔的家乡在一个小山谷中，这里紧邻摩拉维亚和西里西亚的交界（位于今天的捷克共和国）。孟德尔早年进入位于布尔诺的圣多默隐修院，之后，他在维也纳大学学习动物学、植物学、物理学和化学。当孟德尔学成返回布尔诺，在圣多默隐修院院长的大力支持下，他用豌豆植株做实验，由此开了遗传学研究。孟德尔使用豌豆做实验，主要是因为这种植物的容易生长，并且雌雄同体，这样一来，豌豆植株不仅能自花传粉，还能在其他植株间进行异花传粉。孟德尔让只结绿色种子的豌豆植株与只结黄色种子的豌豆植株进行异花传粉。在之后的观察中，他得出了十分令人困惑的结果。从图 5-4 中可以看出，杂交后的第一代豌豆植株只产生黄色种子，然而在随后的第二代中，黄色种子和绿色种子的比例却是 3∶1！从这些令人惊讶的发现中，孟德尔总结出了三个基本规律，而这成了遗传学发展过程中最重要的里程碑。

(1) 生物某一特征的遗传与亲本传给后代的某种特定遗传"因子"（今天我们所熟知的基因）有关。

(2) 所有后代都会从每个亲本那里继承一项（针对任何给定特征的）"因子"。

(3) 一种给定特征也许不能在第二代中体现，却能传到第三代中。

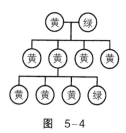

图 5-4

如何解释孟德尔实验中的数量关系？孟德尔认为，每一个亲本植株都一定有两个完全相同的"因子"，这就是今天所说的等位基因，等位基因要么是一对黄，要么是一对绿（图 5-5）。当两株植物交配时，根据前述的规律 (2)，每一个后代都要从其父本和母本那里各继承一段不同的等位基因。也就是说，豌豆植株的每一个后代的种子都包含绿色的等位基因和黄色的等位基因。那么，为什么第二代的豌豆植株种子全部都是黄色的？孟德尔的解释是，这是因为对于豌豆植株而言，黄色是占优势的颜色（显性性状），所以根据前述的规律 (3)，它把整个这一代中的绿色等位基因的显现给掩盖掉了。然而，依然是根据规律 (3)，占据优势的黄色并不能阻止隐性的绿色基因被遗传到下一代中。在下一轮交配中，用包含黄色等位基因和绿色等位基因的植株与另一株同样包含这两等位基因的豌豆植株进行异花传粉。由于其后代分别从父本和母本那里各得到一段等位基因，因此它们的种子颜色将会呈现出图5-5所示的组合：绿绿、绿黄、黄黄、黄黄。由于黄色是占据优势的性状（显性性状），所以包含黄色等位基因的种子全都是黄色。同时，由于等位基本组合的概率是相同的，因此黄色种子的豌豆植株与绿色豌豆植株的比例是3∶1。

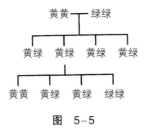

图 5-5

你也许已经意识到了，从本质上讲，孟德尔的整个实验与抛硬币是相同的。如果把硬币头像的一面视为绿色豌豆，把有字的一面视为黄色豌豆，要想知道豌豆呈现黄色的概率有多大（这里把黄色和字面作为显性性状），事实上，这与探讨在抛两枚硬币时至少得到一个字面朝上的概率有多大，是完全相同的。很明显，答案是3/4，因为在4种可能的结果里（字面－头像、字面－字面、头像－字面、头像－头像）至少有3次出现一个字面。这也就意味着，（在一段很长时间的实验后）在抛硬币时，至少出现一个字面向上的次数与完全不出现字面的次数的比例是3∶1，这和孟德尔在实验中反映的结果完全一致！

孟德尔在1865年公开发表了他的论文《植物杂交实验》，并在两次科学会议上宣讲了他的实验结果，但是，他的研究成果没有获得人们的重视。[165] 直到进入 20 世纪后，孟德尔的实验才引起了人们的高度关注。虽然大家对其结论的精确性还有一些疑问，但孟德尔还是被视为历史上现代遗传学数学基础的奠基人。[166] 沿着孟德尔指明的道路，英国著名统计学家罗纳德·艾尔默·费雪（Ronald Aylmer Fisher，1890—1962）建立了群体遗传学，这一数学分支确定了人群的基因分布模型，并计算了基因随时间的变化频率。[167] 今天，遗传学家们可以利用 DNA 组合中的统计采样来预测未出生后代可能的生理特征。但问题仍然存在：统计学和概率论究竟是怎么关联的？

事实和预测

期望破译宇宙演变奥秘的科学家通常会尝试同时从两个方向入手来解决问题。有些人从最初的宇宙中最微小的宇宙结构变化开始，有些人则研究当下这个宇宙状态的所有细节。前者使用大型计算机来模拟宇宙演变的进程，而后者采用了如侦探式的工作方式，力图从现在宇宙状态的大量事实中推演出宇宙的过去。概率论和统计学的关系与宇宙学家们的研究模式十分相似：在概率论中，初始状态和变量是已知的，其目标是预测最可能出现的结果；而在统计学中，结果是已知的，但原因都是不确定的。

让我们分析一个简单的例子，来看看这两门学科是如何互相补充、相辅相成的——也可以说，它们是怎样中途相遇的。我们已经知道，统计学研究表明，大量的物理定量测量结果，甚至是人类的许多生理特征都是按照正态频率曲线的方式分布的。更准确地说，正态曲线并不只是一根曲线，实际上，它是一簇曲线。这类曲线都可以用相同的通用数学公式来描述，而且，它们的外形特点仅需两个参量，就能完全刻画出来。第一个量是"均值"，也就是分布的平均值，以这个值为中心正态分布的曲线左右对称。当然，均值的实际大小还取决于测量变量的种类（如身高、体重、智商等）。甚至对同一变量而言，针对不同人群，均值也可能不同。举个例子，瑞典男人的平均身高可能与秘鲁男人的平均身高有差异。第二个定义了正态曲线的量为"标准差"。标准差描述了数据在平均值周围的聚焦程度。在图 5-6 中，与其他两条曲线相比，可以看出曲线 a 的测量值是最分散的，这也就意味着，曲线 a 的标准差最大。均值和标准差引出了一个非常有趣的事实，那就是无论这两个参量的具体数值是多少，68.2% 的数据都落在了以平均值为中心、以标准差的数值为两侧边界的区间内。如果进行精确研究的话，若一个特定人群（人口数量足够大）的智商均值为 100，标准差值为 15，那么 68.2% 的人的智商将会在 85 至 115。更进一步的研究表明，对于所有的正态分布曲线，95.4% 的数据落在以均值为中心、以 2 倍标准差数值为边界的区间内，99.7% 的数据落在以 3 倍标准差数值为边界的区间内。还是用刚才的那个案例来分析，95.4% 的人的智商值在 70 至 130，而 99.7% 的人的智商值在 55 至 145。

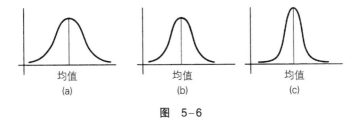

图　5-6

假设我们想预测，从人群中随机挑选出一个智商在 85 到 100 之间的人的概率有多大。图 5-7 告诉我们，概率为 0.341

（34.1%），因为从概率论的定律我们知道，概率不过是想要的结果除以所有可能结果数量的商。如果我们还想知道从人群中随机挑选一个人，其智商高于130的概率，只看一眼图 5-7 就能说出答案，这种情况的概率仅有 0.022（2.2%）。与此相似，利用正态分布的属性和积分（积分用来计算曲线的面积）这样的工具，我们能计算任何给定范围的智商概率。也就是说，概率论和它的合作伙伴统计学，联合起来为我们提供了答案。

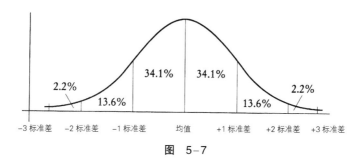

图 5-7

我在前面已经多次指出，概率论和统计学在处理大样本事件时才会有意义，它们从来不是用来解决个体问题的。这一基本认识就是著名的大数定理，雅各布·伯努利在他所著的《推测的艺术》一书中进行了系统的阐述（图 5-8 展示的是这本书在首版时的扉页）。[168] 简而言之，大数定理表明，如果某一事件发生的概率是 P，那么对于所有实验，P 是事件发生最有可能的比例，而且如果实验次数接近无穷的话，那么事件发生的概率确定无疑就是 P 了。伯努利在《推测的艺术》一书中这样介绍大数定理："还需要进一步研究的是，增加观察次数能否让有利事件与不利事件的比例更接近真实的比例。"伯努利随后使用了一个特别的例子解释了这一概念：

"假设我们有一个罐子，里面有 3000 块白色的鹅卵石和 2000 块黑色的鹅卵石。假如我们事先并不知道这个罐子里究竟有多少块鹅卵石是黑色的，有多少块是白色的，而我们又想通过实验得出罐子里黑色与白色鹅卵石的比例，应当怎么做呢？我们可以从罐子里一个接一个地取鹅卵石，并把每次取出的石头颜色记录下来，最后看看到底有多少次取出了黑色的鹅卵石，有多少次取出了白色的鹅卵石。（在这里，我要提醒的重要一点是，在取石头的过程中，当你取出一块鹅卵石并记录下颜色后，就应当把它放回到罐子里，然后再继续取，再放回去，这样，罐子中鹅卵石的数量就总是一个常数。）现在我们要问，如果你能无限地取下去，例如次数为 10,100,1000,…，同时时间也是无限的（最终达到'确实的确定'），那么，取出白色鹅卵石和取出黑色鹅卵石的比例数值是否与罐子中石头的实际比例相同呢？或者，这是另一个不同的数值？如果答案是不相同的话，那么我承认，要通过观察来确定每种情况发生的次数（如罐子中黑色鹅卵石与白色鹅卵石的数量），可能会失败。但是，如果我们能用这种方法实现'确实的确定'[1]……那么就能非常精确地断定一种后验情况发生的次数，就好像这是我们已知的一种先验情况。"[169]

---

[1] 雅各布·伯努利在《推测的艺术》随后一章中证实了这种情况。

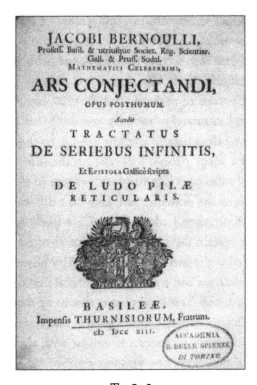

JACOBI BERNOULLI,
Profeff. Bafil. & utriufque Societ. Reg. Scientiar.
Gall. & Pruff. Sodal.
MATHEMATICI CELEBERRIMI,

ARS CONJECTANDI,

OPUS POSTHUMUM.

Accedit

TRACTATUS
DE SERIEBUS INFINITIS,

Et EPISTOLA Gallicè fcripta

DE LUDO PILÆ
RETICULARIS.

BASILEÆ,
Impenfis THURNISIORUM, Fratrum.
cIɔ Iɔcc XIII.

图　5-8

　　雅各布·伯努利花了 20 年时间来完善这一理论，而它最终成
了统计学的支柱理论之一。伯努利认为，那些表面看上去只是碰运
气的事情，事实上也遵循支配性的法则。他最终以这种信仰作为著
作的结束语：

　　"如果持续不断地观察从现在直到永远发生的所有事情（因此，
概率可能最终是确定的），我们就能发现，世界上所有的事情都有
其必然的原因，并且绝对遵循某些确定的法则。所以说，我们自

己，甚至那些看起来十分偶然的事件，都要受到某种自然规律的制约，而这似乎是命中注定的。我知道，柏拉图在关于宇宙循环学说中曾经提及这个观点，他认为，在经历了无穷的时间之后，所有事物都将会回到它们的本源状态。"

关于不确定性科学的故事，结局十分简单：数学在某些方面甚至可以应用在生活中那些不太"科学"的领域中，包括表面看来完全是由运气支配的领域。因此，在试图解释数学"无理由的有效性"时，我们不能把注意力仅仅局限在物理规律上。相反，我们最终可能不得不以某种方式弄清究竟是什么原因让数学无处不在。

数学那令人难以置信的力量在著名剧作家和散文作家乔治·萧伯纳（George Bernard Shaw，1856—1950）的笔下仍然颇具威力。萧伯纳绝对不是因为他的数学才能而闻名的，但是，他曾经写过一篇关于统计学和概率论的文章，这篇文章的观点极为深刻，题目为《赌博的邪恶和保险的美德》。[170] 在这篇文章里，萧伯纳承认，对他来说，保险是"建立在那些无法解释的事实，以及只有专业数学家才能计算的冒险的基础之上"。然而紧接着，他又写下了下面这段含义丰富的文字。

试想有一场商业谈判，一方是一位希望做国际贸易的商人，但他极度害怕会遭遇海难或被野蛮人给吃了；另一方是一位船长，他希望有大量的货物和乘客。船长回答商人，他的货物会十分安全，并且，如果他随船出海的话，他本人也同样安全。但是这位商人满脑子都是约拿、圣保罗、奥德修斯和鲁滨逊[1]，不敢去冒险。他们之间的交流可能是这样的。

船长：放心！我保证，如果你乘坐我的船出海，明年的今天你还会好好地坐在这里。我可以和你打赌，赌注多少都行。

商人：但如果我和你打赌，我赌我在这一年里会死。

船长：你肯定会输的。你为什么不赌自己会活下来？

商人：但如果我被淹死了，同时你也会被淹死，那么我们还怎么赌？

船长：这样的话，我会找一个没有出海的人，他将和你的妻子及家人打赌。

商人：这改变了游戏规则。但是我的货物该怎么办？

船长：啧，这个赌也可以包括货物啊。或者我们打两个赌：一个是赌你的生命，另一个是赌你的货物。我向你保证，这两样都会很安全，什么意外都不会发生，而且你还会看到海外的瑰丽风光和奇观异景。

商人：但如果我和我的货物全部都安全的话，我还得额外再为我的生命和货物安全付给你一大笔钱。就算我没有被淹死，也会破产的。

船长：这的确是事实。对我来说，这笔钱并不像你想象的那么

---

① 这几个人物都经历了漫长而艰险的旅程。约拿是《圣经》中一位希伯来先知，上帝要求他去尼尼微传教，他没有照办，并试图从海上逃跑。结果在暴风雨中，他被人们视为厄运的罪魁祸首，因此被扔出船外。在被一条大鱼吞噬后，约拿侥幸逃出升天，并完成了使命。圣保罗多年传教，历尽艰辛。奥德修斯是古希腊史诗《奥德赛》的主人公，在大海上漂泊了十多年无法回家。鲁滨逊是《鲁滨逊漂流记》的主人公。——译者注

重要。如果你被淹死了，我可能是第一个被淹死的人，因为如果船沉了，我肯定是最后一个离开船并获救的人。无论如何，我还是劝你去冒个险。这样吧，我和你赌 10 倍的赌注，这能让你动心吗？

　　商人：嗯，这样的话……

　　这位船长已经认识到了保险的概念，正如金匠发现了银行的意义一样。

　　对某些人来讲，诸如萧伯纳，他们抱怨在自己所接受的教育中，"从来没有一个人就数学的意义或效用提过哪怕一个字"。而这段幽默的文字描述了关于保险的数学"历史"，很能说明问题。

　　到目前为止，除了萧伯纳的文章外，我们已经或多或少地透过数学家的眼睛看到了数学的某些分支的发展。对于这些人，以及如斯宾诺莎等众多理性主义哲学家而言，柏拉图主义是明摆着的事实。毫无疑问，数学真理存在于它们自己的世界，而且，人类思维仅仅通过推理的力量就能接近这些真理，而不用观察任何现象。爱尔兰哲学家、克罗因的主教乔治·贝克莱（George Berkeley，1685—1753）第一个揭示了人类把欧几里得几何学作为普遍存在的真理的集合，与数学其他分支之间存在着某种潜在的差距。在他名为《分析者，或写给一位异教徒数学家的论文》的著作中（这里所说的异教徒一般被认为是埃德蒙德·哈雷），贝克莱从根本上批评了牛顿（在《原理》中）和莱布尼茨引入的微积分和分析法。[171]贝克莱还证明了牛顿关于"流数"的概念（变化中的瞬时速度）没有经过严格的定义，在贝克莱的眼中，这足以让人们对其整个学科产生怀疑。

　　"流数方法是一把通用的钥匙，它帮助现代数学家解开了几何的奥秘，进而解开了自然界的奥秘……但是，这一方法到底是清晰还是晦涩，是始终如一还是前后矛盾，是结论性的还是证据不足，如果说我的态度不够公允的话，那么我把这个疑问交给最公正的读者们来判断吧。"

贝克莱的确认识到了这个问题。事实上，关于分析学的一致性理论直到 20 世纪 60 年代才真正形成。但是，数学家在 19 世纪却经历了一场极具戏剧性的大转折。

第 6 章

几何学家：未来的冲击

作家阿尔文·托夫勒（Alvin Toffler）在他的名作《未来的冲击》中这样解释了书名的含义："我们每个人在极短的时间内因遭受剧烈的变化，而经受的毁灭性压力和巨大的迷茫。"[172] 在 19 世纪，数学家、科学家和哲学家们就经历了这样的震撼。事实上，近一千年以来，认为数学提供了永恒不变的真理的信仰被打碎了。这一出人意料的思维动荡，是由一门全新的几何学分支引发的，这门学科在今天被称为非欧几何。如果你不是专业人士，可能都没有听说过非欧几何。但是在科学研究领域，这门全新数学分支的革命性重大意义被认为足以和达尔文开创的进化论相提并论了。

为了充分理解这一数学分支给人类世界观带来的巨大冲击和深刻影响，我们有必要先来简要回顾一下它的数学历史背景。

欧几里得"真理"

19 世纪之前，如果说有一门学科的知识一直被当作"真理"和"确定性"的完美典范的话，那它就是欧几里得几何学，也就是我们在中学里都学过的传统的经典几何学。著名的荷兰籍犹太哲学家巴鲁赫·斯宾诺莎（Baruch Spinoza，1632—1677）就把他那试图将科学、宗教、伦理和推理统一起来的极为大胆的研究结论命名为"用几何方法证明的伦理学"（这也是其著作的名称）。更有甚者，虽然柏拉图主义者提出的以数学形式存在的理想世界和物理现实之间有着明显区别，但大多数科学家仍然把欧几里得几何学中的对象当作从真实物理世界的对应物中提炼、抽象出来的。即使是大卫·休谟（David Hume，1711—1776）这样最忠实的经验主义者——他坚持认为，科学的基础远没有人们所想象的那么肯定——也承认，欧几里得几何学就像直布罗陀海峡的岩石那么坚固。在休谟所著的《人类理解力研究》一书中，他提出有两种类型的"真理"：

> "人类推理和研究的所有对象可以分为两类：一类是理论关系，另一类是事实真理。第一类真理是人类直观上或论证后确定的断言……这类真理中的一部分仅仅是通过人类思维发现的，完全不依赖宇宙中存在的任何客观现实。就算在自然界中从来不存在圆形或三角形，但是，欧几里得证明的真理却永远支持它们的确定性和存在迹象。事实真理不是用上面提到的方式确定的。不论这些真理本身有多么伟大，其性质与上述真理多么相近，我们证明其真实性的证据也不同。每个事实真理的反命题仍有可能是成立的，因为这类真理从不蕴含矛盾。比如，'明天太阳不会升起'，这个命题十分易懂，它暗示的'否定'含义（太阳不会升起）不会多于对'肯定'含义（太阳会升起）。因此，假如我们试图证明这个命题是错误的，将是徒劳的。"[173]

换句话说，尽管休谟和其他所有经验主义者一样，认为人类的全部知识来源于观察，但是，几何学及其反映的"真理"仍然拥有特权地位。

伟大的德国哲学家伊曼努尔·康德（Immanuel Kant，1724—1804）并不完全赞同休谟的观点，但是，他同意休谟对欧几里得几何学的看法。他也认为，欧几里得几何是绝对确定的真理，并且，其正确性是无可置疑的。康德在他那本不朽的名著《纯粹理性批判》中，试图从某种程度上颠倒人类思维和物理现实之间的联系。康德赋予了人类心智主动性，认为其拥有"构建"或"处理"被感知的宇宙万物的功能，而不再是被动地刻印对物理现实的印象。随着不断深入思考，康德不再关注"我们能知道什么"，而是"怎么知道我们能知道什么"。[174] 他解释说，当我们的眼睛寻找光的微粒时，并不能帮助我们在意识中形成光的影像，但在经过大脑的处理和重组之后，我们才能建立起与光相关的一系列比较清晰的概念。康德认为，在这一构建过程中，一个关键因素源于人类对空间直观的综合性的先验性理解，而在历史上，这种理解是以欧几里得几何学为基础形成的。康德相信，欧几里得为形成和处理空间概念提供了唯一正确的路径，并且，这种对空间直观的普适性认识是我们对自然世界的经验的核心。康德说：

"空间不是一个源自外部经验的经验性概念……空间是一种必要的先验的事实陈述，它形成了所有外部直觉的基础……正是基于空间呈现的这种必然的先验性，所有几何原理才拥有无可置疑的确定性，以及对其加以诠释的可能性。如果对空间的直觉是借由一般性外部经验得来的后验概念，那么，数学定义的最初基本原理就只能是感知了。而且，这些原理还会受到感知过程中各种意外的影响，那样一来，'过两点有且只有一条直线'这样的公理将不再是必然的了，而只能是每次依据经验传授的知识。"[175]

简单地说，根据康德的理论，如果我们意识到一个物体，那么这个物体必然在空间中存在，并且符合欧几里得几何学。

休谟和康德提出了两个观点，它们非常重要却又极为不同，而且都与欧几里得几何紧密相关。首先，二人都认为只有欧几里得几何才能精确描述物理空间。其次，他们都把欧几里得几何作为牢不可破、绝对精确、永远有效的推理结构。如果把这两个观点综合在一起的话，那就是欧几里得几何为数学家、科学家、哲学家们提供了关于宇宙确实存在、内容丰富、无可辩驳的最稳固的理论证据。直到 19 世纪之前，这种认识仍然被视为是理所当然的。然而，它们真的是正确的吗？

欧几里得几何是由古希腊亚历山大的数学家欧几里得在公元前300 年左右提出的。在那本不朽的 13 卷本《几何原本》中，欧几里得以清晰的逻辑为基础，建立了几何学体系。他以十条被视为正确无疑的公理为起点，通过逻辑推理的方法，证明了大量以假设为基础的命题。

欧几里得几何学的前四条公理简洁、巧妙又优美。例如，第一公理是："过两点有且只有一条直线。"[176] 第四公理是："所有直角都是相等的。"而与此形成鲜明对比的是第五公理，通常被称为"平行公设"。它的表述相对而言比较复杂，一直以来，人们普遍认为这一公理缺乏不证自明的味道。在《几何原本》中它是这么说的："若一条直线与另外两条直线相交，在某一侧的内角和小于两个直角之和，那么这两条直线在各自不断延伸后，会在该侧相

交。"图 6-1 用一幅示意图展示这条公理的内容。虽然没有人怀疑
第五公理的正确性，但与其他几条公理相比，它缺乏那种动人的简
洁和优美。有迹象表明，甚至是欧几里得本人似乎都对这第五公理
不太满意。第一个证据是，在《几何原本》中，欧几里得在证明前
二十八条命题时就没利用这第五公理。[177] 今天，我们引用最频繁
的是与第五公理完全等价的另一个公理，它似乎是由希腊数学家普
罗克洛斯在公元 5 世纪首次提出来的，我们通常称之为"普莱费尔
公理"，这个名称来自苏格兰数学家约翰·普莱费尔（John
Playfair，1748—1819）。普莱费尔公理是这样表述的："给定一条
直线和不在该直线上的一个点，经过该点只能作一条与该直线平行
的直线。"（图 6-2）。第五公理的这两种表述形式在本质上是完全
相同的，这是因为普莱费尔公理（与其他公理一起）必然包含欧几
里得的第五公理，而且后者也包含前者。

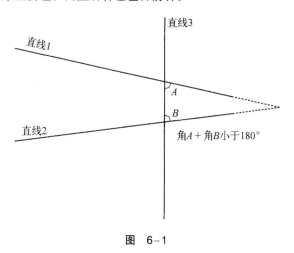

图　6-1

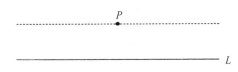

图 6-2

几个世纪以来，人们对欧几里得几何第五公理的质疑不绝于耳，不断有人试图从其他 9 条公理出发证明第五公理，甚至还有人尝试用一条更清晰、简洁的假设来代替它。当然，这些努力都没有成功，而另一些几何学家试图回答一个令人困惑的猜想："如果它是假的呢？"这些尝试开始激起人们心中的疑惑，甚至有人怀疑，欧几里得的公理到底真的是不证自明的，还只是基于经验的。[178] 最终，令人震惊的结论在 19 世纪出现了：数学家发现，人们选择另一条不同于欧几里得第五公理的公理，就可以建立一门全新的几何学。而且，那些"非欧"几何学能像欧几里得几何学那样从原理上准确地描述物理空间。

让我们在这里暂停一下，先把"选择"这个词搞清楚。几千年来，欧几里得几何一直被视为独一无二的，而且是必然如此的——它被认为是对空间唯一正确的描述。然而，人们现在可以选择公理并得到同样正确的描述，这一事实让大家对整个概念体系产生了浓厚兴趣。仔细构建的推理体系似乎在一夜之间变成了一场游戏，在这场游戏中，公理不过是扮演了规则的角色。你可以改变公理来玩一场完全不同的游戏。不过，这种认知给理解数学本质带来的巨大冲击，超乎了人们的想象。

许多富有想象力和创造力的数学家为了给欧几里得几何最后的一击铺平了道路。其中值得特别关注的有基督教神父吉罗拉莫·萨凯里（Girolamo Saccheri，1667—1733），他深入研究了如何用另一种不同形式的表述来代替第五公理；德国数学家乔治·克鲁格（Georg Klügel，1739—1812）和约翰·海因里希·朗伯（Johann Heinrich Lambert，1728—1777），这两人第一次意识到欧几里得几何可能会被其他几何体系替代。除此之外，一些数学家为"欧几里得几何是唯一一种宇宙空间表现形式"这一思想的葬身之棺钉下了最后一颗钉子。而这一荣誉应当由三位数学家来分享，他们一位来自俄罗斯，一位来自匈牙利，还有一位来自德国。

奇异的新世界

　　第一位公开发表论文，从整体上阐述这门全新几何学的人就是俄罗斯数学家尼古拉·伊万诺维奇·罗巴切夫斯基（Nikolai Ivanovich Lobachevsky，1792—1856，图 6-3）。[179] 这是一种建立在像马鞍一样的弯曲表面上的几何。在这门几何学中（今天我们称为双曲几何），替代欧几里得第五公理的表述就成了如下的形式："在平面上给定一条直线和不在直线

图 6-3　罗巴切夫斯基

上的一点，经过该点至少能作出两条与给定直线平行的平行线。"罗巴切夫斯基几何学与欧几里得几何学还有一个重要的区别：在欧几里得几何中，三角形的内角和总是 180°（图 6-4b），而在罗巴切夫斯基几何中，三角形的内角和总是小于 180°（图 6-4a）。罗巴切夫斯基的学术观点主要发表在《喀山公报》上，而这份杂志在

当时并不出名，所以他的理论完全没有得到应有的重视。直到 19
世纪 30 年代，有关罗巴切夫斯基几何的理论被翻译为法语和德语
后，才引起了人们的广泛关注。在此之前，匈牙利年轻的数学家鲍
约·亚诺什（János Bolyai，1802—1860）并未看到罗巴切夫斯基
的文章，也在 1820 年左右系统地阐述了与罗巴切夫斯基几何类似的几
何学理论。[180] 出于年轻人特有的激情，他在 1823 年给父亲的信中
写道："我发现了一些精美绝伦的东西，这让我无比震惊……我从
一片虚无中创造了一个全新的世界。" 他的父亲鲍约·法卡斯
（Farkas Bolyai）也是一名数学家，图 6–5 是他的肖像。在 1825
年，亚诺什已经完成了研究，准备让父亲看看自己关于这门新几何
学的理论著作的草稿。亚诺什把这份手稿命名为《空间的科学绝对
性》。[181] 虽然年轻的亚诺什兴高采烈，但他的父亲却不能确定这种
理论是否正确。不过，法卡斯还是决定把儿子的新几何作为他本人
的两卷本著作的附录一同出版——法卡斯的书以研究经典几何、代
数和分析学的基础为主要内容。据说，这本书写作手法十分有趣，
书名就叫《为好学的年轻人所写的关于数学基本原理的随笔》。该
书出版后，法卡斯送给了他的朋友高斯（图 6–6）一本，而高斯
不仅在当时就被认为是最杰出的数学家，并且被后世许多人推崇为
人类有史以来最伟大的数学家之一，足以和阿基米德与牛顿并肩。
可惜，由于爆发了霍乱，送给高斯的那本书在混乱中遗失了，法卡
斯又给高斯送去了另一本。高斯终于在 1832 年 3 月 6 日给法卡斯回
了信。不过，他的评论与年轻的亚诺什所期望的并不完全一样。

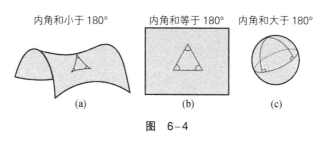

内角和小于 180°　　内角和等于 180°　　内角和大于 180°

(a)　　　　　　　　(b)　　　　　　　　(c)

图　6-4

图 6-5　鲍约·法卡斯

图 6-6　高斯

　　"如果我一上来就说，我无法称赞这本著作，您也许会感到十分惊讶。但除此之外，我的确没法再说别的了。这是因为如果我表扬它，就是在表扬我自己。事实上，这本书的所有内容——您儿子的思想和他所得出的结论——与我的想法几乎一模一样。而在过去的 30 或 35 年里，这些想法一直占据着我的一部分思考。所以我有些茫然无措。迄今为止，我从未把这些结论写下来，而且我当时想，在我的有生之年都不会把它们拿出来发表。"

　　我在这里要插上一句，很明显，高斯担心这种激进的新几何学会被康德学派的哲学家们当作哲学中的异端邪说。高斯称这些人为

"毕欧申人"（Boetians），在古希腊语中，这个词是"愚蠢"的同义词。之后高斯继续写道：

> "另一方面，我当时又想以后把它们都记录下来，这样一来，至少它们不会随着我一起消失。因此，对我而言这真是一个惊喜，这让我省却了记录这些想法的麻烦。我十分高兴是我的老朋友的儿子先于我之前把这些思想用文字表达了出来。"

虽然法卡斯觉得高斯对亚诺什的评价很高，他认为高斯的赞扬"令人欣喜"，但是，亚诺什却因为自己的研究与高斯的思想完全相同而备受打击，并从此之后彻底地消沉了。在接下来的近十年时间里，他一直拒绝相信高斯在自己之前就已经开始研究这门几何的说法，而且，还因此严重影响了父子之间的感情——亚诺什怀疑父亲过早地把自己的研究结论透露给了高斯。后来，当亚诺什最终确认高斯的确在1799年左右就开始研究这一课题时，他变得更加愤世嫉俗，这种糟糕的心态也影响了他的学术研究。在亚诺什去世前，他留下了大约两万页的数学手稿，但相比而言，这些研究显得暗淡无光。

不过，毋庸置疑，高斯的确对非欧几何进行了大量思考。[182] 他在1799年9月的一篇日记中写道："在几何的原理方面，我们取得了非凡的成就。"接着，他在1813年又提到："关于平行线理论，我们如今并不比欧几里得知道得更多。这是数学中让人脸红的一部分，它迟早会变成另一种完全不同的形式。"几年之后，高斯在1817年4月28日所写的一封信中又讲道："我现在越来越确信，今天的（欧几里得）几何学的必然性并不能被证实。"最终，高斯得出的结论与康德的观念恰好相反：欧几里得几何不能被视为普适的永恒真理，并且"不能把欧几里得几何与算术相提并论（因为算术是先验性的），但大致可以与力学相提并论"。费尔迪南德·施韦卡特（Ferdinand Schweikart，1780—1859）是一位法理学教授，他在 1818 年或 1819 年写信告诉高斯，他也独立得出了类似的结论。由于高斯和施韦卡特都没有公开发表过他们的观点和结论，所以在传统上，人们一直把发现非欧几何的荣誉归于罗巴切夫斯基和鲍约·亚诺什——其实，这两位绝不是非欧几何的独家"缔造者"。

双曲几何犹如晴天霹雳一般打破了数学世界的沉寂，给欧几里得几何学唯一的不可动摇的空间描述带来了沉重打击。在高斯、罗巴切夫斯基和鲍约之前，欧几里得几何长期以来一直被视为世界的本质。然而，人类还可以选择一套不同的公理来构建一门完全不同的几何，这一事实让人们第一次开始怀疑，数学似乎是人类的发明，而不是独立存在于人思维之外、等待人类去发现的真理。同时，欧几里得几何学与真实物理空间之间的直接关系也破裂了，"数学是宇宙的语言"这一思想暴露出了致命的缺陷。

当高斯的一名学生波恩哈德·黎曼证明双曲几何并不是非欧几何的唯一形式时，欧几里得几何学的优越地位变得更加岌岌可危了。黎曼于 1854 年 6 月 10 日在德国哥廷根做了一场演讲，演讲中处处闪耀着天才的思想火花。图 6-7 展示的是这篇后来公开发表的演讲稿的第一页。黎曼借助"以几何基础为前提的猜想"表达了自己的观点。[183] 黎曼一开始就说："几何学预先假设了空间的概念，并假定了构建空间的基本原理。但是，几何对此仅给出了名称上的定义，而这些概念和原理的本质说明是以公理的形式出现的。"但他接着又指出："那些预先假设之间的关系还不为人所知。我们看不出它们之间的任何联系是否是必然的，或者在多大程度上是必然的，甚至不能预先确定，它们之间是否可能存在联系。"在各种可能的几何学理论中，黎曼重点研究了椭圆面几何。这是一门建立在椭圆体表面上的几何理论（图6-4c）。请注意，在这门几何学中，两点之间的最短距离并不是一条线段，而是大圆上的一段弧，而这个圆的圆心恰好也是球心。航空公司就是利用这一特性来确定飞行航线的，所以，从美国到欧洲的国际航班的飞行线路并不是我们在地图上看到的直线，而是一段向北的大圆弧。你可以很轻易地证明，任意这样的两段大圆弧都会在直径的两端相交。例如，地球上的任意两条经线，在赤道附近看上去是平行的，实际上却会在两极相交。在欧几里得几何学中，经过直线外的一点只能作一条与该直线平行的平行线。而非欧几何则不同。在双曲几何中，经过直线外的一点至少能作两条与该直线平行的平行线。而在椭圆面几何中，连一条这样的平行线也没有。黎曼把非欧几何的概念推向了更为广泛的天地——他把这类几何引入三维、四维，甚至维度更高的空间曲面中。在这个过程中，黎曼拓展出了一个关键概念——曲率。曲率标识了曲线或曲面的弯曲比率。例如，在一个鸡蛋壳的表面上，蛋壳中段部分的曲线要比经过蛋壳两端尖头的曲线平缓，也就是说曲率要小。黎曼提出了任意多维空间中的曲率的精确数学定义。通过这一定义，黎曼让最早由笛卡儿提出的"几何与代数的结合"变得更加紧密。在黎曼的研究中，包含任意多个变量的方程式都能在几何学中找到自己的对应，而高级几何中的新概念也成了方程式的一部分。

Ueber

die Hypothesen, welche der Geometrie zu Grunde liegen.

Von

B. Riemann.

Aus dem Nachlass des Verfassers mitgetheilt durch R. Dedekind[1]).

Plan der Untersuchung.

Bekanntlich setzt die Geometrie sowohl den Begriff des Raumes, als die ersten Grundbegriffe für die Constructionen im Raume als etwas Gegebenes voraus. Sie giebt von ihnen nur Nominaldefinitionen, während die wesentlichen Bestimmungen in Form von Axiomen auftreten. Das Verhältniss dieser Voraussetzungen bleibt dabei im Dunkeln; man sieht weder ein, ob und in wie weit ihre Verbindung nothwendig, noch a priori, ob sie möglich ist.

Diese Dunkelheit wurde auch von Euklid bis auf Legendre, um den berühmtesten neueren Bearbeiter der Geometrie zu nennen, weder von den Mathematikern, noch von den Philosophen, welche sich damit beschäftigten, gehoben. Es hatte dies seinen Grund wohl darin, dass der allgemeine Begriff mehrfach ausgedehnter Grössen, unter welchem die Raumgrössen enthalten sind, ganz unbearbeitet blieb. Ich habe mir daher zunächst die Aufgabe gestellt, den Begriff einer mehrfach ausgedehnten Grösse aus allgemeinen Grössenbegriffen zu construiren. Es wird daraus hervorgehen, dass eine mehrfach ausgedehnte Grösse ver-

---

1) Diese Abhandlung ist am 10. Juni 1854 von dem Verfasser bei dem zum Zweck seiner Habilitation veranstalteten Colloquium mit der philosophischen Facultät zu Göttingen vorgelesen worden. Hieraus erklärt sich die Form der Darstellung, in welcher die analytischen Untersuchungen nur angedeutet werden konnten; in einem besonderen Aufsatze gedenke ich demnächst auf dieselben zurückzukommen.

Braunschweig, im Juli 1867.　　　　　　　　R. Dedekind.

图　6-7

　　19 世纪出现了全新的几何之后，欧几里得几何并不是唯一的受害者，康德关于空间的思想也未能幸免。让我们回想一下，康德曾经断言，人类感知到的信息在进入意识之前，必须经过欧几里得几何学中的模板加以重组。但是，19 世纪几何学家们的"直觉"似乎在一夜之间全部被唤醒了。很快，他们就在非欧几何领域取得了众多进展，并开始学习沿着非欧几何指明的全新道路去感受世界。最终，欧几里得几何学对空间的感知竟然被证明是后天学来的，而不是直觉获取的。面对这些剧烈的变化，法国著名的数学家亨利·庞加莱（Henri Poincaré，1854—1912）提出，几何的公理"既不是综合的先验性直觉，也不是经验事实。它们是约定俗成的。我们根据经验事实做出选择，而这种选择是自由的"。换句话说，庞加莱仅把公理视为"伪装的定义"。

庞加莱的观点不仅受到了上述非欧几何思想的启发，同时也受到了当时不断涌现的其他新几何的鼓舞。[184] 在 19 世纪末前，新几何的发展似乎不受控制了。例如，在投影几何学（比如，当电影胶片上的影像被投射到屏幕上时形成的图形）中，直线和点这两个角色可以互换，因此，关于点和线（请注意这里的次序）的定理能变为线和点的定理。在微分几何学中，数学家利用微积分研究各种数学空间的局部几何属性，例如球面或环面上的几何属性。这几类几何和其他类型的几何乍一看似乎是数学家充满想象的发明，而不是对物理空间的精确描述。那么，后人又该如何证明"上帝是数学家"？毕竟，如果"上帝总在研究几何学"（历史学家普卢塔克认为这句话出自柏拉图），那么哪一种几何是神采用的呢？

很快，对欧几里得几何缺点的深刻认识引起了数学家对数学基础的普遍关注，特别是数学与逻辑之间的关系。在第 7 章中我们还会继续讨论这个重要的主题，我在这里就提一句："公理是不证自明的"这一观点已经动摇了。虽然 19 世纪的人们也见证了代数和分析领域的一些重大进展，但是，几何学的发展对数学本质问题的影响是最深远的。

空间、数字和人类

数学家们在转向数学基础这一重大问题之前，他们还需要先关注一些"小"课题。首先，非欧几何虽然已经被系统地阐述，并公开发表了，但是，这并不意味着它们是数学的"合法后裔"。长期以来，数学界一直对"不一致"必怀恐惧——将非欧几何引入最终的逻辑结果，可能会产生无法解释的矛盾。在 19 世纪 70 年代，意大利人尤金·贝尔特拉米（Eugenio Beltrami, 1835—1900）和德国人菲力克斯·克莱因（Felix Klein, 1849—1925）证明了，只要欧几里得几何是一致的，那么非欧几何也一样。然而，这一证明却为欧几里得几何基础的稳固性带来了更多问题。接下来，还有重要的相关性问题。大多数数学家把这些新的几何学当作一件新奇、好玩的事物。一直以来，欧几里得几何学被视为对真理空间的描述，这也奠定了欧几里得几何学的历史声望。但在一开始时，非欧几何被认为与物理现实没有任何联系。因此，非欧几何被许多数学家视为欧几里得几何的"穷亲戚"。然而在这些人之中，庞加莱却比其他任何人都更加重视非欧几何。但是，即使是庞加莱本人也坚持认为，就算人类真的被带入一个由非欧几何主导的世界，有一点仍然"确定无疑，我们会发现，这种（从欧几里得几何到非欧几何的）改变不会更容易"。因此，有两个问题凸显出来：第一，几何学（个体）和数学（整体）的其他分支能建立在不证自明的稳固的逻辑基础之上吗？第二，数学和物理世界之间的关系（如果这种关系的确存在的话）究竟是什么？

在历史上，一些数学家在确认几何基础时采用了一种务实的方法。当这些数学家失望地意识到，过去被视为绝对真理的东西最终被证明是基于经验的而非精确的时，他们就转向了算术，也就是对数的研究。在笛卡儿的解析几何中，图形可以由一个特定的公式来表达，一对有序数可以作为平面上的一个点的唯一标识，等等（见第 4 章）。这种几何以数为基础，为重新建立几何基础提供了必要的工具。德国数学家雅各布·雅各比（Jacob Jacobi，1804—1851）用自己的座右铭"上帝总在研究算术"代替了柏拉图的名言"上帝总在研究几何"。这虽然只是文字上的小小改变，却真实表达了当时的风潮。不过，在某种程度上，这只是把问题转到了数学的另一个分支中。事实上，著名的德国数学家大卫·希尔伯特（David Hilbert，1862—1943）已经成功地证明了，欧几里得几何的一致性与算术的一致性不相上下。不过在这个问题上，距离建立起一种清晰明了的一致性，算术还有很长的一段路要走。

至于数学和物理世界之间的关系，新的感情还没有真正确立起来。几个世纪以来，把数学理解为解读宇宙奥秘的工具，这种观点已经深入人心，并在不断被强化。伽利略、笛卡儿、牛顿、伯努利家族、帕斯卡、拉格朗日、凯特勒和其他数学家将科学"数学化"，仿佛恰恰强有力地证明了，自然界是在数学的基础上设计的。人们甚至会说，假如数学不是宇宙的语言，那么它为什么在解释自然的基本规律和人类特征时都同样有效？

可以确信的是，数学家们的确意识到，数学仅仅处理抽象的柏拉图形式，但这些形式被视为现实物理元素的合理的理想化形式。事实上，在他们看来，自然这本大书是用数学这门语言所书写的——这种感受已经深深地根植于他们的观念之中，以致许多数学家拒绝思考一下，数学概念和结构能否与物理世界直接相关联。我们以杰罗拉莫·卡尔达诺（Gerolamo Cardano，1501—1576）为例。卡尔达诺是一个十分有趣的人，他在数学和物理学领域都建树颇多，但同时好赌成性。1545 年，他出版了一本十分有名的书，名为《大术》，这本书是代数学史上最有影响力的学术著作之一。在这本综合性专著中，卡尔达诺深入分析了代数方程解法中大量的细节性问题，包括二次方程式（未知量以二次幂 x^2 的形式出现）、三次方程式（x^3）和四次方程式（x^4）的解法，其中有很多研究都是开创性的。然而在经典数学中，参量通常被理解为几何元素。举例来说，未知变量一次幂 x 的值等同于直线上的一段长度，二次幂 x^2 被理解为面积，而三次幂 x^3 被认为是相应实体的体积。所以，卡尔达诺在《大术》的第一章中解释道：

"我们以立方体和其他顺带提到的形状来结束这些细节性的思考。因为一次幂（Position）涉及直线，平方（Quadratum）涉及平面，立方（Cubum）涉及立体，对我们而言，让幂次超过它们的行为都是极端愚蠢的，因为自然界不允许这样做。因此，我们会看到这些（方程式）最多到立方就能完全说明问题了。如果再增加（幂次），不论是出于必要，还是仅仅因为好奇，我们都不可能走得出去。" [185]

换句话说，卡尔达诺认为，我们能认识到的物理世界仅包含三个维度，因此对数学家而言，关心更多的维度或考虑更高阶数的方程式，都是愚蠢的行为。

英国数学家约翰·沃利斯（John Wallis，1616—1703）在他的著作《算术的无限》中也表达过同样的观点——牛顿曾经从这本书中学习过分析法。[186] 在其另一本重要的著作《代数论文集》中，沃利斯公开宣称："确切地说，自然界不承认三维以上的概念。"这

在历史上是第一次有人如此明确地提出这一观点。接着，他又详细
解释了自己的观点：

> "两条直线相交，会形成一个平面；平面与直线相交，会形成
> 一个立体。但是，如果立体与一条直线相交，或者平面与平面相
> 交，会形成什么呢？超平面（plano-plane）？这将是一个自然的怪
> 物，比'奇美拉'①和'人头马'②更不现实。因为长度、宽度和高度
> 已经构成了整个空间。我们想象不出，任何超越三维的第四维空间
> 是什么样子。"

在这里，沃利斯的逻辑十分清晰：即使能想象出一门并非描述
真实空间的几何学，那也是没用的。

这些观点最终还是被逐渐改变了。[187]18 世纪的数学家们第一
次开始思考以"时间"作为三维空间之外的潜在的第四维。在
1754 年发表的一篇名为《维度》的文章中，物理学家让·达朗贝
尔（Jean D'Alembert，1717—1783）写道：

> "我已经声明过，不可能有比三维更多的维度。我的一位朋友
> 认为，可以把时间当作空间的第四维，从某种程度上讲，时间与立
> 体的产物就成了四维的产物。这种思想充满了争议，但对我而言，
> 这不仅仅是一种博人眼球的新奇看法，它还是很有价值的。"[188]

---

① 奇美拉（Chimera）是古希腊神话中喷火的怪物，是狮头、羊身、蛇尾的组合
体。——译者注
② 人头马（Centaure）是古希腊神话中半人半马的怪物，上半身是人，身体和
腿是马。——译者注

著名的数学家约瑟夫 – 路易·拉格朗日走得更远。在 1797 年，他以更确信的语气说道：

"一个点在空间中的位置取决于三个立体的坐标，而这些坐标在力学问题中被认为是 t（时间）的函数，因此，我们可以把力学视为四维的几何学，并且还可以把力学分析视为几何分析的拓展。"[189]

这些大胆的思想为数学开辟了一片新的天地——任意维度的几何学，这在过去是不可想象的。事实上，这些几何学完全不考虑自己是否与物理空间有联系。

康德相信，我们对空间的认知完全遵循欧几里得几何给出的范型——他也许真的错了。但是，我们在大多数情况下感知到的是不超过三维的空间，这一点毫无疑问。相对而言，我们可以轻易地想象出，自己身处的这个三维世界在柏拉图所谓的"二维宇宙世界"里是什么样子的。然而，如果从三维世界出发，向多维世界迈进，则确实需要像数学家一样拥有丰富的想象力。

在 n 维几何（在任意维度空间中的几何）的研究领域中，最重要也是最具突破性的工作是由赫尔曼·巩特尔·格拉斯曼（Hermann Günther Grassmann，1809—1877）完成的。格拉斯曼有兄弟姐妹 11 人，而他本人也是 11 个孩子的父亲。格拉斯曼是一位学校老师，从未接受过任何正规的大学数学教育。[190] 在格拉斯曼的一生中，他在语言学方面得到的褒奖——特别是他在梵语和哥特语方面的研究，要比他在数学上获得的成就多得多。一位传记作者曾写道："格拉斯曼似乎命中注定要时不时地被人们重新发掘，而且人们每次重新认识他的时候，都觉得他好像自去世后，就早已被

大家忘记了。"格拉斯曼创立了一门关于"空间"的抽象学问，在
这门空间的学科中，经典的欧几里得几何学不过是空间的一个例
子。格拉斯曼在 1844 年出版了一本名为《线性延伸理论：数学的
一个新分支》的书，通常又被称为《延伸理论》（*Ausdehnungslehre* ）。
在这本书中，他介绍了自己那匠心独具的思想，其中最主要的思想
构成了我们今天所熟知的 一个重要数学分支——线性代数。在这本
书的前言中，格拉斯曼写道：

> "几何绝不能被看作……数学的分支。事实上，几何与自然界
> 的某些特性（也就是所谓的空间）联系在了一起。我已经意识到，
> 一定有一门数学的分支，能以一种纯粹抽象的方式带来与几何类似
> 的规则。"

这是一种看待数学本质的全新认识。对格拉斯曼而言，传统的
几何（它们是古希腊思想的遗产）处理的是物理空间，因此不能被
当作抽象的数学的真正分支。在格拉斯曼看来，数学更是人类思维
的一种抽象观念，不必应用在真实世界里。

跟随格拉斯曼貌似有点琐碎的思维，迈向他所构建的几何代数
理论，这将是一段十分有趣的历程。[191] 他以一个非常简单的公式
$AB + BC = AC$（图 6-8a）作为研究的起点，任何一本几何书在
讨论线段的长度时都会引用这个公式。但是，格拉斯曼注意到了其
他一些有意思的现象。他发现，如果不考虑点 A、B、C 的顺序，
只要不把 AB、BC 这类因子仅仅理解为长度，并赋予它们"方向"
（例如 $BA = -AB$），那么公式依然是成立的。举例来说，如果 C
位于 A 和 B 之间（图 6-8b），那么 $AB = AC + CB$；但是，由于
$CB = -BC$，因而有 $AB = AC - BC$；此时，只要在公式两端都

加上 BC，就又能得到最初的公式 $AB + BC = AC$ 了。

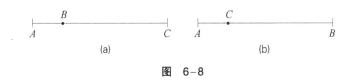

图　6–8

　　这是一个非常有价值的发现。但是，格拉斯曼对它的延伸和拓展更让人吃惊。请注意，如果我们处理的是代数而不是几何的话，那么诸如 AB 之类的表达通常表示 $A × B$（即 A 与 B 的乘积）。在这种情况下，格拉斯曼提出的 $AB = - BA$ 就违背了一条神圣不可侵犯的数学法则：两个数的乘积与这两个数在相乘时的次序是无关的。格拉斯曼直接面对了这种令人不安的可能性，并最终发明了一种全新的一致的代数，也就是今天被称为"外代数"的数学分支。这门代数允许多个因数相乘，与此同时，也能相应地处理任何维度中的几何问题。

　　到 19 世纪 60 年代，n 维几何如雨后春笋般迅速地发展了起来。[192] 在这一时期，不仅黎曼在一系列极具启发意义的演讲中，逐步建立起了任意曲面和任何维度的空间的概念（这是 n 维几何研究的基础），而且，当时的许多数学家，如英国数学家阿瑟·凯莱（Arthur Cayley）和詹姆斯·西尔维斯特（James Sylvester），以及瑞士数学家路德维格·施拉夫利（Ludwig Schläfli）都为 n 维几何的发展做出了重要贡献，他们的研究为 n 维几何增加了新的内容。从此之后，数学家们开始感到自己从严格的限制中被解放了出来。几个世纪以来，数学一直被严格限定在空间和数的概念上。这种限制的历史惯性十分强大，甚至直到 18 世纪，伟大的瑞士数学家莱昂哈德·欧拉（Leonhard Euler，1707—1783）在一次表达自己对数学的看法时还在说："数学，在通常情况下是一门研究数量或是研究测量方法的科学。"只有在进入 19 世纪以后，变革的春风才逐渐吹起。

首先，引入抽象的空间和（几何和集合理论中）无穷的概念模糊了"数量"和"测量"的意义，某种程度上超越了人类的一般认知。其次，人们对数学抽象的研究迅速发展，让数学与物理现实之间的距离也越来越大，但是，日常生活和"现实存在"反而进入了抽象世界。

格奥尔格·康托尔（Georg Cantor，1845—1918）是集合理论的创建者，他用以下这则"独立宣言"描写了这种全新数学的自由精神："在总体上，数学的发展是自由的，而唯一限制它的就是所谓'不证自明'，也就是说，各种概念必须彼此一致，同时还必须根据定义的顺序排队，与先前已经被引入并已证实的概念维持正确的关系。"[193] 对于这种观点，代数学家理查德·戴德金（Richard Dedekind，1831—1916）在时隔 6 年后补充道："我认为，数学的概念完全独立于我们对空间和时间的观念或直觉……它们是人类思想的创造产物。"[194] 换句话说，康托尔和戴德金都把数学视为一种抽象的概念性的研究，这种研究仅受到一致性要求的限制，数学对计算或物理世界的语言不承担任何义务。正如康托尔所总结的："数学的本质完全在于它的自由。"

到了 19 世纪末，绝大多数数学家接受了康托尔和戴德金关于数学的自由特性的观点。数学的目标也从研究自然的真理转变为建立抽象结构——构建公理体系，探寻公理在逻辑上所有可能的结论。

人们曾经一度乐观地认为，这些新观点和理论的发展，将会使"数学究竟是人类的发现，还是人类的发明？"这个烦人的问题走向终结。如果数学只不过是一场非常复杂的游戏，有任意的规则，那么很明显，相信数学概念的真实性就是毫无意义的——不是吗？

令人吃惊的是，脱离物理现实反而让某些数学家获得了相反的感受。他们不再认为"数学是人类的发明"，而又重新回到了柏拉图提出的"数学是独立的真理世界"的思想中。这个独立的真理世界的存在和物理世界的存在一样真实。试图在数学和物理之间建立联系的研究工作被划分到应用数学范畴，后者与被认为根本不关心任何物理现实的理论数学形成了鲜明对比。法国数学家夏尔·埃尔米特（Charles Hermite，1822—1901）在 1894 年 3 月 13 日给荷兰数学家托马斯·斯蒂尔杰斯（Thomas Joannes Stieltjes，1856—1894）写了一封信，表达了对这一问题的看法。他写道：

> "我非常欣慰地看到，你已经转变到一位自然学家的视角来观察算术世界的现象。你信奉的信条和我的完全一致。我相信，数学分析中的数字和函数绝非人类思维的产物，它们独立存在于我们的思维之外，与客观现实有着相同的必要特征。我们面对它们、发现它们并研究它们，正如物理学家、化学家和生物学家在各自学科领域内的研究一样，并无什么本质区别。"[195]

英国数学家哈代是一位典型的理论数学家（我们在前面介绍过他），同时也是一位直率的现代柏拉图主义者。他于 1922 年 9 月 7 日在英国科学促进会发表的一场演讲中宣称：

> "数学家们已经建立起大量不同类型的几何学体系。除欧几里得几何学之外，还有一维、二维、三维甚至更高维的非欧几何学。所有这些几何学体系都十分复杂，并且同样正确。它们包含了数学

家对其真实性的观察。与物理学的不确定和难以捉摸相比，数学中的真实性要更突出，并且更严谨。此时，数学家的作用就变为观察自己研究的错综复杂的现实系统反映出的事实，通过观察得出令人震惊、复杂而又优美的逻辑联系，正是这些联系形成了该科学的主要内容。在这一过程中，数学家就像是一位攀登高山的探险家，他把沿途看到的东西全部都记录在一系列的地图上，而这些地图每一张都是理论数学的一个分支。"[196]

显而易见，即使有当代的证据展现数学的自由本质，那些坚定的柏拉图主义者并不准备放下他们的武器。他们发现机会，钻入哈代所说的"真实性"之中。对他们而言，这甚至比继续探索与物理真实性之间的关系还要令人兴奋。然而，不论形而上哲学如何看待数学的真理性，有一件事是十分清楚的：对于数学的自由性而言，有一条约束是不会改变的，也是不可动摇的，那就是数学理论在逻辑上的一致性。数学家和哲学家比过去任何时候都更清醒地认识到，数学和逻辑之间的紧密联系是绝不能被分割的。但是，这就产生了其他的疑问：是不是所有数学问题都能建立在逻辑基础之上？如果能的话，这就是数学那"神秘的有效性"的奥秘所在吗？或者，保守一点说的话，数学方法在通常情况下能运用在推理研究中吗？如此一来，数学不仅是自然界的通用语言，也成了人类思考的语言。

第 7 章
逻辑学家：思考推理的人

　　一座小村庄里有一家理发店，店外的广告标语是这样写的："我只为村子里不给自己剃胡子的男人剃胡子。"[197]乍一听非常有道理，是吧？很明显，一个男人如果能给自己剃胡子的话，那他就不需要理发师的服务了，而理发师理所当然应该为所有其他男人剃胡子。但是，这里有一个问题：谁来为理发师剃胡子？如果理发师为自己剃胡子，根据标语来看，他应该算作他不能为之提供服务的男人中的一个。反之，如果他不给自己剃胡子，同样根据这则标语，他应该算作自己要为之服务的人中的一分子。那他到底给不给自己剃胡子？在历史上，比这还简单的问题曾引发过严重的家族世仇。这一悖论是由伯特兰·罗素（Bertrand Russell，1872—1970）提出的。罗素是 20 世纪最杰出的逻辑学家和哲学家，他引入这个问题只是为了说明，人类的逻辑直觉难免犯错。悖论或二律背反反映的情况是，一种表面上可以被接受的前提却导致了不可接受的结论。在上面所举的理发店的例子中，理发师既为自己又不为自己剃胡子。这个悖论能解开吗？严格按照上述说法，可能有一种非常简单的解释：这名理发师是一位女性！可是，假设我们已被告知这位理发师就是个男人，那么，接受那个前提就只能推导出荒谬的结论。换句话说，这样的理发师根本不可能存在。但这与数学有什么关系呢？事实证明，数学和逻辑是紧密相关的。罗素本人对这种联系有这样的描述：

> "传统观念一直认为，数学和逻辑是完全独立的。数学与科学相关，而逻辑则与古希腊联系在一起。但数学和逻辑在现代都得到了极大发展：逻辑变得更数学化，与此同时，数学也更富有逻辑性。其结果是在今天（1919 年）想在逻辑和数学之间划一条清晰的界线根本是不可能的，因为二者实际上已经合二为一了。它们的区别犹如儿童和成人之间的差别：逻辑是数学的年轻形态，数学则是逻辑的成熟形式。"[198]

在这里，罗素认为数学在很大程度上可以简化为逻辑。换句话说，数学的基本概念，甚至是数这类基本元素，事实上都可以用推理的基本法则来定义。而且，罗素在后期进一步提出，人类可以利用这种定义，结合逻辑概念催生新的数学定理。

起初，那些认为数学不过是人类的发明或是精心设计的游戏（这是形式主义论的看法）的人，以及那些困惑的柏拉图主义者，都认可这种关于数学本质的观点（即逻辑主义）。前者很高兴看到表面上并无关系的"游戏"汇成了"众游戏之母"；后者也从中发现，"整个数学体系可能是从一个明确无疑的起源推导而出的"。而在柏拉图主义者眼中，这一点使得唯一的形而上的哲学根源更有可能存在了。不用说，至少在原则上，存在唯一的数学根源也有助于人们探求数学力量的源泉。

为了完整地讲述故事，我必须指出还存在一种学院派的观点——直觉主义 ①，这种观点与逻辑主义和经验主义完全相反。[199]
这一经院式思想的领军人物是狂热的荷兰数学家鲁伊兹·布劳威尔
（Luitzen E. J. Brouwer，1881—1966），他相信数字来源于人类对
时间的直觉以及对自己经验中那些不连贯时刻的感觉。对他来说，
数学毫无疑问是人类思考的结果，而罗素提出的那种想象中的广泛
的逻辑法则根本没有存在的必要。布劳威尔还声称，唯一有意义的
数学实体是以自然数为基础，在经历有限的步骤之后就能被清晰构
建的独立实体。因此，他不接受那些无法用构造性证明来证实的数
学实体，而这占据了数学体系的一大部分。同时，他还对另一个逻
辑概念持否定态度，那就是排中律——这一思想认为，任何表述要
么是正确的，要么是错误的，不存在部分正确、部分错误的命题。
事实上，布劳威尔认为存在一种中间的第三类情形，在这种状态
下，事物都是"悬而未决"的。这些思想和直觉主义者提出的其他
限制，在某种程度上让这种学院派思想逐步边缘化了。尽管如此，
直觉主义的某些思想预测到了认知科学家关于人类如何获取数学知
识的部分研究成果（这是本书第 9 章将重点讨论的主题）。除此
之外，这些思想还启发了现代数学哲学家们，并由此引发了一系列
讨论。例如，迈克尔·达米特对此就提出了一些自己的看法。不
过，他的方法在本质上还是一种文字游戏，他强有力地说："数学
表达式的意义决定了它的作用，并且反过来又完全由它的作用决
定。"[200]

　　但是，数学和逻辑之间这种紧密的合作关系是如何发展起来

---

① 直觉主义认为数学知识是以直觉和心理结构为基础的理论，否认某些推理和
独立数学对象的观念。——译者注

的？逻辑步骤切实可行吗？在这里，我们先简要回顾一下最近 4 个
世纪里，逻辑和数学发展史的几个重要阶段。

逻辑和数学

传统观念认为，逻辑处理的是概念与命题之间的关系问题，以
及从这些关系中提炼出正确推论的过程。[201] 举一个简单的例子，
有这样一个推论：每个 X 都是 Y，一些 Z 是 X，因此一些 Z 是 Y。
此时，只要前提是正确的，这一推理就自动地成立，并确保结论真
实。例如，"每个传记作者都是作家，有些政治家是传记作者，因
此，有些政治家是作家"，这一推理过程得出的结论就是正确的。
然而，"每个 X 都是 Y，一些 Z 是 Y，因此有些 Z 是 X"，这一推论
却不一定正确，我们可以举出一些反例。这些反例的前提是正确
的，但结论却是错误。比如，"所有人都是哺乳动物，一些有角
的动物是哺乳动物，因此，一些有角的动物是人"，这个推论得出
的结论就很荒谬。

只要遵循一些规律，论证的正确性就与陈述的主题无关。例如：

这位百万富翁要么是被他的男管家谋杀了，要么是被他的女儿
谋杀了；

他的女儿没有杀他；

因此，他的男管家谋杀了他。

上述例子得出了一个正确的推论。这一论证合理与否与我们对
男管家的态度无关，也与百万富翁和他女儿的关系无关。在这里，
这个推论的正确性是由命题的一般形式"如果不是 p 就是 q，既然

不是 q，那么一定是 p"的逻辑正确性来保证的。

你也许注意到了，在前面两个例子中，X、Y 和 Z 所扮演的角色与数学公式中的变量非常相似，它们标明了插入语句的位置，而在代数式中，变量的值就是以同样的方式插入其中的。同样，推论的一般形式"如果不是 p 就是 q，既然不是 q，那么一定是 p"的真实性使人联想起欧几里得几何学中不证自明的公理。尽管如此，关于逻辑的思考持续了近两千年之后，数学家们才开始认真关注这种推理。

第一位试图把逻辑和数学这两门学科结合成一门"普适数学"的人，就是杰出的德国数学家戈特弗里德·威廉·莱布尼茨（Gottfried Wilhelm Leibniz，1646—1716），他同时也是著名的理性主义哲学家。莱布尼茨最初学习的是法律，他利用自己的业余时间研究数学、物理和哲学。他一生中最为人们所称道的功绩是，他几乎与牛顿同时独立、系统地阐述了微积分的基础理论。随后，究竟是谁第一个发现了微积分，还引发了一系列激烈的争吵。在一篇据说是莱布尼茨在 16 岁时就已经开始构思的文章里，他设想了一种通用的推理语言，即万能算学（characteristica universalis）。莱布尼茨将之视为一种终极的思考工具，他想用符号代表简单的概念和观点，再用这些基本符号的组合代表更复杂的思想。莱布尼茨希望仅通过代数运算，就能在任何学科中都计算出任何陈述的真实性。他预言，利用适当的逻辑演算，哲学中的争论将可以通过计算解决。遗憾的是，莱布尼茨在他所开创的逻辑代数这条路上并没有走出很远。除了"思考符号"这条原则外，莱布尼茨还有两个主要贡献，一个是明确提出什么时候应当把两件事平等对待；另一个是指出同一种陈述不可能既是正确的，又是错误的——在某种程度上，这似乎是显而易见的。莱布尼茨的这些思想尽管充满智慧，但它们几乎完全被忽视了。

在 19 世纪中叶，对逻辑的研究又重新活跃了起来，似乎在一夜之间涌现出了众多关于逻辑的重要著作。最早的著作来自奥古斯都·德摩根（Augustus De Morgan，1806—1871），随后有乔治·布尔（George Boole，1815—1864）、戈特洛布·弗雷格（Gottlob Frege，1848—1925）和朱塞佩·皮亚诺（Giuseppe Peano，1858—1932）等人的大作。

在这些人当中，不能不重点提一下德摩根。他是一位成果颇丰的数学家，其著述多得让人难以置信。他一生共发表了数千篇文章，还出版了不少专题著作，主题涵盖了数学、数学史和哲学的诸多方面。[202] 在他那些不同寻常的作品中，讲述了近一千年来满月的历书，还有各种各样稀奇古怪的数学问题。曾经有个人询问他的年龄，德摩根回答说："到 x^2 年，我就 x 岁。"你可以仔细考虑在 1806 和 1871（德摩根出生和去世的年份）之间的所有数，并找出他说的那个平方数，结论将会是 43。德摩根最富创意的贡献可能还是他在逻辑学领域中的研究。他极大地拓展了亚里士多德三段论的范畴，同时详细分析了用代数方式进行推理的过程。本质上讲，德摩根是一位代数学家，这使他更侧重于以代数方法研究逻辑，但尤为可贵的是，他又能用逻辑学家的眼光来分析代数。在他的一篇文章中，德摩根描写了从不同视角分析问题时带来的全新认识："我们必须为代数寻找最习惯的逻辑用法……代数学家一直生活在三段论构成的更高层的环境之中，生活在各种关系永不停息的组合之中，而以前，人们并不承认存在这种环境。"

德摩根在逻辑学上最重要的成就之一是"谓词的量化"（quantification of the predicate）。其实，这个名字有点夸张了，它

指的是古典时期逻辑学家的一个令人吃惊的疏忽。亚里士多德学派
已经正确认识到了，从诸如"一些 Z 是 X"和"一些 Z 是 Y"这类
前提出发，X 和 Y 的关系并不是绝对的。举例来说，就"一些人吃
面包"和"一些人吃苹果"这两个前提来说，关于"吃面包"和"吃
苹果"这两类人之间的关系，得不出任何必然的结论。然而直到
19 世纪，逻辑学家还认为，不论这些 X 和 Y 之间必然遵从怎样的
关系，中项（如上所述的 Z）一定在一个前提中是"普适"的，也
就是说，这一段一定包括"所有 Z"。德摩根则证明了，这种观点
是错误的。在他 1847 年出版的《形式逻辑》一书中，德摩根指出，
诸如"大多数 Z 是 X"和"大多数 Z 是 Y"这类前提，必然遵循
"一些 X 是 Y"。例如，从"大多数人吃面包"和"大多数人吃苹果"
这两个前提中，必然得出"一些人既吃面包又吃苹果"。实际上，德
摩根走得更远，他甚至用精确的量化形式来表达他提出 Z 的三段论。
想象一下，Z 的总数是 z，同样也是 X 的 Z 的数量是 x，同样也是 Y
的 Z 的数量是 y。在上面的例子中，如果总人数是 100（ $z = 100$ ），
其中有 57 人吃面包（ $x = 57$ ），且有 69 人吃苹果（ $y = 69$ ）。这
时，德摩根注意到，一定至少有（ $x + y - z$ ）的 X 同样也是 Y，也
就是说，至少有 26 人（ $57 + 69 - 100 = 26$ ）既吃苹果也吃面包。

　　不幸的是，这种量化谓词的巧妙方法却使德摩根陷入了一连串
令人不快的争议。苏格兰哲学家威廉·哈密顿（William Hamilton，
1788—1856）——请不要与爱尔兰数学家威廉·罗恩·哈密顿
（William Rowan Hamilton）混为一谈——就公开指责德摩根剽窃了
他的成果，因为哈密顿在德摩根发表文章的几年前，就已经出版了
相关问题的专题著作，其中的某些思想与德摩根的非常相似，只不
过没有德摩根那么精确。哈密顿对待数学和数学家的态度一贯如

此，因此他的指责不足为奇。哈密顿曾经说过："过度地研究数学绝对会使哲学和人生所必需的思维活力丧失。"哈密顿对德摩根的指责可谓言辞刻薄，如果说这些指责有什么正面效果的话，那就是，他在不知不觉间促使了代数学家乔治·布尔转而研究逻辑。布尔在后来的《逻辑的数学分析》一书中详细描述了这一转折过程：

> "在那年春天，我逐渐开始关注哈密顿爵士与德摩根教授之间的争论。这激发了我的兴趣，并开始重拾一些几乎已被忘掉的线索来解答以前的疑问。对我而言，尽管逻辑与量化思想有关，但它还有一种更深的关系系统。如果通过数这种媒介把逻辑本身与人类对时间和空间的直觉联系起来，这样从外审视逻辑是合理的，那么，认为逻辑是建立在另一种秩序的事实基础之上，而这些事实在思维的构建过程中有其固有的位置，这样从内审视逻辑也是合理的。"[203]

这段文字十分谦逊，却描述了对后世产生巨大影响的符号逻辑思想。

思维的法则

1815 年 11 月 2 日，乔治·布尔（图 7–1）出生于英国伦敦附近的一座工业小镇。[204] 他的父亲约翰·布尔（John Boole）虽然只是伦敦的一位制鞋匠，却酷爱数学，并能熟练制作各种各样的光学仪器。布尔的母亲玛丽·安·乔伊斯（Mary Ann Joyce）是一位贵妇人的贴身侍女。因为老布尔的心思完全不在制鞋生意上，所以家里的经济条件并不十分宽裕。布尔在 7 岁之前一直在一所非正规学校上学，之后被送入一所小学学习。在那里，他的老师是约翰·沃尔特·里维斯（John Walter Reeves）。布尔还十分年幼时就喜欢上了拉丁语，他从一位书商那里接受了不少指导。他还对希腊语有深厚的兴趣，不过这就完全是他自学的了。14 岁时，布尔开始试着把公元前 1 世纪的希腊诗人墨勒阿格（Meleager）的一首诗作翻译为英文。布尔的父亲对此感到十分自豪，他把儿子的译作寄给了《林肯先驱报》并最终被发表。这件事引起了当地一位老师的怀疑，这人为此还专门写了一篇质疑译文真实性的文章。由于生活拮据，乔治·布尔在 16 岁时不得不设法自立谋生，他通过努力成了一名助理教师。在之后的几年里，他把自己的所有业余时间都用来学习语言，并自学了法语、德语和意大利语。这些现代语言学的知识在后来被证明是十分有价值的。借助在语言上的天赋，布尔可以直接阅读西尔维斯特·拉克罗瓦（Sylvestre Lacroix）、拉普拉斯、拉格朗日、雅各比等著名数学家的原著。然而，布尔始终没有机会接受正规的数学教育和专业训练，但他坚持不懈地自学，同时还用自己在教学工作中获得的微薄薪水资助父母和兄弟姐妹。生活的重担并没有让布尔放弃对数学的追求，很快，他就凭借数学天赋崭露头角，在《剑桥数学杂志》这样的顶尖学术刊物上发表文章。

图 7-1　乔治·布尔

在 1842 年，布尔开始与德摩根定期通信，并把自己的一些数学论文寄给德摩根，希望得到他的指导和意见。这些文章得到了德摩根的高度评价。此后，作为一位富有独创性的数学家，布尔声名鹊起。在德摩根的强烈推荐下，布尔在 1849 年成为爱尔兰科克市皇后学院的数学教授，那年他 34 岁。在此后的岁月里，他一直从事教学工作。在 1855 年，布尔与玛丽·埃佛勒斯（Mary Everest Boole，1832—1916）结为夫妻。玛丽的叔叔乔治·埃佛勒斯是一位测量学家，正是他第一次测量了珠穆朗玛峰的高度，因此珠穆朗玛峰在西方被命名为"Mont Everest"。不幸的是，布尔在 49 岁时就英年早逝。在 1864 年寒冷冬季里的一天，布尔在去往学院的路上被雨淋湿了，但他依然穿着湿凉的衣服坚持上完了自己的课程，结果受了风寒。回到家之后，布尔的妻子受到迷信思想的影响，认为复制病因会治愈疾病，就把几桶水倒在了床上，这使他的病况变得更糟。布尔的病迅速发展为肺炎，并于 1864 年 12 月 8 日因病不治离开了人世。伯特兰·罗素毫不掩饰地表达了他对布尔的自学精神和能力的崇敬之情，他评价道："理论数学是被布尔发现的，他的那本《思维的法则》虽然从本质上讲是一本关于形式逻辑的著作，但它同时也是一本研究数学的不可多得的佳作。"引人瞩目的是，在当时，布尔的妻子玛丽和他们的 5 位女儿在各自的领域（包括教育和化学研究等）内都取得了丰硕的成果，并赢得了广泛的赞誉。

布尔在 1847 年出版了《逻辑的数学分析》，之后在 1854 年又出版了《思维的法则》——这本书的原名很长，全称为《建立在逻辑和概率的数学理论基础之上的关于思维法则的研究》。这些天才的杰作首次对逻辑和算术运算进行类比，在该领域的研究中向前迈进了一大步。布尔逐字逐句地把逻辑"翻译"为一种代数的语言（后来被称为布尔代数），并把逻辑分析扩展到了概率推理中。按照布尔的话说：

　　"撰写《思维的法则》这本书是为了研究人类思维活动的基础法则，利用这些思维法则，人类才能进行推理；是为了用一种演算的符号语言表示这些法则，并在此基础上建立逻辑的科学及其方法；是为了让这种方法本身成为应用概率论的通用方法；最终从这些探索所发掘的各种真相中，收集一些有关人类思维属性和形成过程的可能提示。"[205]

　　布尔的演算既可以理解为在类（部分和对象的集合）中的应用关系，也可以用命题中的逻辑来解释。例如，假设 x 和 y 是两个类，那么如果存在如 $x = y$ 这种关系，就意味着这两个类有完全一样的成员——即使二者的定义完全不同，也是如此。让我用一个具体的例子说明：假设一所学校里的所有学生的身高都不足 2 米，那么此时就可以定义两个类：$x =$ "学校里的所有学生"和 $y =$ "学校里所有身高不足 2 米的学生"，这两个类是完全等价的。如果用 x、y 代表命题的话，那么 $x = y$ 表示这两个命题是等价的，换句话说，当且仅当其中一个正确，另一个才是正确的。例如，命题 $x =$ "约翰·巴里莫尔是埃赛尔·巴里莫尔的弟弟"，命题 $y =$ "埃赛尔·巴里莫尔是约翰·巴里莫尔的姐姐"，这两个命题就是完全等价的命题。符号"$x \cdot y$"代表 x 和 y 这两个类的共同部分（既属于 x 又属于 y 的元素），或是命题 x 与命题 y 的合取（如"x 和 y"）。例如，x 是"村子里的所有傻瓜"的类，y 是"所有长着黑头发的物种"的类，那么 $x \cdot y$ 指的就是"所有长着黑头发的傻瓜"这个类。对于命题 x、y 来说,合取式 $x \cdot y$(或"和"字)意味着两个命题都成立。比如,机动车辆管理人员说:"你必须通过视力测试和驾驶测试。"这就意味着,你必须同时通过两项测试,才能顺利拿到驾驶执照。在布尔看来,对于没有公共部分的两个类,符号"$x + y$"代表由类 x 的所有元素和类 y 的所有元素共同组成的一个类。而对于命题 x、y 来讲,$x + y$ 相当于"要么是 x,要么是 y,但不能同时满足二者"。例如,如果命题 x 是"桩是正方形的",命题 y 是"桩是圆形的",那么 $x + y$ 表示"要么桩是正方形的,要么桩是圆形的"。同样的道理,"$x - y$"代表类的元素属于 x,但不属于 y,即命题"是 x 但不是 y"。布尔用 1 表示普适(通用)的类(包含讨论中的所有可能元素),用 0 代表空(没有一个元素)的类。请注意,这里的空类(或集合)绝对不是指数字 0——数字 0 只是空类中的一员。还需要注意的是,空类并不等同于"无",因为一个什么都没有的类仍然是类。例如,如果"所有阿尔巴尼亚的报纸都使用阿尔巴尼亚语",那么在布尔的概念体系中,在阿尔巴尼亚这个国家中,"所有使用阿尔巴尼亚语的报纸"的类可以用 1 来表示,而"所有西班牙语报纸"的类则可以用 0 来表示。对于命题而言,1 代表标准的真(例如"人都是会死的"),0 代表标准的假(例如"人是永生不死的")。

利用上述的规则,布尔系统地阐述了一套定义逻辑代数的公理。例如,你可以用上面的定义方式,把显而易见的真命题"要么是 x 的,要么不是 x 的"用布尔代数表示为 $x + (1 - x) = 1$,这个算式在一般代数中也是正确的。同样的道理,任何类与空类之间的公共部分都是一个空类,这可以用 $0 \cdot x = 0$ 来表述。这同样意味着,任何命题(不论是真是假)与一个假命题的合取都是假。例如"糖是甜的和人是永生不死的"产生的是一个假命题，虽然前半部分是正确的。需要再次提醒的是，布尔代数中的这种"等式"在代入代数数值时同样有效。

为了展示这种方法的效力，布尔试图利用自己提出的逻辑符号表示他认为重要的所有事物。例如，他甚至分析了哲学家塞缪尔·克拉克（Samuel Clarke）与斯宾诺莎之间关于上帝是否存在和上帝有什么特征的辩论。然而，布尔得出的结论却比较悲观："我认为，首先必须坚信，任何努力都无法完全先验地证明上帝、他的特征及其与世间万物的关系是否存在，否则就不能从克拉克和斯宾诺莎的辩论中获益。"虽然布尔的结论中有合理的部分，不过很显然，不是所有人都坚信无法证明上帝、他的特征及其与世间万物的关系是否存在。直至今天，"上帝是否存在"这种本体论的争论仍然不绝于耳。[206]

总体而言，布尔试图用数学的方式表达逻辑连接词"和""或""如果……那么……"和"否"，而这些连接词是当今计算机程序运算和开关电路的核心。因此，许多人认为布尔是一个"预言家"，正是他把人类引入了数字时代。尽管如此，布尔代数作为一项开拓性的成果，在他那个时代还远称不上完善。首先，布尔的表述有点含糊不清，并且由于他的符号表示法与一般代数太过于接近了，因此他的概念体系有点难以理解；其次，布尔混淆了命题（例如"亚里士多德是不朽的"）、命题函数或谓词（例如"x 是不朽的"）和量化陈述（例如"对所有的 x，x 是不朽的"）之间的区别。此后，弗雷格和罗素都认为代数源于逻辑，人们由此认为，以逻辑为基础构建代数比反过来做更合理。

除此之外，布尔还在其他方面做出了重要的贡献。他认识到，逻辑与类（或集合）的概念之间有着非常紧密的关联。回想一下，我们在前面曾经提到过，布尔代数在类中应用时和在逻辑命题中应用时几乎是完全相同的。事实上，如果集合 X 中的所有元素也是集合 Y 的元素（即 X 是 Y 的子集），那么这完全可以用一条逻辑蕴涵来表达："如果是 X，那么就是 Y。"举个例子，"所有马"构成的集合是"所有四条腿动物"构成的集合的子集，这一事实可以被重写为："如果 X 是一匹马，那么它一定是四条腿的动物。"

在后来，布尔的逻辑代数被许多研究者进一步拓展和完善，其中一个人充分利用了集合和逻辑之间的相似性，从整体上把布尔代数推向一个新高峰，这个人就是戈特洛布·弗雷格（图 7-2）。

图 7-2　戈特洛布·弗雷格

戈特洛布·弗雷格出生于德国的维斯马，他的父亲也出生在那里，他的母亲曾担任过女子中学的校长。弗雷格先在德国耶拿大学学习数学、物理学、哲学和化学，毕业后又继续在哥廷根大学进修了两年。在完成学业之后，弗雷格大约在 1874 年左右又回到了耶拿大学，开始了一生的教学生涯。他在那里一直教授数学。尽管教学工作十分繁重，但弗雷格还是于 1879 年在耶拿大学出版了自己第一部关于逻辑的划时代的著作。这本书的书名很长，全称为《概念文字：仿效算术方法的一种纯理论思考形式语言》。而这本书更为人所熟知的是另外一个名字——《概念文字》。[207] 在这本书中，弗雷格发明了一种原始的逻辑语言。他后来又将该书扩展为两卷本的《算术的基本法则》。① 弗雷格的逻辑规划重点突出，却又显得极端模糊。[208] 虽然他主要关注的是算术，不过他仍然想证明，即使是我们最为熟悉的 1, 2, 3, 4, …这样的自然数，也能被简化为逻辑的结构。因此，弗雷格相信能从一些逻辑的公理中证明所有的算术真理。换句话说，根据弗雷格的观点，即使是 1 + 1 = 2 这类算术表达式，也不是以观察为基础的经验主义真理，而是从一系列逻辑公理推导得出的结论。弗雷格的《概念文字》一书影响十分深远，现代逻辑学家威拉德·冯·奥曼·蒯因（Willard Van Orman Quine，1908—2000）曾经评价道："逻辑是一个古老的话题，但从1879 年之后，它就变成了一个伟大的话题。"

　　弗雷格哲学思想的核心是，真理是独立于人类判断之外的。他在《算术的基本法则》中写道："'正确'与'认为是正确'完全不同。不管是被一个人认为是正确，还是被很多人认为是正确，甚至是被所有人认为是正确，那也不能等同于是正确的。某些事物是正确的，而所有人都认为它们是错误的，这两者之间并不存在任何矛

---

① 这里指的是弗雷格在 1893 年出版的《算术的基本法则》（*Grundgesetze der Arithmetik*，英文为 *Basic Laws of Arithmetic*），而不是他在 1884 年发表的专著《算术基础》（*Grundlagen der Arithmetik*，英文为 *The Foundations of Arithmetic*）。——编者注

盾。我认为'逻辑的法则'的含义不是心理学上'认为是正确的'法则，而是真理的法则……真理的法则是永恒的界石，我们的思考可能会超越它们，但永远也不会取代它们。"

弗雷格的逻辑公理通常以"对于所有……如果……那么……"的形式出现。[209] 例如，弗雷格曾经提出一条逻辑公理："对于所有的 P，如果不是 P（非 P），那么是 P。"这条公理主要是想说明，如果一个命题与另一个命题是矛盾的，而且后一个命题是错误的，那么前一个命题就是正确的。举例说，如果"不用必须在一个停车标识前停车"是不正确的，那么绝对应当在停车标识前停车。为了真正发展出一门逻辑的"语言"，弗雷格为公理集补充了一条重要的新特征。他借用数学函数理论的概念替换了传统使用的经典逻辑的"主语 / 谓词"模式。我简要地解释一下。当我们写下一个数学表达式，比如 $f(x) = 3x + 1$，这个表达式表示 f 是以 x 为变量的函数，并且该函数的值是变量 x 的值乘以 3 后再增加 1。而弗雷格把所谓的概念定义为函数。举个简单的例子，假如你想讨论"食肉"的概念。这一概念可以符号性地用函数"$F(x)$"来表示。如果 $x =$ "狮子"，这个函数的值为"真"；如果 $x =$ "鹿"，这个函数的值为"假"。同样的道理，在考虑数字时，概念（函数）"小于 7"，表明每一个大于或等于 7 的数字为"假"，与此同时，所有小于 7 的数字则为"真"。弗雷格认为，若一个对象在概念中的值为"真"，那么这个对象就"属于"这种概念。

正如我在上面指出的，弗雷格坚定地相信，每一个与自然数有关的命题都是可知的，并且完全是由逻辑定义和法则推导得出的。基于这种认识，弗雷格试图不求助于在他之前的任何关于"数字"的理解，对自然数进行全面的分析。例如，在弗雷格的逻辑语言体系中，如果"属于一种概念的对象"与"属于另一种概念的对象"之间是一一对应的话，那么这两个概念就是"等势的"（equinumerous），也就是说，与这两个概念相关联的数字彼此相同。比如，假设每个垃圾桶都有一个盖子，那么垃圾桶的盖子与垃圾桶本身就是等势的，而且，这种定义不需要涉及任何数字。接着，弗雷格又针对数字 0 引入了一种构思巧妙的逻辑定义。想象一下，有一个概念 F 被定义为"与它自己不相同"。由于每一个对象都必然与它自己相同，因而没有一个对象属于 F，那么对于任何对象 x，$F(x)$ = 假。于是，弗雷格定义数字 0 是"概念 F 的数字"。之后，弗雷格继续以他称为"外延"的角度定义了所有的自然数。[210] 一个概念的外延指的是属于这一概念的所有对象的类。这种定义也许很难被逻辑学家之外的人理解，但它实际上非常简单。例如，"女人"这一概念的外延就是所有女人的类。注意，"女人"的外延本身不是一个女人。

你也许会对弗雷格提出的这种抽象的逻辑定义方式心存疑虑，比如，这种思想是如何定义数字"4"的？根据弗雷格的方法，数字 4 是所有含有 4 个对象的概念的外延（也叫类）。因此，概念"名叫史努比的狗的腿"属于这个类（当然也属于数字 4），概念"戈特洛布·弗雷格的（外）祖父（母）"也是如此。

弗雷格的计划令人印象深刻，但也存在一些严重缺陷。概念是人类思考所不可或缺的，犹如西餐中的面包和黄油。利用概念构建数学方面，这绝对称得上是一个天才的想法。但遗憾的是，弗雷格没有发现在他的形式论方法中有一些严重的矛盾，特别是，他提出的一条公理（通常被称为"第五基本法则"）存在致命缺陷。

这条法则的陈述本身并没有错误，它讲的是如果 F 和 G 有相同的对象，且 F 和 G 有且仅有这些对象，那么概念 F 的外延与概

念 G 的外延完全相同。1902 年 6 月 16 日，一枚炸弹从天而降。伯特兰·罗素（图 7-3）给弗雷格写了一封信，指出了一个确定无疑的悖论，表明第五基本法则是矛盾的。这就像是命运的安排，罗素的信送到弗雷格手中时，正好是弗雷格的《算术的基本法则》第二卷出版的前夕。当看到罗素指出的问题后，弗雷格感到极为震惊。他匆匆在手稿中增加了一段内容，在这段文字里，他坦诚地承认："一位科学家所能遇到的最令人不快的事，莫过于在他自以为将大功告成时，却突然发现自己的研究基础全部坍塌了——而这正是我的处境。我的书几乎就要出版了，但伯特兰·罗素先生的一封信将我置于这种痛苦的境地。"在给罗素的回信中，弗雷格表现出一种大师特有的谦逊，他写道："你发现的悖论让我极其惊讶，几乎可以说让我惊慌失措，因为它动摇了我想要建立的数学基础。"

图 7-3　伯特兰·罗素

在构建数学基本原理的整个过程中，仅仅一个自相矛盾的例子就给全部理论体系带来了毁灭性影响，这个事实乍一听有点不可思议，但正如美国哈佛大学的逻辑学家蒯因指出的："在历史上，这种现象不止一次地出现过：发现自相矛盾实际上是为思想体系基础的重建提供了一个机会。"罗素提出的悖论恰恰提供了这个机会。

罗素的悖论

独立构建了数学集合理论的人是德国数学家格奥尔格·康托尔。在这之后，集合（或类）迅速成为十分有用的基础性理论，并且与逻辑密切相关，任何试图在逻辑的基础上建立数学的理论，都被认为是以集合论为原则基础的。

通俗地说，集合或类就是对象的集，而这些对象之间不一定必须有联系。你可以把以下这些对象聚在一起，当作一个类：2003 年播放的肥皂剧、拿破仑的白马和真爱的定义。类包含的具体部分被称为这个类的元素。

你能想出的绝大多数对象的类并不是它们自己的元素。例如，所有雪花的类并不是指一片雪花，所有古董手表的类也不是指一只手表。但是，世事无绝对，有一些类的确是它们自己的元素。例如，"所有不是古董手表的东西"的类就是它自己的元素，因为这个类肯定不是一只古董手表。同样的道理，所有类组成的那个类也是这个类自己本身的元素，因为很明显，这是一个类。然而，什么是"所有不属于自己的元素的类"的类呢？[211] 让我们把这种类称为 R。那么 R 是不是它自己的（R 的）类呢？很显然，R 不属于 R。因为如果它是的话，那么就违背了 R 项的定义。但是，如果 R 不属于它自己的话，那么根据定义，R 一定是 R 的类。这与乡村理发师的处境又一样了——我们发现类 R 既属于 R，但同时又不属于 R，这是一个逻辑矛盾。这就是罗素在给弗雷格的信中所提到的那个悖论。这一自相矛盾在根本上动摇了定义类或集合的整个过程。

这对弗雷格理论的一致性是一个巨大的打击。尽管弗雷格想尽一切办法来纠正自己的公理体系，但不幸的是，他没有成功。最终的结论似乎是灾难性的：形式逻辑并不比数学更稳固，反而更脆弱。

几乎就在弗雷格发展他的逻辑学的同时，意大利数学家和逻辑学家朱塞佩·皮亚诺也在尝试从另一个角度来解决这个问题。皮亚诺想在公理基础上建立算术。因此，他以一个简洁的公理集作为其系统阐述的起点。例如，皮亚诺理论的前三条公理是：

(1) 0 是一个自然数；

(2) 任何一个自然数后续的也是一个自然数；

(3) 任何两个自然数都不会有相同的后续自然数。

这里有一个问题，虽然皮亚诺的公理体系（当引入其他定义之后）确实能再现已知的数学规律，但是，通过他的理论，仍然无法识别自然数。

接下来的一步是由罗素迈出的。罗素坚持认为，弗雷格最初的思想——数学源于逻辑——仍然是正确的。为了解决悖论的难题，罗素与另一位伟大的逻辑学大师阿尔弗雷德·诺思·怀特海（图 7-4）合作撰写了三卷本的《数学原理》。[212] 在历史上，这是一本具有里程碑意义的著作，也是继亚里士多德的《工具论》之后，人类逻辑学研究史上最有影响力的著作（图 7-5 展示的是这本书第一版的扉页）。

图 7-4　阿尔弗雷德·诺思·怀特海

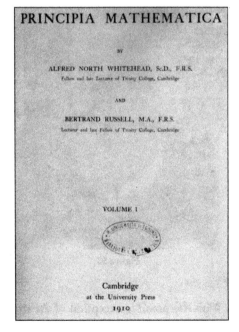

图　7-5

在《数学原理》中，罗素和怀特海仍然支持数学在本质上是建立在逻辑规律上的，并且认为两者之间并无明显界限。[213] 然而，为了给出一致的描述，他们还是不得不使用了一些悖论来加以说明（除了罗素向弗雷格提出的那条悖论之外）。这需要高超的逻辑分析技巧。罗素坚持认为，出现那些悖论只是因为一个"恶性循环"，在这个循环中，人们用客体的类来定义实体，而这些客体本身却包含了已被定义的实体。按罗素自己的话来讲："如果我说，'拿破仑具备成为一个伟人所必需的一切品质'，那么我必须要用不包括我现在正在说的这种方式来定义'品质'一词，也就是说，'具备使其成为一位伟人的一切品质'本身绝不能是假定意义上的一个品质。"

为了避免出现悖论，罗素提出了一种类型论（theory of types）。[214] 该理论认为，类或集合与它们的元素相比，属于一种更高层次的逻辑类型。例如，所有达拉斯小牛队的单个橄榄球运动员是类型 0，那么达拉斯小牛队（它是运动员的一个类）就是类型 1，而美国职业橄榄球大联盟（它是球队的一个类）就是类型 2，以此类推，大联盟的集合（如果存在的话，它就是联盟的一个类）是类型 3，等等。在这个方法中，"一个类是它自身的元素"这种提法既不是真命题，也不是假命题——它只是毫无意义。因此，罗素给弗雷格提出的那个悖论根本不可能出现。

毫无疑问，《数学原理》是逻辑学中一座不朽的丰碑，然而，它却不是人们一直苦苦寻找的数学基础。罗素的类型论被很多人看作对悖论问题的人为补救，而它也产生了其他一些令人不安的复杂结果。[215] 例如，按照罗素的类型论，有理数（如简单的分数）将变为比自然数更高级的类型。为了回避类似的难题，罗素和怀特海引入了另一个公理，也就是可约性公理。遗憾的是，这一公理又引发了新的论战和怀疑。

最终，数学家恩斯特·策梅洛（Ernst Zermelo，1871—1953）和亚伯拉罕·弗兰克尔（Abraham Fraenkel，1891—1965）提出了一种更巧妙的方式来消除这类悖论。事实上，他们使集合理论的一致性公理化了，并再现了集合论的大部分结论。从表面上看，这至少是部分实现了柏拉图主义者们的梦想。如果集合论和逻辑是同一枚硬币的两个不同的面（同一事实因认识角度不同而得出的不同认识），那么集合论的基础稳定，同样也意味着逻辑的根基坚实。另外，如果大多数数学理论真的是从逻辑学中得出的，那么这就为数学提供了客观的确定性，同时，这还可以用来解释数学的有效性。然而，柏拉图主义者的欢呼并没有持续太长时间，因为在不久之后，他们就受到了一个"老相识"的沉重打击。

非欧几何的危机重演了吗？

1908 年，德国数学家恩斯特·策梅洛还在沿着最初由欧几里得在公元前 300 年左右奠定的理论道路前进。[216] 欧几里得系统地阐述了几个关于点、线的公理性假设——这些公理未经证实，却历来被认为是不证自明的——并以这些公理为基础，构建了欧几里得几何学。策梅洛早在 1900 年就独立发现了罗素的悖论，他提出了一种建立以相应公理为基础的集合论的方法。在策梅洛的理论中，通过仔细选择原则，就可以消除诸如"所有集合的集合"的矛盾理论，这样一来，罗素的悖论就被绕了过去。1922 年，以色列数学家亚伯拉罕·弗兰克尔进一步完善了策梅洛的理论，最终形成了"策梅洛–弗兰克尔集合论"。[217] 在 1925 年，约翰·冯·诺依曼

（John von Neumann，1903—1957）又对该理论做出了重大的修改和补充。至此，集合论似乎已经臻于完美了：其一致性已经得到很好的证明，而那些烦人的怀疑和批评逐渐平息下来，最终销声匿迹。然而，有一条公理，即"选择公理"，正如欧几里得几何中著名的"第五公理"一样，给许多数学家心中留下了抹不去的伤痛。[218] 简单地说，选择公理讲的是：如果 X 是非空集合的集合，那么我们可以从 X 里的每个集合中选择一个元素，形成一个新的集合 Y。你可以很轻松地证明，只要集合 X 不是无限的，那么这一表达就是真的。例如，如果我们有 100 个盒子，每一个盒子都至少有一个小球，那么我们可以非常简单地从所有盒子中都取出一个小球，这样就形成了一个新的集合 Y，而这个集合中包含 100 个小球。在这种情况下，不需要一条特定的公理，我们就可以证明"选择"是可能的。而且，只要能精确地说明我们是如何做出选择的，即便在集合 X 是无限时，这一表达依然是正确的。想象一下，有一个无限的非空自然数的集合，该集合可能由如 {2, 6, 7}、{1, 0}、{346, 5, 11, 1257}、{384 至 10 457 所有的自然数 } 这样的自然数集合组成。在所有这些自然数集合中，总会有一个最小的数。那么，我们就可以用以下方式唯一地描述选择："从每一个集合中挑选出最小的那个元素。"这样一来，选择公理被巧妙地回避了。而在那些我们无法确定选择的例子里，无限集合带来的问题就会凸现出来。此时，选择的过程将永远不会终止。从集合 X 中的每一个元素（此时的元素代表着子集）里选择一个元素组成一个新的集合，这个集合是否真实存在，就变成信仰问题了。

从一开始，选择公理就在数学家中间存在巨大的争议。公理断言存在特定的数学对象（例如选择），却没有提供具体、确凿的例子。这一点显然成了这条公理最被人所诟病之处，特别是那些继承了建构主义（在哲学角度上，它与直觉主义相关）思想的人。建构主义者坚持认为，任何存在的事物都应当是明明白白可构成的。一些数学家也倾向于回避选择公理，并只使用策梅洛－弗兰克尔集合论中的其他几条公理。

数学家们意识到了选择公理的缺陷，于是开始怀疑是否能用其他公理来证明某条公理的正确性，或者，用别的公理来证伪。欧几里得第五公理的历史再一次重现。最终，直到 20 世纪 30 年代后期，库尔特·哥德尔（Kurt Gödel，1906—1978）对这一问题给出了部分解答。哥德尔被认为是人类历史上最有影响力的逻辑学家之一，他证明了选择公理和集合论创始人康托尔提出的另一条著名的猜想——连续统假设，这两者都与策梅洛－弗兰克尔集合论的其他公理相一致，也就是说，这两条假设中的任意一条都不能用其他标准的集合论的公理来证伪。[219] 在 1963 年，美国数学家保罗·科恩（Paul Cohen，1934—2007）① 给出了建立完整、独立的选择公理和连续统假设的其他证明。[220] 换句话说，选择公理既不能被集合理论的其他公理证明，也不能被它们证伪。同样，连续统假设既不能被那些公理证明，又无法被它们证伪，即使这一公理集包括了选择公理也是如此。

逻辑学的发展给哲学研究带来了戏剧性的结果。正如 19 世纪的非欧几何一样，确定的集合论不只有一种，而至少有四种！我们可以对无限的集合做出不同的假设，最后以得到相互排斥的集合论而告终。例如，假设选择公理和连续统假设都是有效的，这样便可以得出一套版本；或者，假设它们都是不正确的，这样又会得出另一套

---

① 就在本书写作期间，他不幸离我们而去，这让我感到极为悲痛。

完全不同的理论。同样，可以假设两条公理中的某一条是正确的，而另一条是错误的，反之亦然，这样又会产生两套不同的集合论。

这是不是有点像非欧几何危机的再现？事实比那还要糟糕：集合论的基本作用或许是整个数学的基础！对于柏拉图主义者而言，这个问题更加尖锐。如果说，一个人可以选择不同的公理集而形成许多套集合论，那不就是说，数学不过是人类的发明吗？形式主义者看来要胜利了。

不完备的真理

弗雷格非常关注公理的含义，但形式主义最主要的支持者、著名的德国数学家大卫·希尔伯特（图 7–6）则提倡完全回避对数学公式的任何解读及阐释。希尔伯特对于数学是否源于逻辑之类的问题丝毫不感兴趣。在他眼里，数学本身就是一些毫无意义的公式，而公式就是由任意符号组成的结构。[221] 希尔伯特将确定数学基础的研究归入另一门全新的学科，他称之为"元数学"。在希尔伯特看来，元数学研究的恰恰是利用数学分析的方法来证明由形式系统调用的整个过程，以及按照严格的推理规则从公理推导出定理的过程，这两者是否一致。换句话说，希尔伯特认为，他能从数学上证明数学是有用的。他是这么说的：

"我研究数学的新基础只有一个目的，那就是一劳永逸地消除对数学推理可靠性的怀疑……我将把过去那些被认为组成了数学的所有内容，严格地进行形式化处理。这样一来，真正的数学，或者说，严格意义上的数学，将成为公式的积累。除了这种形式化的严格意义上的数学以外，我们还有一类全新的数学：元数学，这是保证数学可靠性所必需的。与理论数学中的推理方式相反，在元数学中，通过上下文的语境推理，只能证明公理的一致性……因此，数学这门学科作为一个整体在两个方面交替地发展：一方面，我们通过形式推理从公理中得到可验证的公式；另一方面，我们利用应用语境带来新的公理，并证明其一致性。"[222]

图 7-6 大卫·希尔伯特

为了保全根本，希尔伯特的计划里牺牲了内涵。因此，对于他的形式主义思想的追随者而言，数学确实只是一场游戏。然而，他们的目标是严格地证明数学是一个可以自圆其说的游戏。[223] 鉴于公理化中的所有进展，实现这种形式主义"证明论"的梦想，貌似只是几步之遥了。

然而，不是所有人都认为希尔伯特所走的道路是正确的。路德维格·维特根斯坦（Ludwig Wittgenstein，1889—1951）被认为是 20 世纪最伟大的哲学家之一，他就认为希尔伯特关于元数学的研究是在浪费时间。[224] 维特根斯坦曾讲："我们不能为了一条规则的应用而制定另一条新的规则。"换句话说，维特根斯坦不相信创造另一种"游戏"就能理解现有的一种"游戏"。他说："假如我对数学的本质并不清楚的话，那么任何证明对我都毫无助益。"[225] 最终，年仅 24 岁的库尔特·哥德尔给了形式主义的核心思想重重的一击。

1906 年 4 月 28 日，库尔特·哥德尔（图 7-7）出生于摩拉维亚城，这座城市后来的捷克语名字是布尔诺。[226] 当时，这座小城是奥匈帝国的一部分。哥德尔在一个以德语为母语的家庭中长大，父亲鲁道夫·哥德尔经营着一家纺织厂，父母坚持让儿子在数学、历史、语言和宗教等诸多方面接受广泛的教育。哥德尔在十几岁的时候就对数学和哲学产生了深厚的兴趣。18 岁时，哥德尔进入维也纳大学学习。在那里，他的注意力转移到了数学逻辑上。他被罗素和怀特海所著的《数学原理》以及希尔伯特的理论深深地吸引，并选择了完全性问题作为学位论文的研究课题。这项研究的主要目标是从根本上确定希尔伯特所倡导的形式主义方法是否足以导出数学中的所有真实的陈述。1930 年，哥德尔被授予了博士学位，一年之后，他发表了"不完备定理"。[227] 对于数学和哲学这两门学科来说，这都是一个巨大的冲击。

图 7-7　库尔特·哥德尔

　　用纯粹的数学语言讲来，这两条定理显得十分晦涩，没什么动人之处：

　　(1) 任何一个包含初等算术的一致性形式系统 S 都是不完备的，因为它总存在一种初等算术的陈述，而这一陈述在该系统中既不能被证明，也不能被证伪。

　　(2) 对于任何一个包含初等算术的一致性形式系统 S，在该系统中都不能证明其自身的一致性。

　　这两段文字看起来没有什么恶意，但对形式主义者的计划来讲，其影响力是巨大的。简单地说，不完备定理证明了希尔伯特的形式主义理论从一开始就注定是"不幸的"。哥德尔的证明表明了，任何足以引发兴趣的形式体系，要么是不完备的，要么是不一致的，这是它们内在的固有属性。也就是说，在最好的情况下，总有某些论断既不能被形式体系证实，也不能被其证伪；而在最糟糕的情况下，形式体系会带来矛盾。对于任何陈述 T 来说，既然"T"或"非 T"一定有一个是正确的，那么，"一个有限的形式体系既不能证实，也不能证伪某些论断"这一事实意味着，这样的真实陈述永远存在，而它们在这个体系中是不可证的。换句话说，哥德尔证明了，不存在由一个有限公理集和推理规则组成，且在任何时候都能正确表达完整数学公理的形式系统。事实上，最有可能的情况是，被人们普遍接受的公理也只是"不完备的"和"不矛盾的"而已。

　　哥德尔本人相信，独立的数学真理形式的柏拉图世界的确存在。在 1947 年出版的一本著作中，他写道：

"但是，不管集合论的对象距离我们的感觉经验有多么遥远，我们确实能对其感知一二，正如一个摆在眼前事实告诉我们的：公理作为一种真理，把自己强加给我们。因此，我不理解为什么我们可以相信感性知觉，却不能相信如数学直觉这类的知觉。"[228]

命运似乎和形式主义者们开了一个玩笑，正当他们准备上街游行，大肆庆祝自己的胜利时，一个公然的柏拉图主义者库尔特·哥德尔从天而降，挡在了游行队伍前。

著名的数学家约翰·冯·诺依曼当时正在讲授希尔伯特的理论，当哥德尔发表了他的理论之后，诺依曼终止了计划的教学课程，转而仔细研究哥德尔的发现。

哥德尔本人有点像他的定理，晦涩、复杂而又严谨、缜密。[229]1940年，他和妻子阿黛尔从奥地利纳粹的魔掌中逃脱后来到了美国，并在新泽西州的普林斯顿高等研究院获得了一个职位。在那里，哥德尔与阿尔伯特·爱因斯坦（Albert Einstein，1879—1955）成了好友，两人经常在傍晚结伴散步。1948年，哥德尔在申请美国国籍时，爱因斯坦和当时同样住在普林斯顿大学的数学家和经济学家奥斯卡·摩根斯坦（Oskar Morgenstern，1902—1977）亲自陪伴他一同前去美国移民归化局参加面试。这次面试中发生的故事广为流传，充分揭示了哥德尔独特的性格，所以，我希望完整地给大家讲一讲这个故事。我引用的是摩根斯坦在1971年9月13日的备忘录中的记载①。

那是在1946年，哥德尔准备取得美国国籍。他邀请我做他的

---

① 在此，我要特别感谢摩根斯坦的遗孀多萝西·摩根斯坦女士以及普林斯顿高等研究院，他们向我提供了这封文件的副本，并允许我公开其内容。

见证人，至于另外一位见证人，哥德尔邀请的是爱因斯坦。爱因斯坦十分愉快地答应了。当时，我和爱因斯坦经常见面，我们俩都对哥德尔在办理移民手续之前和办理过程中会发生什么事充满了期待。

在办理手续之前的好几个月中，我不时碰见哥德尔，他自己当然已经做了各种准备。他是一位非常严谨的人，为了能一次就申请成功，他开始了解美国移民的历史。在这个过程中，他逐渐了解了美洲印第安人的历史和各种不同部落的历史变迁。有好几次，他通过电话向我索取相关的历史文献资料，这些资料他都全部仔细研究了一遍。不过，随着研究深入，他逐渐又提出了更多的疑问，比如这段历史是不是真实的，这些史料又揭露了什么特殊问题，等等。在之后的一周里，哥德尔着手开始研究美国历史，特别是美国宪法的制定过程及其文本内容更是引起了他的浓厚兴趣。除此之外，普林斯顿的历史也成了他重点关注的对象。他想从我这里借到关于普林斯顿和伊丽莎白镇之间行政区域划分的历史资料。我试着向他解释，这些知识对申请移民而言都是毫无用处的——当然，也没有任何实际用途。但哥德尔坚持自己的想法。不得已，我提供了他想知道的所有相关信息和资料，其中包括普林斯顿的历史。之后，他又了解了区议会和镇议会是如何选举产生的，谁是镇长，镇议会是如何运行的。哥德尔认为，在面试过程中有可能会被问到这类问题。如果他不了解自己生活的小镇，这将给审核的人留下不好的印象。

我努力说服他，这种问题永远不会被问到，大多数问题是在走形式，他一定能轻松地给出答案。比如最常见的问题是，这个国家的政府是哪种类型的政府，或者最高法院叫什么。然而，无论我怎么劝说，他还是坚持要仔细研究一下美国宪法。

几天后，哥德尔颇为神秘又带着几分兴奋地告诉我说，在他分析美国宪法时，发现其中有一些内在的矛盾之处。而且他还发现，利用宪法中的这些漏洞，一个人可以用一种完全合法的方式成为一位独裁者，并在此建立起一个法西斯帝国——这绝对不是当初制定宪法的人希望看到的。我告诉他，这种事根本不可能发生，就算他是正确的（当然我强烈怀疑这一点），也不可能在现实中真正发生。但他坚持自己的观点，为此，我们还专门讨论了他这些惊世骇俗的发现。我极力劝说他，在特伦顿（新泽西州首府）的法庭参加面试时，可千万不要提及这类话题。之后，我把这件事告诉了爱因斯坦，他也被哥德尔的想法给吓到了，并且也劝说哥德尔，不必担心也不要再讨论这种事了。

几个月之后，哥德尔去特伦顿接受面试的日子到来了。那天，我开车先去接哥德尔，他坐在了车的后排座位上。之后，我们又去麦瑟尔街爱因斯坦的家中，把他也拉上。在路上，爱因斯坦故意转过身去问他："哥德尔，你真的已经为这次面试做好准备了吗？"当然，这个问题让哥德尔更加紧张了，他越发显得心烦意乱，而这就是爱因斯坦的目的，他觉得哥德尔脸上流露出的紧张和不安，十分好玩。等我们到达特伦顿之后，我们三个人被带进了一间大房子。按照正常的程序，对见证人和申请人的提问是分开进行的。但由于爱因斯坦的出现，我们得到了特殊的照顾。工作人员十分客气地邀请我们并排坐在一起，当然，哥德尔坐在我们中间。审查官首先询问了爱因斯坦，之后又问了我几个问题。他问我们，是否认为哥德尔会成为一位好公民。我们向他保证，这绝对不是问题，哥德尔是一位受人尊敬的先生，等等。在此之后，审查官转而向哥德尔提问："那好，哥德尔先生，您来自哪里？"

哥德尔："我来自哪里？奥地利。"

审查官："奥地利政府是哪种类型的政府？"

哥德尔："它是一个共和国，但宪法的规定让它最终变成了一个独裁的政体。"

审查官："噢，这真是太糟了！这种事永远也不会在我们这个国家发生。"

哥德尔："哦，不，在这里也会发生，我可以证明它。"

在所有能问的问题中，审查官偏偏挑中了这么一个要命的问题。在他们的交流过程中，爱因斯坦和我如芒刺在背。不过那位审查官非常聪明，他马上安慰哥德尔说："天哪，可别让我们变成那样。"在关键时刻，他停止了提问，这让我们感到如释重负。当我们离开那间办公室，走向电梯时，一个年轻人手中拿着纸和笔追了上来，他想请爱因斯坦为他签个名作为留念，爱因斯坦满足了他的要求。当我们乘坐电梯下楼时，我对爱因斯坦开玩笑地说："被这么多人骚扰，真让人心烦吧？哈哈。"爱因斯坦回答道："你知道，这只是食人族的最后残余罢了。"我被他的回答弄糊涂了："怎么会呢？"爱因斯坦解释道："没错啊，在过去他们想要的是你的血，而今天他们想要的是你的墨。"

下楼之后，我们就离开了特伦顿，驱车返回了普林斯顿。当我们回到麦瑟尔街的拐角处时，我问爱因斯坦是想回家还是去研究所，他回答："我回家，我的工作无关紧要。"并且他还引用了一首美国的政治歌曲。（可惜我现在记不起来歌词了，我本该把它记在笔记本上，这样一来，如果有人能给我点提示的话，我就能记起它们。）在去爱因斯坦家的路上，他又回过头对哥德尔说："好了，哥德尔，还有最后一次审查了。"哥德尔惊讶地问："天啊，还有一次?"他又开始紧张了起来。爱因斯坦接着说:"哥德尔,下次审查是在你步入坟墓的时候。"哥德尔回答道:"但是,爱因斯坦,我不会'步入'我的坟墓。"爱因斯坦乐不可支:"哥德尔,这不过是个玩笑罢了。"当爱因斯坦下车以后,我接着送哥德尔回家。所有人都为熬过了这段艰难的日子而感到欣慰。哥德尔的心情也变得轻松了起来,并重新开始了他的哲学和逻辑研究之旅。[230]

哥德尔在晚年患上了严重的精神疾病,他最后拒绝进食——他怀疑有人在他的食物中下毒。在 1978 年 1 月 14 日,他因为严重的营养不良和身体器官衰竭而不幸去世。

与一些流传的误解相反,哥德尔的不完备定理并不是说,某些真理将永远不会被认识。我们也不能从定理中推导出人类的理解能力是有限的。不完备定理只是说明了形式体系的弱点和缺陷。因此,这就带来了一个十分奇怪的现象,尽管不完备定理对数学和哲学研究的意义十分重大,但是,它对数学作为理论基础的有效性却没有太大冲击。事实上,在哥德尔发表他的证明之后的几十年间,数学已经在关于宇宙的物理学理论研究中取得了辉煌的成就。数学不仅没有被当作一门不可靠的理论被抛弃,反而和它的逻辑结论共同成了理解宇宙的关键钥匙。

不过,这却意味着长期困扰人们的关于数学"无理由的有效性"问题变得更为棘手了。想象一下吧,如果逻辑学家的努力最终成功了,会发生什么事情?这将暗示着,数学完完全全全源于逻辑,源于思考的法则。但是,这门演绎的科学为什么会如此不可思议地与自然现象相符合呢?形式逻辑——我们甚至可以说是"人类的形式逻辑"——与宇宙之间有什么关系呢?在希尔伯特和哥德尔之后，答案并没有变得更清晰。现在，过去存在的一切都是一场用数学语言表述的不完备的"游戏"。[231] 既然如此，建立在这种"不可靠"体系上的模型如何能对宇宙及其运行方式产生深刻的见解呢？在谈论这类问题之前，我想先仔细分析几个例子来研究数学有效性的精妙细节，让问题显得更尖锐一些。

第8章

无理由的有效性？

在第 1 章中，我曾经指出数学在物理学中的成功表现在两个方面，一种我称为"主动的一面"，另一种则称为"被动的一面"。"主动的一面"反映的是科学家用清晰明了、通用一致的数学术语系统地阐述自然规律。也就是说，科学家为了进一步讨论问题，运用大脑发展出数学实体、关系、函数或方程式。此时，研究者会依赖在数学概念与观察到的现象或实验结论之间感受到的相似性。在这些情形下，数学的有效性并不那么突出，因为人们可以分辩说，为了与观察结果相吻合，数学理论已经被修改过了。然而，"主动的一面"之中的某些精确性仍会让人感到不可思议，我将在本章的稍后部分详细讨论。数学"被动的有效性"则指的是发展出完全抽象的数学理论的情形。此时，整个理论体系是自由发展的，没有考虑任何实际、直接的实用性，只是到了后来，人们才突然发现这些理论能被转化为预测性的物理模型。在我看来，纽结理论这个例子最适合用来理解数学主动和被动这两种有效性。

纽结

早在神话故事中，纽结就出现了。你也许能回忆起，我在前面提到过的古希腊传说中的戈尔迪亚斯结（见第 5 章）。弗里吉亚人[①]曾经流传着一条神谕，乘着一辆牛车进入弗里吉亚都城的第一个人将是他们的下一任王。戈尔迪亚斯是一个地地道道的农民，他碰巧驾着一辆牛车进入了城中，结果就成了国王。出于感恩，戈尔迪亚斯将他的牛车献给了神，并挽了一个极其复杂的结，把这辆牛车系在了一根柱子上。没有人能打开这个绳结。之后，不知从何时起又有一条神谕开始在弗里吉亚流传，说能打开这个绳结的人将成为亚细亚的王。也许真的是命运的安排，最终打开这个结的人正是亚历山大大帝（大约在公元前 333 年），而且后来他的确横扫了亚细亚。不过，亚历山大大帝"解开"这个绳结的办法绝对称不上精巧，甚至都不能说是公正的——他用自己的剑把这个结斩为了两段！

当然，我们不必回到古希腊时代去研究纽结。当一个孩子在系鞋带时，当女孩们在挽她们的头发时，当老祖母在编织毛衣时，当一位水手在系泊船只时，他们都会使用某种类型的结。人们给不同类型的结起了不同的名字，例如"渔夫弯结""英国结""猫抓结""真爱结""奶奶结""刽子手结"等。在历史上，各种"海员结"尤其著名，在 17 世纪的英国甚至出版了大量书籍专门讲解这些纽结。[232] 在这些书中，有一本书是当时英国著名的冒险家约翰·史密斯（John Smith，1580—1631）所写的，而他最广为人知

---

① 弗里吉亚位于今天土耳其中西部。——译者注

的故事是他与印第安公主波卡洪塔斯之间的浪漫爱情故事[①]。

第一位真正从数学理论角度研究纽结的人，是法国数学家亚历山大·特奥菲勒·范德蒙德（Alexandre-Théophile Vandermonde，1735—1796）。[233] 他在 1771 年发表的一篇论文中第一次从数学上研究了纽结，而这也标志着纽结理论的诞生。范德蒙德第一个意识到，纽结可以作为位置几何（geometry of position）的对象来研究，位置几何研究的就是不同位置之间的关系，在这个研究过程中完全忽略了大小和数量的计算。在纽结理论的发展历程中，接下来不能不提到的一个重要人物就是德国数学家、有着"数学王子"之称的卡尔·高斯了。在高斯的几篇笔记中，包含了一些纽结的图示和对纽结的细节性描述，以及对这些纽结特征的数学分析和解释。还有几位 19 世纪的数学家对纽结理论的研究足以与范德蒙德和高斯相媲美。不过，现代数学纽结理论发展背后真正的推动力却出乎大多数人的意料——人们试图解释物质基本结构。这一思想最初起源于著名的英国物理学家威廉·汤姆逊，人们更习惯于称呼他"开尔文爵士"（William Thomson，Lord Kelvin，1824—1907）。开尔文的大部分研究集中在原子结构理论上，也就是物质的最基本构成。[234] 他全凭想象推测，原子应当是打结的以太细管。在当时，人们认为以太这种神秘的物质遍布了整个宇宙空间。在这种理论模型之下，纽结的多样性可以解释化学元素的多样化。

如果说，开尔文的猜想在今天看来简直是疯狂的，那只不过是因为在开尔文之后，人们用了近一个世纪的时间来研究，并用实验

---

① 迪士尼动画片《风中奇缘》（*Pocahontas*）就取材于这段真实的历史。——译者注

来验证和纠正了原子模型理论，最终知道了电子围绕原子核运行。当开尔文提出他的原子结构时，还是在 19 世纪 60 年代的英格兰。当时，开尔文被复杂烟圈萦绕在一起时的稳定性和振动能力深深吸引，而这两种特征在当时被视为原子模型的本质和核心因素。为了发展出与元素周期表对等的纽结，开尔文必须把纽结分类，找出哪些纽结是可能的。正是这种纽结分类表引起了数学家们对纽结研究的极大兴趣。

我在第 1 章中曾经解释过，数学上的纽结与现实中用一根绳子打的结十分类似，只不过，数学中的这根绳子的两端必须相连。换句话说，数学中的纽结是用一条闭合曲线来描述的，这条闭合曲线没有自由的活动绳端。图 8-1 展示了纽结的几个例子，其中三维空间中的纽结是通过它们在平面上的投影来表示的。任意两股线在空间中交叉的位置在图中被断开标示，用来描述更低一级的一股线。最简单的纽结通常被称为无结（unknot），它只是一条闭合的圆周曲线（图 8-1a）。三叶草结（trefoil knot，图 8-1b）由 3 个结组成，而 8 字结（figure eight knot，图 8-1c）有 4 个交叉点。按照开尔文的观点，这 3 种结在原则上能用来模拟 3 种不同类型的原子结构，例如单个的氢原子、碳原子和氧原子。尽管如此，人们依然迫切需要对全部纽结进行分类，而最终着手分类整理的人正是开尔文的朋友、苏格兰数学物理学家彼得·加思里·泰特（Peter Guthrie Tait，1831—1901）。

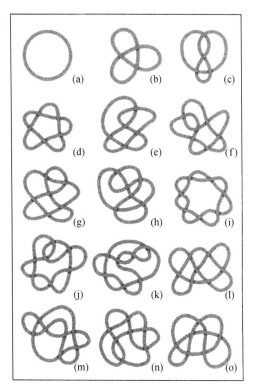

图 8-1　纽结

　　数学家关心的纽结类型与我们在生活中遇到的打了结的绳索、缠成一团的毛线等完全不同。纽结是否真的打成结了？两个纽结等价吗？后一个问题的含义其实非常简单：不切断这根线，也不能像魔术师的连接环那样将一根线穿过另一根线，经过几次变换后，一个纽结能变形为另一种纽结吗？图 8-2 展示了这个问题，同一个纽结通过特定处理后，可以获得两种完全不同的表现形式。纽结理论的最终目的，就是精确地用数学语言证明某些纽结确实是不同的

（如图 8-1b 和图 8-1c 所示的三叶草结和 8 字结），同时忽略另一些表面上不同的纽结（如图 8-2 所示的两个纽结）。

图 8-2

　　刚开始时，泰特对纽结的分类工作进展十分缓慢。[235] 当时，没有严格的数学原理可供遵循，泰特收集了有一个交叉、两个交叉、三个交叉以及更多交叉的曲线，并将它们分门别类地整理、汇集成列表。在业余数学家托马斯·彭特（Thomas Penyngton，1806—1895）牧师的帮助与协作下，泰特通过找出等价纽结，筛选出不同曲线，避免了纽结的重复。这绝非一项简单的工作。想象一下，在每一个交叉点上都会有两种方式，选择哪一根线是最主要的。也就是说，一根包含了 7 个交叉的曲线，需要考虑 $2 \times 2 \times 2 \times 2 \times 2 \times 2 \times 2 = 128$ 种可能性。在大量的纽结交叉面前，人类的生命是何其短暂啊！每增加一个交叉，需要考虑的可能性就会成倍增加，当纽结的交叉是十几个或更多时，用直觉的方式给纽结进行分类几乎就是一个不可能完成的任务了！尽管如此，泰特的努力并没有白费。著名的数学家、物理学家詹姆斯·克拉克·麦克斯韦用数学公式总结了经典的电磁学理论，他十分欣赏开尔文的原子结构理论，认为"它比迄今为止所有的原子理论都更令人满意"。同时，麦克斯韦也对泰特的贡献给予了很高的评价，他特地为此写

了一首小诗:

> "解开圈圈纽结
> 变为完美辫绳。
> 锁住圆环，贯通链。"[236]

　　截至 1877 年，泰特已经对交叉数到 7 的所有交错纽结进行了分类。所谓的交错纽结是指纽结的交叉可以上下交换，就好像编织毛毯时，毛线在上下翻飞一样。泰特还发现了一些有实用价值的理论，在后来，这些基本原理被命名为"泰特猜想"。顺便提一句，这些猜想实际上非常重要。人们费尽心思去证明它，但直到 20 世纪 90 年代才有人第一次完成了证明。1885 年，泰特发表了他绘制的纽结表。在这张表中，他展示了最多达 10 个交叉的交错纽结——他决定到此为止。美国内布拉斯加大学的教授查尔斯·牛顿·利特尔（Charles Newton Little，1858—1923）在 1899 年通过独立研究并发表了非交错纽结表，这些纽结的最大交叉数量也达到了 10 个。[237]

　　开尔文爵士对泰特十分钦佩，在英国剑桥大学彼得屋学院的泰特塑像落成仪式上，开尔文饱含深情地做了一篇演讲:

> "我记得泰特有一次说，只有科学是值得一个人付出一生的。这是发自肺腑的一句话，但是，泰特本人却证实了它也有不对的时候。泰特是一个了不起的阅读者。他能大段大段地背诵莎士比亚、狄更斯和萨克雷等人的作品。他有着超凡的记忆力，凡是在阅读中能引起他共鸣的文字，他读过一遍之后就能记住。"

　　遗憾的是，当泰特和利特尔完成他们的这项宏伟工程——纽结表时，先前被视为可能是对原子结构最佳解释的开尔文理论，已经被科学界完全抛弃了。尽管如此，人们对纽结的兴趣仍然没有减退，不同之处在于，正如数学家迈克尔·阿蒂亚指出的："纽结成了只有少数人才能理解的理论数学分支。"

在一个数学分支中，所有量，如大小、平滑性，甚至外形都被完全忽略了，这就是拓扑学。拓扑学被形象地称为"橡胶几何"，它研究的是当空间以各种方式延伸或变形时（当然，在这个过程中空间不能被撕成片或钻孔），那些仍然保持不变的属性。[238] 根据这一描述，纽结属于拓扑学的研究范畴。顺便提一句，在数学家眼中，结（knot）、链（link）和辫（braid）是几个完全不同的概念：只打一个结的环是结，有多个结且都缠绕在一起的环称为链，有多条垂直线与一条水平线在顶端相连的链称为辫。

或许，你还无法理解区分纽结的类型到底有多难，那就让我讲一个有趣的例子吧。查理·利特尔的纽结表是在 1899 年发表的，在这之前，他进行了长达 6 年的艰苦研究。这张表中包含了 43 种有 10 个交叉的非交错结。后来，许多数学家仔细研究过这张表，在其出版后的 75 年里，它一直被认为是完全正确的。直到 1974年，纽约的一位律师兼数学家肯尼斯·珀克（Kenneth Perko）用几根线绳在家中起居室的门上做了许多验证性实验，逐个检验利特尔这张著名的纽结表。出乎意料的是，珀克发现利特尔表中有两个纽结事实上是同一个结。今天，我们通常认为有 10 个交叉的非交错结的数量是 42 个。[239]

20 世纪的许多数学家都见证了拓扑学的辉煌成就。相对而言，纽结理论的发展却十分缓慢。研究纽结的数学家们有一个主要目标，就是确定那些被真正认可的纽结的属性，这些属性在今天一般被称为"纽结的不变量"（invariants of knots），它表示同一个结的任意两个投影能产生多少完全相同的值。换句话说，不变量表示的是纽结在变形时不会发生改变的性质，理想的不变量相当于纽结的"指纹"——这是纽结特有的属性，不因为纽结的变形而改变。也许，我们能想象出的最简单的不变量就是纽结交叉的最小数量。例如，不论你想什么办法去解开三叶草结（图8-1b），你永远不可能把交叉的数量减少到3个以下。可惜的是，不少证据表明，交叉的最小数量并不是最有用的不变量。首先，正如图8-2所显示的，想要确定一个纽结是不是用最小数量的交叉来表示的，并不总是很简单。其次，也许更重要的是，许多纽结完全是不同类型的，但交叉数却相同。例如，图8-1中有3个不同的纽结，它们的交叉数实际上都是6个。目前，我们已知有7种不同类型的纽结，其交叉数都是7，因此，交叉数量的最小值并不能区分开大多数纽结。最后，用交叉数量的最小值来表示纽结还是过于简单了，在实际研究中，无法对纽结的认识和理解提供更有效的帮助。

这种现象让许多数学家都挠头不已。但在1928年，问题被巧妙地解决了，直到此时，纽结理论才算是有了真正意义上的突破。[240]美国数学家詹姆斯·韦德·亚历山大（James Waddell Alexander，1888—1971）发现了一个非常重要的不变量，现在，我们通常称之为"亚历山大多项式"。亚历山大多项式带来了一个好消息和一个坏消息：好消息是，如果两个纽结有不同的亚历山大多项式，那么可以肯定地说，这两个纽结是不同的；坏消息是，如果两个纽结有相同的亚历山大多项式，它们仍有可能是不同的。所以，尽管亚历山大多项式非常有用，但还是不能完美地区分纽结。

在此之后的40年中，数学家们一直在努力地探索亚历山大多项式的概念性基础，并在这个过程中，对纽结的属性有了更深入的认识。你也许会问："他们有必要对这个课题进行如此深入的研究吗?"毫无疑问，他们这么做不是为了什么实际用途。当年，开尔文的原子理论在早已被人们抛入历史的故纸堆里了，而且，在科学、经济学、天文学或者其他任何一门学科中也没有出现需要用到纽结理论来解决的问题。数学家在纽结理论上花费了无数的时间，原因很简单，他们仅仅是好奇而已！在数学家眼中，纽结理论的思想和纽结的规律是非常优美的。亚历山大多项式反映出的那种瞬间的芳华和灿烂，对数学家有着无可抗拒的吸引力，犹如珠穆朗玛峰对乔治·马洛里（George Mallory，1886—1924）的诱惑一样。有人曾经问这位著名的英国探险家，为什么要冒着生命的危险去攀登珠穆朗玛峰，他的回答成了一句名言："因为它就在那儿。"

到了 20 世纪 60 年代晚期，著述颇丰的英裔美国数学家约翰·赫顿·康威（John Horton Conway，1937—　）发现了一种逐步"解开"纽结的办法[241]，由此揭示了纽结和亚历山大多项式之间的本质性联系。特别是，康威引入了两个简单的"外科手术式"运算，这两个运算为定义一种纽结的不变量提供了基础性的关键帮助。康威的操作被戏称为翻转（flip）和平滑（smoothing），图8-3 展示了这两种方法。在翻转中（图 8-3a），纽结通过在交叉处让上面的线转到下面来实现变换（图中还展示了在一根真实绳子上，纽结是如何完成这一变换的）。很明显，翻转改变了一个纽结的本质。你自己就可以轻松地验证，图 8-1b 中的三叶草结通过翻转变换为如图 8-1a 所示的无结状态。康威提出的"平滑"操作（图 8-3b）通过让两段绳子改变方向而完全消除了纽结的交叉。数学家们虽然从康威的研究中获得了全新的理解和认识，但是，他们在之后的近 20 年里仍然确信，不可能再发现其他类似于亚历山大多项式的不变量了。然而，情况在 1984 年发生了戏剧性变化。

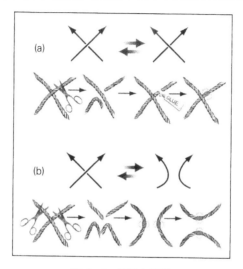

图 8-3　翻转和平滑

　　新西兰裔美籍数学家沃恩·琼斯（Vaughan Jones）原来根本不是研究纽结理论的，他探索的是一个更抽象的世界。他的研究课题如今被称为"冯·诺依曼代数"。出乎意料的是，琼斯注意到冯·诺依曼代数中的一个关系式与纽结理论中的某个关系式极为相似，为此，他专门和美国哥伦比亚大学的纽结理论专家琼·波曼（Joan Birman）进行了讨论。他们分析了这个关系式应用在纽结理论中的可能性，最终产生了一个全新的不变量——琼斯多项式。[242]人们惊讶地发现，与亚历山大多项式相比，琼斯多项式是一个更"敏感"的不变量。例如，在区分纽结及其镜像纽结时（图 8-4），假如从亚历山大多项式分析，那么这两个纽结的不变量是相同的。

但是，从琼斯多项式得出的不变量则显示这是两种不同类型的纽结。更重要的是，这个新发现空前地激发了纽结理论研究者们的热情，全新不变量的问世似乎在一夜之间唤醒了沉睡多年的纽结理论世界，就像美国联邦储备委员会突然降低存款利率，立刻让股票交易所的交易量明显活跃起来一样。

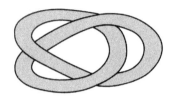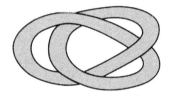

图 8-4　两个三叶草结

琼斯的发现不仅在纽结理论研究中有着极高的价值，在其他领域中也十分有用。人们突然发现，琼斯多项式在数学和物理学的众多分支里都可以应用，其适用范围涵盖了从统计力学（用于研究大量原子或分子的行为）到量子群论（研究亚原子物理世界的一个数学分支）。全世界的数学家几乎都为此振奋不已，情不自禁地陷入了一种寻找更通用的不变量的狂热之中，而这个更通用的不变量也许包含琼斯多项式和亚历山大多项式。这也许是人类科学史上最令人惊愕的一场数学竞赛了。仅在琼斯多项式公开发表的 4 个月之后，有 4 个独立的研究小组共使用了 3 种完全不同的数学方法，同时宣布自己发现了一个更"敏感"的不变量。新的多项式被命名为 HOMFLY 多项式——实际上，这个名字是由所有发现者的姓名首字母组合而成的，他们是霍斯特·奥纳（Hoste Ocneanu）、米里特（Millett）、弗雷德（Freyd）、里克瑞希（Lickorish）和耶特（Yetter）。事情到这里并没有结束，似乎有 4 组选手越过终点线还不够，两位波兰数学家普舍蒂斯基（Józef Przytycki）和塔基克（Paweł Traczyk）也各自独立发现了与上述 4 组研究人员发表的完全一样的多项式。但是，受到糟糕的邮政系统的连累，他们错过了抢先发布的机会。因此，这个多项式也被称为 HOMFLYPT 多项式（也叫 THOMFLYP 多项式），即在 HOMFLY 的基础上又增加了两位波兰数学家姓氏的首字母。

此后，人们虽然又发现了其他纽结不变量，然而，如何完全区分纽结仍然是一个没有彻底解决的难题。如何通过变形（不是用剪刀）把一个纽结准确地变换成为另外一个纽结，这个问题至今也没找到令人满意的答案。到目前为止，最新的不变量是由俄裔法国数学家马克西姆·孔采维奇（Maxim Kontsevich）发现的，他因此在 1998 年荣获了在数学界具有崇高声望的菲尔兹奖，并在 2008 年荣膺克拉福德奖。顺便提一句，1998 年，美国加利福尼亚州培泽学院的吉姆·霍斯特（Jim Hoste）和纽约的杰弗里·威克斯（Jeffrey Weeks）把所有包含 16 个或 16 个以下交叉的纽结全部列举了出来，并绘成了一张表。美国田纳西大学的莫文·西斯尔斯韦特（Morwen Thistlethwaite）也独立完成了这项工作，并同样绘制出了一张类似的图表。这两张表中每一张都包含了 1 701 936 个不同的纽结！

不过，纽结理论本身的发展历程并无惊人之处。事实上，纽结理论在众多科学领域中又戏剧性地回到了起点！这是人们绝对没有想到的。[243]

生命之结

你也许还记得，我在前面曾经提到过，最初让纽结理论诞生的是一种错误的原子结构理论。尽管人们普遍认为这种原子结构理论是错误的，但数学家们并没有气馁，他们以巨大的热情，在认识纽结这条漫长而艰辛的道路上，投入了极大的心血。试想一下，当纽结理论突然间变成了认识生命本身的关键基础理论时，数学家们那种喜悦的心情是无以言表的。你还有其他更好的例子来说明理论数学在解释自然界时扮演的"被动"角色吗？

脱氧核糖核酸，又称DNA，是所有细胞的遗传物质。DNA是一种长链聚合物，由两条长长的链组成。这两条长链彼此交织缠绕数百万次，形成一种双螺旋结构。这两条骨架就如同梯子两侧的梯柱，沿着"梯柱"糖类分子和磷酸分子交替出现。梯子的"梯阶"由一对碱基组成，这对碱基由氢键按一定方式相连接：腺嘌呤只与胸腺嘧啶相连，胞嘧啶只与鸟嘌呤相连（图8-5）。当细胞分裂时，第一步是复制DNA，只有这样，子细胞才能接受副本。同样，在"转录"（遗传信息由DNA复制到了RNA）过程中，DNA双螺旋的一个片段被解开，并且只有一条DNA链作为模板。当RNA合成完成以后，DNA又恢复双螺旋结构。实际上，复制和转录过程都不像上面描述的这么简单，但是，由于DNA非常紧密地缠绕在一起（为了压缩信息存储），因此除非将其拆解，否则这些至关重要的生命复制过程不可能顺利进行。而且，为了使复制过程完整地进行下去，后代DNA分子一定不能打结，而亲本DNA也一定要最终恢复到其原始的双螺旋结构状态。

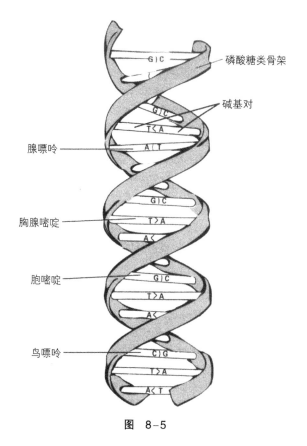

磷酸糖类骨架

碱基对

腺嘌呤

胸腺嘧啶

胞嘧啶

鸟嘌呤

图 8-5

解开这种纽结的活性因子是一种生物酶。[244] 酶可以让 DNA 链暂时断开，让一条链穿过另一条链，并让两个不同的终端重新连接起来。这个过程听起来是不是有点耳熟？这恰好就是康威为了解开数学上的纽结问题而引入的"外科手术式运算"过程（图 8-3 描述了这一过程）。换句话说，从拓扑学的观点看，DNA 就是一个复杂的纽结，这个纽结被酶打开，以便复制和转录。根据纽结理论，科学家可以估计解开DNA的复杂度，从而研究那些能解开DNA双螺旋结构的酶的属性。更妙的是，通过可视化实验技术，例如电子显微镜和凝胶电泳，研究人员已经能够真实地观察、能量化分析由酶所引起的DNA结节和连接时发生的一些变化（图8-6）。数学家接下来要面临的挑战，是从已经观察到的DNA双螺旋结构的拓扑变化中，推演出酶的作用机制。作为这一过程的"副产品"，DNA组结的交叉数量变化为生物学家提供了一种测量酶"反应速率"的依据，用来衡量对于给定浓度的酶，在单位时间内有多少交叉会受到酶的影响。

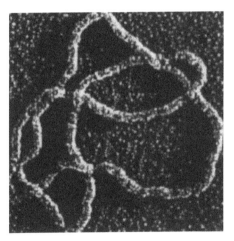

图8-6　在电子显微镜下的 DNA 纽结

事实上，分子生物学并不是纽结理论意料之外的唯一应用领域。弦论，一种试图系统阐述自然界中所有力的大一统理论，同样也与纽结理论联系在了一起。

宇宙是在一根弦上吗?

引力是宇宙中作用范围最广泛的一种力。它让星系中的恒星结合在一起，还对宇宙的膨胀产生深远的影响。事实上，爱因斯坦的广义相对论就是一种特殊的引力理论。当我们深入到原子核中时，一种新的理论和其他类型的力主宰了一切。强核力让一种称为"夸克"的粒子结合在一起，形成了我们熟知的质子和中子——它们是构成物质的基本微粒。粒子的行为和亚原子世界的引力受到量子力学的法则支配。夸克和银河系都遵循同样的法则吗？物理学家们相信是这样的，然而，连他们自己也不十分清楚这是为什么。几十年来，物理学家一直在寻找一种"万物理论"，希望将自然界的法则统一起来。尤其，他们想通过引力的量子理论，在最大（整个宇宙）和最小（亚原子）的鸿沟之间架起一座桥梁——实际上，就是将广义相对论和量子力学协调统一。目前看来，弦论似乎最有可能成为一种"万物理论"。起初，弦论是为了专门研究核力而发展起来的，后来被认为有错误而被放弃了。[245] 但在 1974 年，物理学家约翰·施瓦茨（John Schwarz）和约耳·舍尔克（Joël Scherk）又让弦论从默默无闻中焕发出新的生命力。弦论的基本思想非常简单：基本的亚原子微粒，如电子和夸克，并不是一种没有结构的点状实体，而是表现为相同的弦在振荡时的不同样式。根据这种理论，宇宙中充满了微小而脆弱的、如同橡皮筋一样的环。如同拨动小提琴上不同的弦时会产生不同的和声，这些环状的弦在以不同频率振荡时，就对应着截然不同的物质微粒。换句话说，我们身处的世界就像是一首交响乐。

弦是在空间中移动的闭合环，随着时间的流逝，它们以圆柱形式（图 8-7）扫过空间区域，物理学家将之命名为"世界面"（world sheet）。如果一根弦发出其他弦，这个圆柱就会分叉形成 Y

形结构。当许多弦交织在一起相互作用时，它们就会形成一个错综复杂的网络，就像由混在一起的甜甜圈外壳组成的。在研究这些复杂的拓扑结构类型时，弦论学家希罗斯·奥格瑞（Hirosi Ooguri）和卡姆朗·瓦法（Cumrun Vafa）发现，"甜甜圈外壳"的数量——这是结的固有几何属性——与琼斯多项式之间有着惊人的联系。[246]其实，弦论发展史上的关键人物之一爱德华·威滕（Edward Witten）早已在琼斯多项式与弦论的一大基本理论（量子场论）之间建立起一种出乎预料的联系。[247]后来，数学家迈克尔·阿蒂亚爵士从理论数学角度重新研究了威滕的理论模型。[248]这样，弦论和纽结理论形成了一种完美的共生关系。一方面，弦论从纽结理论的研究中受益；另一方面，弦论又促进了纽结理论的新发展。

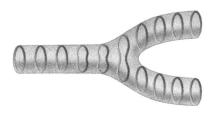

图 8-7

弦论试图在更广阔的范围内解释物质的最基本构成，这与开尔文最初探索原子结构理论的方法十分相似。开尔文曾经（误打误撞地）认为，纽结能提供答案。在一个奇妙的轮回之后，弦论学家发现，纽结至少可以提供一部分答案。

纽结理论的故事充分展现了，数学具有某种不可预知的力量。我先前提到过，从精确性角度来说，即便是数学有效性"主动"的一面（科学家自己创造数学工具来描述观察到的现象），也有着令人迷惑不解的地方。下面，我想讲述一个发生在物理学中的例子，数学有效性"主动"和"被动"的一面都发挥了重要作用，而由此获得的精确性更是令人称道。

重要的精确性

伽利略和其他意大利经验主义者发现了下落物体的运动规律，开普勒确定了行星的运动规律，牛顿把他们的研究统一在了一起，并提出了用数学语言描述的普适的引力定律。在这个过程中，牛顿顺势发展出了一门全新的数学分支——微积分，让他能简洁、条理清晰地表达引力和运动规律的所有属性。在牛顿的时代，凭借实验和观察所能证实的引力理论的精确性不会优于 4%。然而，引力理论的精确性最终远超了所有合理的预测。到了 20 世纪 50 年代，实验的精确性已经达到百万分之一。但几年前，一些推测性的理论试图解释我们所处的宇宙为何貌似在加速膨胀，这些理论认为，在非常小的距离范围内，引力可能会改变行为方式。回想一下，牛顿的万有引力定律表明，物体间的引力大小与它们之间的距离的平方成反比，也就是说，如果两个物体间的距离扩大两倍，它们之间的引力会变为最初的四分之一。而新的猜想预测，当物体间的距离小于 1 毫米时，会出现反常情况。埃里克·阿德尔贝格尔（Eric Adelberger）、丹尼尔·开普纳（Daniel Kapner）和他们在西雅图华盛顿大学的同事进行了一系列开创性的实验，来验证这种因距离变化而产生的引力变化。[249] 他们在 2007 年 1 月正式发表的实验结论表明，在距离为 56/1000 毫米时，引力与距离的平方成反比这一定律依然有效。因此，这条在大约三百年前根据非常有限的观察总结得出的数学规律，不仅有着难以置信的精确性，甚至在近几年才能探查到的范围内，它也是有效的。

不过，还有一个非常重要的问题，牛顿没有回答：引力是如何真正起作用的？地球与月球的最远点距离是 40 万千米，那么，地球引力究竟是如何影响月球运动的？事实上，牛顿本人也意识到了理论中存在的这一瑕疵，他在《原理》一书中公开承认了这一点：

"到目前为止，我们已经解释了由引力引起的天体运行和潮汐运动，但是，我们没有分析产生这种力的原因。可以确信的是，它一定来自某种穿越太阳和行星中心的因素，并且将其效力向各个方向扩散，直到非常遥远的距离……但直到现在，我还没有发现这些现象背后的引力特征产生的原因，也无法提出假设。"

最后，下定决心面对牛顿未能解决的问题的人，正是阿尔伯特·爱因斯坦。特别是在 1907 年，爱因斯坦对引力产生了浓厚的兴趣，因为他的狭义相对论似乎与牛顿的万有引力定律产生了直接冲突。[250]

牛顿相信引力的作用是瞬时的。他认为行星感受到太阳的吸引，或者一个苹果受到地球的吸引而落到地面上，根本不需要花费任何时间。然而，爱因斯坦狭义相对论的核心支柱理论认为，任何物体、能量或信息的运行速度都不可能超越光速，如此一来，引力作用怎么可能是瞬时的呢？正如下面这个例子所讲的，对于那些已经根深蒂固的基础概念来说，比如我们对因果关系的理解，这一矛盾产生的后果将是灾难性的。

想象一下，假如太阳突然消失不见了，也就是说，那种让地球按照圆形轨道运行的力不存在了，那么根据牛顿运动定律，地球将立刻开始沿直线运动——当然,由于受到其他行星的引力影响,这一直线运动可能会有一些细微的偏差。但是,在地球上的人类看来,太阳是在它消失的那个时间点之后 8 分钟才真正不存在的,因为光线从太阳到达地球需要 8 分钟。换句话说,按照牛顿的观点,地球运动状态的改变反而会在太阳"消失"之前发生。

为了消除这一矛盾,同时也是为了解释牛顿没有回答的问题,爱因斯坦近乎偏执地在寻找一种全新的引力理论。这是一项令人畏惧的工作。新的理论不仅要保留牛顿理论非同凡响的成功之处,而且还要解释引力是如何起作用的,同时还要和狭义相对论兼容。在经历了错误的起点和漫长的弯路之后,爱因斯坦终于在 1915 年到达了成功的彼岸,著名的广义相对论诞生了。广义相对论至今仍被许多人认为是最美的理论。

爱因斯坦的革命性见解的核心思想是,引力只不过是时间与空间的"织物"中的扭曲。根据爱因斯坦的观点,就像高尔夫球的运动轨迹会受到绿草地波浪起伏的地势的影响,行星也是沿着空间扭曲中的弧形路径做曲线运动,而这种弧形路径就代表着太阳的引力。换句话说,当物质不存在,或缺乏其他能量形式时,时空(三维空间与一维时间的统一)将是"平坦的"。物质和能量会扭曲时空,这一现象有点像一个滚动的球会导致蹦床下陷一样。在这种弯曲几何中,行星将沿着最直接的路径运动,而这正是引力的一种表现。在解决了引力是"如何起作用的"这个问题的同时,爱因斯坦还为"引力传播速度有多快"这个问题提供了框架性解决方案。实际上,关键是要测定这种扭曲在时空中能以多快的速度传播。这类似于计算池塘中泛起的涟漪的运动速度是多少。爱因斯坦的研究表明,在广义相对论中,引力的传播速度与光速完全相同,这就消除了牛顿理论与狭义相对论之间的矛盾。也就是说，假如太阳真的消失了，地球运动轨道也将在这个时间点之后的 8 分钟改变，这与站在地球上的我们所观察到的状况完全一致。

爱因斯坦把四维时空扭曲作为自己的宇宙新理论的基础，所以他迫切需要一种包含这种几何实体的全新数学理论。而在当时，这种数学理论还是一个空白。无奈之下，他向老同学、著名的数学家马塞尔·格罗斯曼（Marcel Grossmann，1878—1936）求助："我开始对数学充满敬意。我曾经以为，数学中的细微之处完全是一种不必要的奢侈。"格罗斯曼向爱因斯坦提出了建议，他觉得黎曼的非欧几何——第 6 章已经介绍过，这是任意维度的曲面几何学——正是爱因斯坦需要的数学工具。这个例子可以完美地诠释数学有效性"被动"的一面。爱因斯坦本人也迅速意识到了这一点，并马上承认："事实上，我们能把（几何）当作物理学最为古老的一个分支。没有它的话，我不可能用公式来表达相对论。"

广义相对论预测的精确性同样给人们留下了深刻的印象。实际上，验证广义相对论非常困难，因为在时空中，能测得的由太阳等物体引发的扭曲率仅仅是百万分之几。尽管最初的测试都与太阳系的观测有关，例如，与牛顿万有引力的预测相比，人们发现水星运行轨道有微小的改变，但近几年，越来越多的太阳系外测试也变得可行了，其中一个最好的验证方法就是利用双脉冲星。

脉冲星是一种能向外辐射电波的天体。它极其致密，半径通常仅有 10 千米左右，但质量却比太阳还要大。在脉冲星上 16 立方厘米的物质，其质量大约是 10 亿吨，可想而知，这种天体的密度有多高。脉冲星其实就是旋转的中子星，大多数中子星的旋转速度非常快，在旋转的同时从磁极辐射出无线电波。在其磁轴与旋转轴逐渐重合的过程中（图8-8），中子星每旋转一周，人类就能观察到一次给定磁轴发出的无线电波束，这就像从灯塔中发出的光。无线电波的发射呈现出一种脉冲振动的特性，这正是"脉冲星"一名的由来。在某种情况下，当两颗脉冲星在一个封闭轨道上围绕它们共同的引力中心旋转时，就形成了双脉冲星系统。

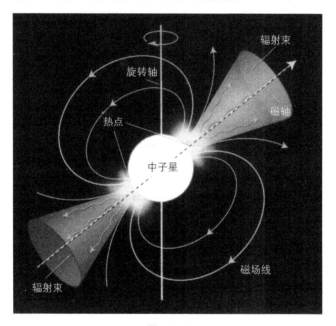

图　8-8

双脉冲星有两个特性，让其成为验证万有引力定律的绝佳实验场：(1) 无线电波脉冲星是十分精准的时钟，它们的旋转频率非常稳定，事实上，其精确度甚至超过了原子时钟；(2) 脉冲星的密度很大，因此拥有非常强的引力场，能产生非常明显的相对论效应。这些特征使天文学家可以非常精确地观察并测量到，在彼此引力场的影响下，双脉冲星的轨道运动变化如何让光从脉冲星到达地球的时间发生变化。

2004 年，人们成功对 PSRJ0737–3039A/B 双脉冲星系统（这个长长的"电话号码"代表了该天体系统在天空中的坐标）进行了精确的时间测量，此次探测花费了长达两年半的时间。[251] 这两颗脉冲星完成一次轨道旋转仅需 2 小时 27 分钟，但双星系统距离地球大约 2000 光年（光年是一个长度单位，指光在真空中传播一年所经过的距离，大约为 9.46×10^{12} 千米）。英国曼彻斯特大学的天文学家迈克尔·克雷默（Michael Kramer）领导的一个研究小组测量了相对论对牛顿运动定律的校正量。在 2006 年 10 月，他们发表的实验观测结果与广义相对论的预测值基本相符，误差不超过 0.05%！

顺便提一句，广义相对论和狭义相对论都在全球定位系统中扮演了重要角色。全球定位系统可以帮助我们确定自己在地球上的位置，同时也能确定从一个地点到另一个地点的准确路线。无论是驾车、乘飞机还是步行，全球定位系统都能为我们提供有益的帮助。全球定位系统能判定使用者当下所处的位置，是因为它测量了天空中几颗卫星发射的信号到达地面接收器所消耗的时间，之后再利用三角测量法对每颗已知位置的卫星进行统一计算后，就得出了所需的位置信息。狭义相对论猜测，由于存在相对运动，卫星上的原子时钟要比地面上的时钟走得慢一些（平均每天慢大约百万分之几秒）。而广义相对论却预测卫星上的时钟要走得快一些（平均每天快大约十万分之几秒），因为地球质量引起了时空扭曲，对于天空中物体的影响要比地球表面物体的影响弱一些。如果不对这两种引力效应加以修正的话，全球定位系统的误差会以每天超过 8 千米的速率累加。

　　引力理论只是众多例子中的一个。这些例子充分展现了当数学公式表达自然规律时，会出现不可思议的普适性和精确性。在引力理论的例子中，人们从数学等式中得到的结果要远远多于当初放进去的东西。牛顿和爱因斯坦的理论的精确性大大超越了这些理论最初试图解释的那些现象的精确度。

　　也许，一个例子最能体现数学理论超越时间界限的精确性，这就是著名的量子电动力学（简称 QED）。量子电动力学解释了带电粒子和光的所有现象。2006 年，美国哈佛大学的一个物理研究小组测定了电子磁矩（测量了电子与磁场的相互作用强度），其精确度达到了万亿分之八。[252] 就实验本身而言，这一精确度已经是一项令人难以置信的成就了。但是当人们看到，基于 QED 的理论计算也达到了相同的精确度，而且理论预测与实验测量的结果竟然完全相符时，这种精确性就更出人意料了。量子电动力学的创建者之一弗里曼·戴森（Freeman Dyson）在获悉量子电动力学不断取得的成就后，他回应道："这支'曲子'是我们在 57 年前匆匆谱出的，自然界却如此精确地按这支曲调起舞。而且，实验和理论研究人员在测量和计算舞步时，精确度竟然达到了万亿分之一。说实话，我也感到很惊讶。"

　　但是，精确并不是数学理论唯一值得称道的地方，另一个令人啧啧称奇的特性就是它那神奇的预测能力。我只举两个简单的例子——一个来自 19 世纪，另一个发生在 20 世纪——就足以证明数学理论的威力了。前者预测了一种当时人们还无法观察到的自然现象，而后者则预测了一种全新基本粒子的存在。

　　麦克斯韦系统地阐述了经典电磁学理论，他在 1864 年提出了一种观点，预测变化的电场或磁场会产生能传播的波。这类波与电磁波（如无线电波）非常类似，直到 19 世纪 80 年代才被德国物理学家海因里希·赫兹（Heinrich Hertz，1857—1894）在实验中第一次观察到。

在 20 世纪 60 年代晚期，物理学家史蒂文·温伯格（Steven Weinberg）、谢尔顿·格拉肖（Sheldon Glashow）和阿卜杜勒·萨拉姆（Abdus Salam）共同发展了一种新理论，该理论把电磁力与弱核力统一在了一起。[253] 今天，这一理论通常被称为电弱理论（electroweak theory），它预测了三种基本粒子的存在，分别叫 W+、W– 和 Z 波色子。这三种粒子在过去从来没有人观察到过。直到 1983 年，由物理学家卡洛斯·鲁比亚（Carlos Rubbia）和西蒙·范德梅尔（Simon Van der Meer）领导的粒子加速器实验（让一个亚原子粒子在超高能量态下撞击另一个亚原子粒子）中才准确无疑地探测到它们。

物理学家尤金·维格纳创造了"数学无理由的有效性"这句话。他曾提议把所有这些出人意料的数学理论称为"认识论的经验法则"。认识论是研究知识起源和局限的学科。他坚持认为，如果这种"法则"不正确的话，科学家们将缺乏动力和到达成功彼岸的信心，而这些绝对是科学家在探索自然规律时所不可或缺的。然而，维格纳并没有为他提出的"认识论的经验法则"提供任何解释，而是把它当作一件"绝妙的天赐礼物"。对于这件"礼物"，我们都应当怀有深深的感恩之心，尽管直到今天，我们仍不能说清楚它的起源。事实上，在维格纳看来，这件"礼物"就是"数学无理由的有效性"这一问题的本质。

到现在为止，我们已经收集了足够多的线索，能够回答本书在一开始就提出的两个问题：为什么数学在解释我们周围的世界时如此有效（我相信这种有效性给每位读者都会留下深刻的印象），不但取得了累累的硕果，甚至还能孕育新的知识？数学究竟是被"发现"的，还是被"发明"的？

第 9 章
人类心智、数学和宇宙

有两个问题：第一，数学是独立于人类心智之外的存在吗？第二，为什么数学概念的应用领域最终会远远超过早先的研究范畴？这两个问题有着错综复杂的关联。但是，为了简化讨论，我将会逐一回答它们。

你也许会问：今天的数学家在面对"数学是发现还是发明"这个问题时，他们的答案是什么？下面，我就引用数学家菲利普·戴维斯（Philip Davis）和鲁本·赫什（Reuben Hersh）在他们那本经典的《数学的经验》一书中，对当代数学家所处环境的生动描写：

> "对于这个问题，大部分人也许都会同意这种观点：一位真正的数学家，他在工作日是一位柏拉图主义者（把数学当作一种发现），而在休息日时，他就变成了一位形式主义者（认为数学是一种发明）。也就是说，当数学家研究数学时，他相信自己面对的是一种客观现实，而他试图确定的就是这种客观现实的属性。但接下来，当他不得不对这种客观现实给出哲学解释时，他发现最简单的办法就是假装自己根本不相信它。"[254]

在这些引文中，我就不再处处都用"他或她"来替代"他"，以此来展现数学家的"人口"结构变化了。我一直有一种印象，对于今天众多的数学家和理论物理学家来说，上述描写和刻画始终都是事实。尽管如此，一些20世纪数学家的立场却十分坚定，他们要么完全支持柏拉图主义，要么完全赞同形式主义论。哈代在他那本《一个数学家的辩白》中讲过一段话，代表了柏拉图主义者的观点：

> "对我，或者对大多数数学家而言，还存在另外一种现实，我称之为'数学现实'。无论是数学家还是哲学家，对数学真实的本质都没有达成共识。有些人认为它是'精神上的'，在某种意义上它是我们构造的；另一些人则认为它是客观的，是独立于我们之外的。倘若有人能对数学真实做出令人信服的解释，那么就能解决许多最难的形而上学的问题。如果他能把物理真实囊括到他的解释里，那么他就能解决所有关于形而上学的问题。
>
> "即使我有能力探讨这些问题，我也不愿在这里讨论。不过，我会直接说出自己的观点，以避免产生一些不太要紧的误解。我相信，数学真实存在于我们之外，我们要做的是发现和观察它，那些我们所证明的定理，并且夸夸其谈地把它们说成是我们'创造'的定理，只不过是我们的观察记录。自柏拉图以来，许多享有盛誉的哲学家都以这样或那样的方式表达过这个观点。不喜欢哲学的读者可以换种说法，这对我的结论没什么影响。"[255]

不过，也不是所有人都同意这种看法。数学家爱德华·凯斯纳（Edward Kasner，1878—1955）和詹姆斯·纽曼（James Newman，1907—1966）在他们合著的《数学与想象》一书中就表达了完全相反的观点：

"数学享有的声望是其他任何一种目的明确的思想所无法比拟的，这并不奇怪。数学在科学领域促成了众多进展，它在处理实际问题中不可或缺，它让纯粹的抽象思想变得更容易理解。所以，数学被视为最受推崇的人类智力成就，绝对是实至名归。

尽管数学备受推许，但是，首个获得如潮好评的数学分支却是近几年才出现的非欧四维几何学。当然，这绝不是说微积分、概率论、无限运算、拓扑学以及其他我们讨论过的数学分支不重要。所有这些分支都极大地丰富了数学这门学科的内容，并让我们对物理宇宙的认识更加深入。然而，这些分支中没有一个像非欧几何这个'异端邪说'一样，推动了数学自身的反省，促使了人们重新认识数学各个分支之间及其与数学整体之间的关系。

这种英勇而宝贵的精神催生了'异端邪说'，但最终让我们战胜了一个观点：数学真理是独立存在的，并与人类心智无关。奇怪的是，这种观点一直以来都存在。毕达哥拉斯应当就是这么认为的，而笛卡儿和 19 世纪以前成百上千位伟大数学家也都赞同。今天，数学已经从重重的枷锁下解放出来，抛弃了过去的束缚。不论数学的本质是什么，我们认识到它如同心智一样自由，如同想象一样可以被捕捉。非欧几何证明了，天体的音乐（毕达哥拉斯之语），而是人类自己的作品，唯一限制它的只有思维的规则。"[256]

精确性和确定性是数学陈述的鲜明标志，这是公认的。但对于"数学是发明还是发现"这个问题，人们就有了分歧，而这种争论本该是哲学或政治领域的特质。这出乎意料吗？不一定。"数学是发现还是发明"，这个问题其实根本就不是一个数学问题。

"发现"这种说法暗示了在真实或超自然的世间存在着"前

世"，而"发明"这种说法涉及人类心智，无论指个人的心智，还
是指整个人类的心智。这个问题是一个跨学科的课题，涵盖了哲
学、数学、认知科学乃至人类学，绝不是数学能独立解决的——至
少不能直接解决。因此，从这个意义上讲，数学家甚至不是回答这
个问题的最佳人选。毕竟，用语言来表演魔术的诗人，不必是最好
的语言学家；最伟大的哲学家通常也不是研究人类大脑功能的专
家。至于数学究竟是"发明"还是"发现"，只能从不同学科领域
（如果有可能的话，应当从全部学科领域）的众多线索中仔细探查，
才有望得到答案。

形而上学、物理学和认知学

一部分人相信数学存在于独立于人类的一个宇宙之中，但当他
们辨识宇宙的性质时，还会不可避免地归入两个不同的阵营。[257]
第一个阵营是"真正"的柏拉图主义者，对他们而言，数学身居在
一个充满数学形象的抽象而永恒的世界里。由此，他们认为数学结
构事实上是自然界一个真实的组成部分。因为我已经从多个角度讨
论过纯柏拉图主义的主要观点和理论中的哲学缺陷，所以，我在此
仅大致分析一下其不足之处。[258]

美国麻省理工学院的天体物理学家麦克斯·泰格马克（Max
Tegmark）对"数学是物理世界的一部分"这种观点分析得最透彻，
想法也最激进。

泰格马克认为："我们所处的宇宙不仅是用数学描述的，它本
身就是数学。"[259]泰格马克的论证以一个无可辩驳的假设为起点。
他假设，外部的物理现实是独立于人类存在的，接着，他仔细分析

了这种现实可能的终极理论的性质，而所谓的"终极理论"就是物理学家们所说的"万物理论"。泰格马克主张，既然物理世界与人类毫无关系，那么对它的描述一定不能带任何人类的主观色彩（特别是人类使用的语言）。换句话说，终极理论不能包含诸如"亚原子微粒""振荡波""时空扭曲"等概念，或者其他由人类构想出的结构。由此，泰格马克总结道，从这种假设出发，对宇宙唯一可能的描述只能涉及抽象的概念，以及这些概念之间的关系，而他认为，这些正是数学的操作定义（working definition）。

　　毫无疑问，泰格马克对数学现实的论证还是相当有趣的。但是，即使他的观点完全正确，距离解决数学"无理由的有效性"这个问题，还有很长的路要走。在一个被视为数学的宇宙中，数学与自然界之间有着"天衣无缝"的关联，就没什么好震惊的了。然而，我发现泰格马克的推理过程并不是无懈可击的。泰格马克本人总结说："我认为，我们周围的物理现实是一种数学结构，我把这种假说称为'数学宇宙'，对此你应当深信不疑。"在我看来，从外部世界的存在（独立于人类存在）到泰格马克的这个结论，其间的跨越只不过是一种小把戏而已。泰格马克试图描述数学真正的特性，他说："在一位现代逻辑学家看来，数学就是抽象实体以及它们之间关系的集合。"但是，泰格马克所指的现代逻辑学家可是人类！换句话说，泰格马克从来没有真正"证明"我们的数学不是由人类创造的，他只是这样猜想而已。而且，正如法国神经生物学家让－皮埃尔·尚热在对类似观点表达看法时所说的："就我们所研究的生物学中的自然现象而言，如果说物理现实属于数学客体，在我看来，这将会带来认识论上的大难题。大脑内的物理状态怎么能代表在大脑外的其他物理状态呢？"[260]

其他观点试图把数学客体直接置于外部物理现实之中，而数学在解释自然时的有效性被当成了一条证据。然而，这实际上假设了，数学的有效性不可能有其他解释。我在后面会证明这种观点也不正确。

假如数学既不存在于不受时间与空间限制的柏拉图主义世界里，也不存在于物理世界中，那么，这是不是就意味着数学完全是由人类创造的？绝对不是这样。实际上，数学研究成果大多是一种发现。在进一步讨论之前，我们十分有必要看看当代认知学家是怎么看待这个问题的。原因很简单，即使数学全部都是人类的发现，这些发现终究来自数学家的大脑。

近年来，认知科学取得了巨大的进步。自然而然，我们期望神经生物学家和心理学家把他们的注意力转向数学，特别是人类认知中的数学基础。如果你仅仅浮光掠影地了解一下认知科学的研究成果，你可能会觉得，这不过展现了马克·吐温的那句名言："在一个手拿锤子的人的眼中，任何东西看上去都像一个钉子。"虽然论述重点各有不同，但从本质上讲，所有神经生物学家和生物学家都断定，数学是人类的创造。但在仔细分析之后，你会发现，尽管认知学家对认识数据的解释还远远称不上清晰明了，但毫无疑问的是，认知科学在探索数学基础的过程中开创了一个新阶段。下面有一个认知学家提出的例子——虽然不起眼，但很有代表性。

法国神经系统科学家斯坦尼斯拉斯·迪昂（Stanislas Dehaene）主要研究数学认知，他在 1997 年出版的《数感》一书中总结道："对数字的直觉深深地根植于我们的脑海之中。"[261] 这一观点其实与直觉论思想十分相近。直觉论希望将所有的数学知识都建立在纯粹的对自然数的直觉形式之上。迪昂坚持认为，有关算术的心理学发现证实了"数字属于'思维的自然客体',依靠这些固有的属性,我们才认识了世界"。迪昂和同事们单独研究了蒙杜鲁库人(Mundurukú)的行为——这是居住在亚马孙河流域的一个与世隔绝的印第安人部落,其语言对数的概念只有从 1 到 4 这 4 个数字。之后,他们在 2006 年针对几何学的认知提出了一个类似观点:"这个离群索居的部落对几何概念或图形的理解是无意识的、自发的。这证明了,几何的核心知识就如初等算术一样,都是人类心智普适的构成要素。"[262] 当然,并非所有认知学家都赞同迪昂的最后一个结论。[263] 例如,有人就指出,蒙杜鲁库人在这项几何实验中能成功地从直线中辨认出曲线,从多个正方形中正确指出混杂其间的三角形,或是从多个圆形中指认出椭圆,这和人们从一堆物体中挑出与众不同的物体的能力有更大关系,而不是先天拥有几何学知识。

　　在《关于心智、物质和数学的对话》一书中,法国神经生物学家让－皮埃尔·尚热与法国数学家阿兰·孔涅——他也是一位柏拉图主义的信徒——就数学本质展开了一段十分有趣却发人深省的讨论:

　　"数学客体与人类感知世界无关,原因在于数学客体自身生成的特性,以及它们产生其他客体的能力。需要强调的一点是,大脑中存在某种所谓的'意识隔间',这是一种物理空间,用来模仿和创造新的客体……从某些角度来讲,新的数学客体就像是生物体:这些作为物理客体的生物体,容易受到快速进化的影响;但与生物体(病毒是个特例)不同的是,它们的进化在我们的大脑中进行。"[264]

　　最终,针对"数学是发明还是发现"这个问题,最明确的观点是由认知语言学家乔治·莱考夫和心理学家拉斐尔·努涅斯提出的，在二人合著的那本颇富争议的《数学从哪里来》一书中，他们声称（我在第 1 章中已经介绍过）：

"数学是人类天性的一部分，它源于我们的身体、大脑，以及我们在这个世界中每天的经历。（因此，莱考夫和努涅斯称数学源于'心智的物化'。）……数学是人类提出的系统化概念，这种概念体系充分利用了人类普通的认知工具。人类创造了数学，并有责任保持和拓展它。在数学的肖像上，一定会有人类的面孔出现。"[265]

认知科学家通过观察大量的实验结果——他们把这些结果视为无可辩驳的证据，最终得出结论。在这些实验中，有一部分涉及人类在执行数学任务的过程中，大脑功能性成像的研究。还有一些研究人员研究了婴幼儿的数学技能，以及现存原始部落（如蒙杜鲁库人）中的数学表达能力，这些研究的样本基本上从来没有接受过教育，还有些对象遭受过各种轻重不一的脑部损伤。研究者大多认为，婴幼儿已经表现出一定的数学能力了。例如，大部分人只需看一眼就能说出自己看到的物体数量是一个、两个还是三个。有一个专业术语描述这种现象，叫作"数感"（subitizing）。在分组、配对等形式中，以及对于一些十分简单的加法和减法等基本的算术概念，人类确实表现出某种天生的能力。在简单理解一些非常基础的几何概念方面，人类似乎也同样表现出这种先天的才能——尽管人们对于后者有一些争议。神经系统科学家还区分了大脑不同区域的功能，例如，目前他们普遍认为，人类大脑左半球的角回似乎是玩转数字和完成数学运算的关键部位，但它不是语言或记忆的核心区域。[266]

莱考夫和努涅斯认为，人类要想超越天生的内在能力，最主要的方式是构建"概念隐喻"（conceptual metaphors），也就是将抽象的概念转换为更具体的概念的思维过程。例如，算术概念的基础就是对物体集合的隐喻。另一方面，关于类的更抽象的布尔代数，以隐喻的方式把类和数联系在了一起。莱考夫和努涅斯还构建了复杂的场景，探讨了有趣的观点，例如，人类为什么觉得某些数学概念要比其他概念更难。同时，英国谢菲尔德大学的认知神经系统学家罗斯玛丽·华莱（Rosemary Varley）等其他科研人员认为，至少有一部分数学结构是以语言技能为基础的，也就是说，人类借用了构建语言所使用的心智工具，才对数学产生了深刻的理解。[267]

认知科学家们坚定地认为，数学是与人类心智相联系的，他们不赞成柏拉图主义的数学世界。有趣的是，我注意到柏拉图主义最坚定的反对派并不是神经系统学科学家，而是20世纪最著名的数学家之一迈克尔·阿蒂亚爵士。我在第1章已经简要介绍了他的分析过程，但在这里，我还是想补充一些细节。

如果现在让你从数学中选择一个最有可能是独立于人类心智存在的概念，你会选择哪一个？绝大多数人或许会毫不犹豫地选择自然数。的确，还有什么比1, 2, 3, 4, …更"自然"的概念吗？德国数学家利奥波德·克罗内克（Leopold Kronecker，1823—1891）是一位直觉论者，但他也曾公开讲过一句名言："上帝创造了自然数，而其他所有事都是人类的工作。"所以，如果有人能够证明，作为数学概念的自然数也源自人类心智，那么，这将成为支持"数学是人类的发明"这一观点最强有力的证据了。好，让我们重新回到阿蒂亚身上。他曾经举了一个例证："让我们想象一下，假设文明没有出现在人类之中，而是诞生在太平洋深处，与世隔绝的水母群体之中。水母没有单独的个体体验，只能感觉到周围的水。运动、温度和压力将为它提供基本的感知经验。在这样的环境中，不会出现离散的概念，也不会有什么计数。"[268] 换句话说，阿蒂亚相信，即使是自然数这种最基本的概念，也是由人类通过对物理世界基本元素的抽象（认知科学家可能会说，"通过基本的隐喻"）而创造的。换一种说法，比如，数 12 代表了所有数量为 "12" 的物体的抽象通用属性，同样，"思维" 这个词代表了发生在我们大脑中的各种过程。

你也许不赞成假设 "水母的宇宙" 作为代表，来证明这一观点。你也许会说，在我们周围只有一个无法回避的宇宙，所有猜想都应当以这个宇宙为背景。然而，这种反驳其实相当于承认了，自然数这一概念依赖于人类所体验的宇宙！提醒一下，莱考夫和努涅斯的 "数学源于心智的物化" 的观点，表达的正是这个意思。

如此说来，数学概念貌似源于人类心智。读到这里，你可能会产生疑问："之前你还称大多数的数学是被发现的，这一立场本质上与柏拉图主义十分接近——这不是自相矛盾了吗？"

发现和发明

在日常用语中，"发现" 和 "发明" 的区别有时十分清楚，有时又颇为模糊。没有人会说莎士比亚 "发现" 了哈姆雷特，或者说居里夫人 "发明" 了镭。针对某类疾病的新药通常被视为一种 "发现"，然而，它们通常来自人工合成的新化学成分。在这里，我想举一个非常典型的数学例子，我相信它不仅能帮助我们区分 "发明" 和 "发现"，还有助于我们深刻理解数学演化和发展的过程。

在欧几里得那本不朽名著《几何原本》的第 6 卷中，有一个定义是关于如何把一条线段从特定方式分为两条不等线段的。一个更早的定义是关于面积的，出现在第 2 卷中。欧几里得提出，线段 AB 被点 C 分为两段（图 9–1），如果以 C 为端点的这两条线段的长度之比（AC/CB），与整个线段长度除以较长线段长度的值（AB/AC）相等，那么整条线段的分割比例就符合"中末比"。换句话说，如果 $AC/CB=AB/AC$，那么这一比例就称为中末比。在 19 世纪，这一比例有了更广为人知的名字——"黄金分割率"。黄金分割率可以用一个非常简单的代数表达式表示 [269]：

$$\frac{1+\sqrt{5}}{2}=1.6180339887\ldots$$

图　9–1

你也许要问，欧几里得为什么要如此费事地定义一种线段的分割方式，还专门给这个比例起了一个名字？毕竟，我们有无数种方式来分割一条线段。在从毕达哥拉斯学派和柏拉图学派传承下来的神秘文化中，我们或许能找到答案。回想一下，我曾在前面提到过，毕达哥拉斯学派痴迷于数的研究。他们认为奇数代表男性和善，同时带有偏见地认为偶数代表女性和恶。他们对数 5 有特殊的兴趣，因为 5 是 2 和 3 的和，而 3 是第一个奇数（男性），2 是第一个偶数（女性）。（1 并没有被认为是一个数，而被当作所有数的源头。）因此，在毕达哥拉斯学派眼中，5 是爱情和婚姻的化身。他们还用五角星（图 9–2）作为彼此之间兄弟情谊的象征。这是黄金分割率第一次出现在历史上。如果你作一个正五角星，并仔细测量其中三角形任意一长边与底边的比值，你就会发现，这两条边之比恰好等于黄金分割率（图 9-2 中的 *a/b*）。同样，中间的正五边形的对角线与其边之比，也等于黄金分割率（图 9-3 中的 *c/d*）。事实上，只用直尺和圆规就可以轻松地画出这样一个正五角星（这种尺规作图画出正五角星的方法在古希腊时代就有记录）。在作图过程中，你需要把一条线段分成两段，而这个分割点就满足黄金分割。

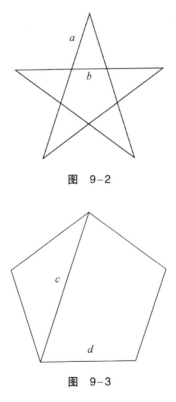

图 9-2

图 9-3

在毕达哥拉斯之后，柏拉图又赋予黄金分割率新的神秘含义。古希腊人相信，宇宙中的所有物质都是由 4 种基本元素组成——

土、火、空气和水。在对话录《蒂迈欧篇》中，柏拉图用5种符合对称规则的多面体来解释物质的结构，它们通常被称为"柏拉图多面体"（platonic solids）。这5种凸面立体是正四面体、立方体（正六面体）、正八面体、正十二面体和正二十面体。这些多面体是仅有的各面都是正多边形（针对每一个单独的多面体而言）且其面积都相等的多面体，同时，每个多面体上的所有顶点都在一个球面上。柏拉图把其中4个多面体与构成宇宙的4种基本元素联系在了一起。例如，他认为土是立方体，火是正四面体，气是正八面体，水是正二十面体。关于正十二面体（图9-4d），柏拉图在《蒂迈欧篇》中写道："对于剩下的第5种复合图形，上帝用它来代表全部，并给它绣上精美的图案。"也就是说，在柏拉图眼中，正十二面体代表整个宇宙。请注意，正十二面体的每一个面处处都有黄金分割率的影子，它的体积和表面积都可以用黄金分割率的公式来表达——正二十面体也是如此。

历史表明，通过反复实验和试错，毕达哥拉斯学派及其后来者发现了特定几何图形的构成方式。在他们看来，这些几何图形代表着一些重要的概念，例如爱和整个宇宙。毫无疑问，正是毕达哥拉斯学派和欧几里得（他证明了这一教义）"发明"了蕴含在这些结构之中的黄金分割率的概念，并为它起了名字。与其他比例不同，1.618…这个数激发了众人的热情，成了一项丰富的数学研究的核心。即使在今天，我们仍然能在一些意想不到的地方发现它的踪迹。例如，在欧几里得时代的两千年之后，德国天文学家约翰尼斯·开普勒发现在斐波那契数列中，黄金分割率竟然也神秘地显现了。斐波那契数列是指数列 1, 1, 2, 3, 5, 8, 13, 21, 34, 55, 89, 144, 233, …从第3个数开始，数列中每一个数都是它之前的两个数之和，例如，2 = 1 + 1，3 = 1 + 2，5 = 2 + 3，等等。如果用这个数列中的一个数除以它前面的那个数，例如，144 ÷ 89，233 ÷ 144，其结果在黄金分割率附近波动。而且，随着数列的增加，这个值会越来越接近黄金分割率。比如，如果只取小数点之后 6 位的话，斐波那契数列的上述除法运算可得到如下结果：144 ÷ 89 = 1.617978，233 ÷ 144 = 1.618056，377 ÷ 233 = 1.618026，等等。

如今，人们通过观察发现，在一些植物叶片的排列分布方式（术语叫"叶序"）和部分铝合金晶体结构中，都存在斐波那契数列和黄金分割率的影子。

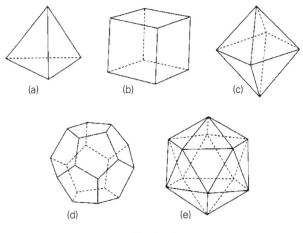

图 9–4

我为什么把欧几里得定义的黄金分割概念视为一种发明？这是因为欧几里得凭借富有创意的思想，把这个比例挑选了出来，进行了详细的分析，并成功地吸引了其他数学家的注意。不过值得注意的是，古代中国没有明确阐释黄金分割率的概念，目前发现的中国古代数学文献中基本上没有对它的具体描述。同样，古印度也没有发明黄金分割率的概念，只是在研究三角学的一些定理时隐约提到了这个比例。

许多例子可以证明，"数学是发现还是发明"这个问题其实是一个伪命题。数学是发明和发现的结合！作为一种概念，欧几里得几何学中的公理是发明，正如国际象棋的规则是人类的发明一样。公理被人类发明的各种概念不断补充，如三角形、平行四边形、椭圆、黄金分割率等。但从总体而言，欧几里得的几何学定理又都是发现，它们是连接不同概念的桥梁。在某些情况下，证明催生了定理——数学家仔细研究什么是能证明的，并从中总结、推演出定理。还有另一种情况，正如阿基米德在《方法论》中所描述的，数学家首先找出自己感兴趣的某个问题的答案，之后再寻找证明方法。

一般情况下，概念是被发明的。比如，质数这一基本概念是被数学家发明的，但是，关于质数的相关定理却是人们的发现。[270]在古巴比伦、古埃及和古代中国，当时的数学家们尽管已经发展出了先进的数学理论，但他们从未提出过质数的概念。我们能说，他们只是没有"发现"质数吗？这就好比说，英国没有"发现"唯一的、汇编成法典的宪章。正如一个国家在没有宪法时也能正常运转一样，没有质数的概念，复杂的数学也能不断发展。在历史上，数学的确也是这样发展的！

是什么原因促使古希腊人发明了"公理"和"质数"等概念？我们无法确定。但我们可以猜想，这要归功于他们坚持不懈地探索宇宙基本结构的努力。质数是数的基石，正如原子是物质构成的基础。同样，公理犹如一口源泉，所有的几何真理都从中源源不断地喷涌而出。正十二面体被视为代表了整个宇宙，而正是黄金分割率的概念引入了这一象征。

这些讨论揭露了数学又一个有趣的特性：数学是人类文明的重要组成部分。在古希腊人发明了公理方法以后，西方所有后续的数学理论都遵循这一方法，并接受了同样的哲学和实践方式。人类学家莱斯利·怀特（Leslie A. White，1900—1975）曾试图概括、总结数学中体现的人类文明，他说："假如牛顿是在霍屯督部落（南非的一个原始部落）长大成人的，他的计算能力可能只和霍屯督人一样。"[271] 许多数学发现（如纽结不变量），甚至一些意义重大的数学发明（如微积分），都是由不同数学家在独立的工作中实现的，这恐怕都源于数学体现出的文化复杂性。

你会说数学语吗？

我在前面比较过数学的抽象概念与文字含义之间的异同，那么，数学是一种语言吗？无论从数学逻辑还是从语言学的角度来分析，我们都可以看出，在某种程度上，数学的确是一种语言。布尔、弗雷格、皮亚诺、罗素、怀特海、哥德尔，以及他们在今天的追随者（特别是在哲学句法、语义学和语言学领域里）已经证明，语法和推理与逻辑符号的代数学密切相关。但是，为什么世界上有6500多种语言，却只有一种数学呢？事实上，所有不同的语言都有一些共同的结构特点。美国语言学家查尔斯·霍克特（Charles F. Hockett，1916—2000）在20世纪60年代提出，所有语言都有一种内在的固化的技巧，让新的词汇或短语能被人们比较容易地接受，如"网站主页""笔记本电脑"等。[272] 同样，所有的人类语言都允许存在抽象概念，如"超现实主义""匮乏""伟大"，允许否定的表达，如"不""尚未"，允许提出基本的假设，如"如果奶奶有轮子，那么她就是一辆汽车"。也许，在所有语言中最重要的两个属性就是"末端开放"（open-endedness）和"刺激自由"（stimulus-freedom）。末端开放意味着创造闻所未闻的表述，并理解这种表述的能力。比如，我可以很容易地造出这样一个句子："你不能用口香糖来修建一座大坝。"或许，你在过去从来没有听到过这句话，但你在理解它的意思时却不存在任何障碍。刺激自由是指在面对刺激时做出回应的能力。[273] 比如，创作型歌手卡洛尔·金（Carole King）在她的歌曲中提出了一个问题："明天你是否依然爱我？"答案应当是如下几种：(1) 我不知道明天我是否还活着；(2) 绝对还爱你；(3) 就算在今天我也不爱你；(4) 不会像爱我的狗那么爱你；(5) 这绝对是你最动听的一首歌；(6) 我想知道，今年谁会赢得澳大利亚网球公开赛的冠军。说不定，你已经发现这里列举的例子的特征，如抽象、否定、末端开放和演变能力，也正是数学的特点。[274]

我在前面提到过，莱考夫和努涅斯十分重视数学中的隐喻的作用。认知语言学家甚至认为，所有人类语言都使用隐喻来表达几乎所有的事物。更重要的是，自 1957 年起——正是著名的语言学家诺姆·乔姆斯基（Noam Chomsky）出版他那本革命性著作《句法结构》的年份 [275]——许多语言学家开始围绕"通用语法"（universal grammar，指支配所有语言的准则）展开了大量的研究。那些在表面上各不相同的语言，其背后也许隐藏着令人惊奇的相同结构。事实上，如果不是这样的话，那么帮助人们把一门语言翻译为另一门语言的词典，永远都不会起什么作用。

你也许想知道，为什么数学无论是在主题内容上，还是在符号概念上都是全球统一的。这个问题的前半部分尤其引人关注。大多数数学家一致认为，我们今天所知的数学起源于由古巴比伦、古埃及和古希腊人在实践中发展起来的几何学和算术——它们是数学最基础的分支。然而，数学是不是必须从那些特定的学科中发展而来？计算机专家斯蒂芬·沃尔弗拉姆（Stephen Wolfram）在他那本皇皇巨著《一门新科学》中提出了相反的观点，他认为这不是必需的。[276] 特别是，沃尔弗拉姆表明，通过简单的规则集合——它们类似于计算机程序，通常被称为"细胞自动机"（cellular automata）——人们可以发展出一门完全不同的数学。细胞自动机可以（至少在原则上可以）用作对自然现象建模的基础工具，借此替代使用了近 3 个世纪之久的微分方程。那么，是什么促使古代文明发现或发明了独特的数学"标记"呢？事实上，我也不是十分清楚，但是，这可能与人类感知系统有很大的关系。人类可以容易地发现并感知边、直线和光滑曲线。当你看到一条直线时，你能准确地（仅仅用肉眼）判断出它是一条直线吗？你能辨别出圆形和略微有点发扁的"圆"（椭圆）之间的差别吗？这种感知能力也许在很大程度上塑造了人类对世界的认识经验，并在此基础上催生了以离散对象（算术）和几何图形（欧几里得几何）为基础的数学。

数学符号走向统一的过程，也许有点像"微软 Windows 系统效应"——假如全世界都在使用微软公司开发的 Windows 操作系统，那不是因为这种"统一"不可避免，而是因为一旦这种操作系统占据了计算机软件的主流市场，那么所有人都不得不使用它，好让交流变得更容易，让自己开发的产品能被他人使用。同样的道理，西方的符号标记系统正是以这样的方式占据了数学世界的支配地位。

有意思的是，天文学家和天体物理家用一种有趣的方式对"数学是发明还是发现"的问题给出了自己的解答。最新研究表明，太阳系外约有 5% 的恒星至少有一个巨行星围绕其运行，就像太阳系中的木星。在整个银河系中，大概也是这个比例。尽管类地行星的精确数量目前还不得而知，但在银河系中充斥着类似的行星，数量可能多达数十亿颗。即使这类"地球"中只有非常小的一部分位于其主星的可居住带（在这一轨道范围内，行星表面能产生液态水），在这些行星的表面上仍有可能产生生命，特别是智慧生命。如果我们发现了另一种可以与之交流的智慧生命形式，我们就能借助这种智慧文明发展出的信息来解释宇宙。这样一来，我们不仅能在理解生命起源和进化方面取得巨大的进步，甚至还能把我们的逻辑体系与那些可能比我们高级的文明的逻辑体系进行比较。

更有趣的是，像永恒暴胀这类推测的宇宙学场景，都预测存在多重宇宙。或许在这些宇宙中，不仅自然常量的值与我们的宇宙不同，如力的强度、亚原子微粒的质量比，甚至整个自然法则都有极大差别。天体物理学家麦克斯·泰格马克认为，每一种宇宙都对应着一种可能的数学结构，或者按他的话说，那应该"就是一种"数学结构。[277] 如果泰格马克的理论是正确的，那么这将是"宇宙就是数学"这种观点的终极版本——不是只有一个宇宙等同于数学，而是所有宇宙都如此。不过，这种推测过于激进，而且目前根本无法得到验证，更重要的是，它（至少其最简单的形式）似乎与所谓的"折中原则"有矛盾。[278] 我在第 5 章中描述过，当你在大街上随机挑选一个人时，这个人的身高值落在以平均值为中心、以两个标准差值为边界的区间内的概率大约是 95%。同样的道理也适用于研究宇宙的属性。但是，可能的数学结构的数量会随着复杂性的增加而急剧增长。这意味着，最"普通"（最接近平均值）的数学结构注定非常复杂。这似乎与数学和宇宙学中的简洁性发生了冲突，因此，这也违背了我们最大的期待——我们的宇宙应当是典型的、具有普遍代表性的。

维格纳的难题

"数学是发明还是发现？"这其实是一个错误的问题，因为问题本身暗示了答案必须是非此即彼的，而且两种可能的答案相互排斥。我认为，数学有一部分是被发明的，有一部分是被发现的。通常的情况是，人类发明了数学概念，之后发现了这些概念之间的联系。一些以经验观察为基础的发现促成了概念的形成，但毫无疑问，概念本身也刺激了更多定理的发现。我还注意到，一些数学哲学家，如美国数学家希拉里·普特内姆（Hilary Putnam），采用了一种现实主义的中间立场。[279] 他们信奉数学发现的客观性，也就是说，命题要么正确，要么错误，而且，命题正确或错误是人类以外的因素造成的。他们不去评判发现，这有点像柏拉图学派的做法。这些观点能完美解释维格纳提出的"无理由的有效性"吗？

让我们先来简要回顾一下同时代的思想家们的观点，这其中可能提供了答案。[280] 诺贝尔奖获得者物理学家大卫·格罗斯（David Gross）曾经说：

"有一种观点认为，数学家们认可的数学结构并不是人类大脑的创造，相反，它们是理所当然的，就像物理学家描述所谓的真实世界时创造的种种结构一样，是一种实际存在。以我个人的经验来看，在那些极富想象力的数学家看来，这并不是什么非同寻常的想法。也就是说，数学家不是在发明全新的数学，而是在发现它们。如果事实的确如此，那么，我们正在努力探索的神秘世界——数学那无理由的有效性——也许将变得不那么神秘了。如果数学就是关于自然界那部分真实的结构，正如理论物理学的概念一样真实，那么在分析现实世界时，数学能成为一件有效的工具，这一点也就不值得惊讶了。"[281]

　　换句话说，格罗斯的想法介于"柏拉图的数学世界"与"宇宙就是数学"这两种观点之间，他这种"数学是一种发现"的观点被改版了，但相对而言，他更接近于柏拉图主义的观点。不过，正如我们看到的，"数学是一种发现"的说法很难在哲学上得到支持。而且，柏拉图主义并不能真正解释第 8 章中讨论过的数学那不可思议的精确性。格罗斯也承认这一点。[281]

　　阿蒂亚爵士是这样认为的（在他对数学本质的解释中，我赞同绝大部分观点）：

　　"如果在进化背景中看待人类的大脑，那么，数学在物理学中取得的不可思议的成就至少有一部分是说得通的。大脑进化的目的就是更好地理解和对待物理世界，因此，人类自然而然会为此发展出一门语言，也就是数学，来满足这一需要。"[282]

　　这一推理过程与认知科学家提出的观点不谋而合。不过阿蒂亚也承认，这并不能指引人们理解问题中最复杂的一部分：数学为什么能解释物理世界中的神秘现象？尤其是，这种解释再次抛出了数学有效性中"被动"一面（即数学概念在被提出很久以后，才找到应用领域）的问题。阿蒂亚说："无神论者提醒我们，生存的艰辛仅仅要求我们能处理人类能力所及的物理现象就足够了，而数学理论却貌似能成功解决从原子到银河的所有问题。"对此，阿蒂亚只建议："也许答案就在数学内在的抽象层面上，抽象可以让我们比较容易地解释各种问题。"

在 1980 年，美国数学家和计算机专家理查德·汉明（Richard Hamming，1915—1998）针对维格纳的问题发起了一场更广泛、更有趣的讨论。[283] 首先，在数学本质这一问题上，他总结道："数学是由人类创造的，所以人类可以轻易地不断对其修改、完善。"接着，他对数学无理由的有效性提出了 4 种可能的解释：(1) 选择效应；(2) 数学工具的进化；(3) 有限的数学解释能力；(4) 人类自身的进化。

"选择效应"是由使用的仪器或收集数据的方式造成的实验结果的扭曲。比如，在测试一个减肥计划的效果时，假如研究者没有考虑中途退出计划的人，就会让测试结果产生较大的误差，因为中途退出的人恰恰最有可能是那些减肥计划对其根本不起作用的人。换句话说，汉明认为，至少在某些情况下，"最初的现象是源于我们使用的数学工具，而不是来自真实的世界……我们其实是戴着'眼镜'看世界的。"汉明正确地指出，从三维空间的一个点发出的任何对称的力（能量不变）的行为都遵循平方反比定律，因此，理所应当也适用牛顿的引力定律。汉明的观点可以被接受，但是，选择效应还是不能解释数学中某些定律那异乎寻常的精确性。

汉明提供的第二个答案取决于人类为迎合特定环境而对数学做出的选择和改进。换句话说，汉明认为，我们正在见证数学思想的"进化和自然选择"——人类发明了大量的数学概念，而只有那些符合特定环境的概念才会被选中。多年来，我一直相信这是一个完美的解答。诺贝尔奖得主物理学家史蒂文·温伯格在他的著作《终极理论的梦想》中也表达了类似的观点。[284] 这真的是维格纳难题的答案吗？毫无疑问，这种选择和进化是事实。在仔细筛选了各种各样的数学形式和工具后，科学家们保留了有效的部分，并不断地更新和改进，以便让它们更好地适应现实需求。但是，即使我们接受了这种思想，数学定理为什么能从根本上解释宇宙呢？

汉明提出的第三个观点是，我们印象中的数学有效性也许是一种错觉，因为我们周围的世界有相当一部分是数学无法真正解释的。在支持这种观点的人中，我注意到数学家盖尔范德（Israel Moseevich Gelfand）曾经说过："有一件事比数学在物理中无理由的有效性更加无理由，这就是数学在生物学中的无理由的无效性。"[285] 我并不认为，这能在本质上解决维格纳的难题。这不像《银河系漫游指南》①中提到的那样，我们不能说生命、宇宙和所有事物的答案都是42。尽管如此，数学的确能够阐明、解释清楚众多现象，而且，能用数学阐释的事实和过程的范畴还在不断扩展。

汉明的第四条解释与阿蒂亚爵士的一个观点十分接近，那就是："根据达尔文的进化论，在生存竞争中，大自然理所当然会选择那些心智能反映出最佳的现实模型的生命，这里所谓的'最佳'指的是最适宜生存和繁衍的形式。"

苹果公司麦金塔（Macintosh）项目的启动者、计算机科学家杰夫·拉斯金（Jef Raskin，1943—2005）也赞同类似的观点，但

---

① *The Hitchiker's Guide to the Galaxy*，道格拉斯·亚当斯（Douglas Adams）创作的科幻小说。——译者注

他更强调逻辑的作用。[286] 拉斯金总结道：

> "人类逻辑是物理世界强加给我们的，因此逻辑与物理世界保持一致。而数学源自逻辑，这就是数学与物理世界一致的原因，这没有什么神秘的。即便如此，我们也不应该对大自然失去好奇心和兴趣，哪怕我们已经能更好地理解大自然了。"

不过，面对自己的强大论点，汉明本人却不是十分确信。他指出：

> "我们通常认为，科学已经有 4000 年历史了，这意味着最多经历了 200 代人。想一想，我们是通过小概率的变体来寻找进化的结果的，因此对我来说，这种进化只能解释很小一部分的数学'无理由的有效性'。"

拉斯金却认为："早在这之前，数学的根基就存在于我们祖先的脑海中了，或许早已经历了数百万代。"但我必须承认，我不认为这种观点十分可信。逻辑确实深深根植于我们祖先的大脑中，尽管如此，我们很难理解，它为何能引领我们得到亚原子世界中的抽象数学理论，比如，精确得不可思议的量子力学理论。

值得注意的是，汉明在他的文章结尾处承认："我给出的解释并不充分，不足以回答我试图解答的问题（指数学无理由的有效性）。"

如此一来，我们是否要承认，数学无理由的有效性仍然像我们刚开始讨论它时那样神秘莫测，然后就这样结束这本书呢？

在最终放弃之前，让我们借助科学的方法，再来仔细分析一下维格纳难题的实质吧。科学家首先通过一系列实验和观察来认识大自然中的事实。最初，这些事实被用来构建现象的定性模型，这些现象包括地球在吸引苹果、亚原子微粒的磁撞击产生了其他微粒、宇宙在膨胀，等等。此时，科学的许多分支还保持着非数学的形态，即使是新兴理论也是如此。在这类影响巨大的解释性理论中，最典型的例子就是达尔文的进化论。尽管自然选择的基础不是任何数学形式，但这一理论在阐述物种起源时取得的成功相当令人叹服。另一方面，在基础物理学中，科学家第二步通常要从数学角度来构建理论体系，各种量子理论就是如此，如广义相对论、量子电动力学和弦论等。最后，科学家利用数学模型预测新的现象、新的微粒，甚至是过去从来没有实现过的实验或观察的结果。让维格纳和爱因斯坦感到迷惑的，正是数学在最后两个步骤中取得的不可思议的成功。物理学家究竟为什么会一次又一次地发现，数学这个工具不仅能解释已经存在的实验结果和观测结论，而且还能孕育崭新的认知和猜想？

数学家鲁本·赫什曾经提出过一个有趣的例子，我想借用一下来回答上述问题。赫什说，在数学（和理论物理学）领域分析类似问题时，我们应当仔细检查那些最简单的情况。[287] 举个浅显的例子，当你往一个不透明的瓶子里放鹅卵石时，假设你第一次往瓶子里放了 4 块白色的鹅卵石，之后又放了 7 块黑色的鹅卵石。在历史中的某一刻，人类出于某种原因发现，他们可以通过自己发明的抽象概念——自然数，来代表任何颜色的一堆鹅卵石。白色鹅卵石的数量可以与数字 4（可以是 IIII，是 IV，或是当年人类文明使用的任意符号）联系在一起，同样的道理，黑色鹅卵石的数量与数字 7 联系在了一起。通过这类实验方法，人类还发现其他已发明的概念，那算术中的加法，能代表"合计"这种实际行为。也就是说，由符号 4 + 7 表示的抽象过程，其运算结果能清楚地预测瓶子中鹅卵石的总数。这一切意味着什么？这表明，人类发展出了一种非同一般的数学工具，借助这种工具，人类能够可靠地预测任何这类实验的结果。但是，这种工具并不总是有效的，比如，它对计算水滴就无能为力。如果你往瓶子里滴 4 滴水，之后再滴 7 滴水，很明显，此时瓶子中的水并不是 11 滴。为了解决液体或气体实验里的问题，人类不得不又发明出一种完全不同的概念体系，如重量，而且他们意识到，必须为每一滴水或每一体积的气体称重才行。

事情到这里就很清楚了。数学工具并不是被随意挑选的，而是根据实验或观察需要精确确定的。所以，至少在非常简单的例子中，数学的有效性得到了保证。人类不必事先猜测哪种才是正确的数学工具，大自然为他们慷慨提供了反复尝试的机会，然后再决定哪种工具是有效的。面对复杂的应用环境，人类不必拘泥于一种工具。有时，在面临特定问题时，我们也许找不到合适的数学形式（工具）来解决。这时，数学家们就必须发明出一种全新的数学工具，正如牛顿为了研究万有引力而发明了微积分，现代数学家在探索弦论时发明了各种拓扑和几何思想。还有一种情况是，数学形式早已经存在了，但人类在经历了很长时间之后才发现，它可以用来解决某个问题，比如，爱因斯坦利用黎曼几何研究相对论，分子物理学家利用群论研究微粒结构。关键在于，出于强烈的好奇心、固执的坚守、创造性的想象力和勇敢的决断力，人类总能找到合适的数学形式，为大量的物理现象建模。

对于数学有效性中"被动"的一面来说，数学有一个特征可谓至关重要，那就是它永久的正确性。无论在公元前 300 年，还是在今天，欧几里得几何始终正确。如今我们知道了，欧几里得几何中的公理并非是必然的，而且，与其说它代表了空间的绝对真理，还不如说它代表的是人类意识到的一个特定宇宙中的真相，是与这个宇宙相关联的人类发明的形式体系的真相。尽管如此，一旦我们更好地理解了欧几里得几何的应用范围，其中所有的定理仍然成立。换句话说，一个数学分支成了另一个更广泛、更综合的数学分支的一部分（欧几里得几何是众多几何形式中的一种），但是，每一个分支永远保持着自己的正确性。正是数学这种无限的生命力，让数学家们在任何时候都能从整个数学形式的"工具箱"中找出合适的数学工具。

　　瓶中的鹅卵石这个简单的例子还不能完全阐明维格纳难题中的两个基础要素。首先，在某些情况下，我们从理论中得出的精确性为什么比先前"放入"理论的精确性还高？在鹅卵石的实验中，"预测"的结果（鹅卵石的合计总量）不会比构建"理论"（加法）的实验更精确。然而，牛顿的引力定律预测的结果远远比推动这一理论发展的实验观察结果更精确。这究竟是为什么呢？如果你再回顾一下牛顿理论形成的历史，就会对此有更深入的理解。

　　托勒密（Ptolemy）的宇宙几何模型在近 15 个世纪里一直占据着天文学的主导地位。尽管该理论既没有宣称具有普适性——每颗行星的运行都是分别计算的——也未提及物体运动的原因（如力、加速度等），但模型与观察结果相符，这一点合乎情理。尼古拉斯·哥白尼（Nicolaus Copernicus, 1473—1543）在 1543 年发表了他的日心说。之后，伽利略进一步发展了这一学说，让其更为可信。伽利略还为运动定律奠定了基础。不过，第一位从观察现象开始，继而推演出行星运动的（虽然只是现象学的）数学规律的人，却是开普勒。开普勒运用了大量的天文观测数据，而这些数据实际上是天文学家第谷·布拉赫在长年观测火星运动轨道时记录下的内容。[288] 开普勒把数百页的计算称为"我和火星之间的斗争"。事实上，除了有两个地方与事实略有出入之外，开普勒计算得出的天体运行的椭圆形轨道符合所有观测结论。开普勒本人对这一成果也十分满意。后来，他还描述了自己的思维过程："如果我当初也相信可以忽略那8分的误差（这里指8分角度），我可能早就因此修改了自己的假说。现在，这种误差既然没有被忽略，那么仅仅这8分就足以为天文学指出一条革新之路。"这一严谨的作风带来了巨大的影响。开普勒推断，行星的运动轨道并不是一个圆，而是椭圆。他还构想了另外两条适用于所有行星运动的量化定律。当这些定律与牛顿的运动定律联系起来以后，它们就共同构成了牛顿的万有引力定律的基础。然而，让我们回头看一看笛卡儿的涡旋理论。这一理论认为，做螺旋运动的粒子形成的涡旋带动行星围绕太阳运动。即便在牛顿证明它存在矛盾之前，涡旋理论也并未得到广泛认可，因为笛卡儿始终没能用数学方法系统地表达自己的理论。

从这段历史中，我们学到了什么呢？毫无疑问，牛顿的万有引力定律是一件伟大的杰作，但是，这一天才的理论并不是凭空产生的。事实上，早在牛顿之前，已经有一批科学家为奠定这一理论的基础付出了艰辛的劳动，并取得了一定的成果。正如第4章讲到的，当时的一些科学家，如建筑学家克里斯托弗·瑞恩和物理学家罗伯特·胡克，虽然他们的数学造诣比不上牛顿，但他们都各自独立提出了引力与距离的平方成反比。然而，牛顿的伟大之处在于，他凭借独一无二的天赋将所有观点统一成了一套完整的理论体系，更重要的是，他坚持为自己的理论结果写下数学证明。数学形式为何会如此精确？一部分原因在于，它解决了一个最基础的问题——两个引力体之间的力及其运动结果，没有任何其他复杂的因素介入。牛顿针对这一问题，而且仅仅针对这一问题，给出了完整的解决方案。从此之后，基础理论的精确性从未改变，然而，其适用范围却在不断调整。太阳系不仅由两个天体构成，所以，当我们把其他行星的引力效应（仍然遵循与距离平方成反比的定律）也考虑在内时，行星的运动轨道将不再是一个简单的椭圆。例如，人类已经发现地球的运动轨道在宇宙空间中有微弱的改变，这是因为地球在"进动"，相当于旋转物体的自转轴围绕另一个轴转动。实际上，与拉普拉斯的期望正好相反，现代天文学研究表明，行星的运行轨道甚至可以被视为无序的。[289] 当然，牛顿的理论最终也拜倒在爱因斯坦的广义相对论之下，但相对论也经历了一系列失败，而且差点就胎死腹中了。因此，人们无法事先预测理论的精确性。布丁的味道只有在品尝以后才能知道——只有经过不断地调整和补充之后，我们才能得到理想的精确结果。只有很少的理论只踏出一步就达到了至高的精确度，那简直就是奇迹。

很明显，在成功探索基础定律的背后，有一个难以忽略的事实。这个事实就是，自然界是被"普适"法则而不是狭隘的次要法则所支配，这对我们人类来说，太仁慈了。无论在地球上，在银河系边缘，还是在距地球 100 亿光年之外的星系中，无论在任何时间、从任何角度观察，氢原子的运动方式都完全相同。数学家和物理学家发明了一种数学术语来说明这种属性，即"对称"，它反映了一种与观测位置和角度的变化，以及计时的起始时间都无关的性质。假如没有这些对称的话，我们就不可能理解自然规律，因为实验无法在空间中的任何一点进行重复（假设在宇宙的每个地方都会出现生命）。隐藏在数学理论中的另一个宇宙特性是"定域性"（locality），它反映了人类从描述基本粒子间最基础的相互作用开始，逐渐像拼拼图一样，构建"大场景"的能力。

现在，我们来看维格纳难题中的最后一条：究竟是什么从根本上保证了数学理论能够持久存在？换句话说，为什么会有广义相对论？是否"不存在"引力的数学理论？

事实上，答案比你想象的要简单：什么都无法保证这一点！[290] 许多现象都无法被精确预测，哪怕只是在原则上精确。例如，在产生混沌的各种动态系统中，初始条件的任何微小变化都可能导致完全不同的结果。从股票市场的起伏、落基山脉上空的气候变化、小球在轮盘格子间的反弹、香烟的烟圈在空气中的飘曳，到行星在太阳系中的轨道运动，这些现象都不可能被精确地预测。这并不是说，数学家没有发展出精妙的数学工具来探索这些问题，而是确定性的预测理论根本不存在。其实，概率论和统计学处理的就是一些缺乏"产出大于投入"的理论的领域。科学家提出了"计算复杂性"的概念，用来描述人类利用运算法则解决问题的局限性，而哥德尔的不完备定理表明了，数学本身也存在局限性。也就是说，尽管数学在某些学科中有着非凡的效力，尤其在基础学科领域更是如此，但我们也要看到，数学并不是万能的，它无法从各个层面上都能描述我们的宇宙。从某种程度上讲，科学家们选择了那些可以以数学方式处理的问题，并以此为基础进行深入研究。

那么，我们是不是完全破解了数学神秘而无理由的有效性呢？我向大家保证，我已经竭尽所能了，但是我仍然感到忐忑不安。说老实话，我完全无法确信，每位读者都能被我在这本书中表达的观点所说服。不过在这里，我觉得可以引用一下罗素在《哲学问题》中的一段话，来表达我此时的心情：

　　"最后，我们来总结哲学的价值。可以说，哲学是用来研究的，而不是用来寻找哲学问题的确切答案的，因为没有一种确定答案可以被当作不变的真理。相反，哲学本身就是寻找问题。正是这些问题拓展了我们对可能性这一概念的认知，丰富了我们的智慧想象，让我们放弃执念，引导心智不断去猜想。但更重要的是，哲学思考的是宇宙之浩瀚，而人类心智也会随着这种思考变得深邃，并逐渐与宇宙融为一体，臻于至善。"[291]

注释

第1章

[1]　金斯，1930 年。

[2]　爱因斯坦，1934 年。

[3]　霍布斯，1651 年。

[4]　彭罗斯在《皇帝新脑》（*Emperor's New Mind*）和《通向实在之路》（*Road to Reality*）等书中对这三个世界有非常精彩的讨论。

[5]　维格纳，1960 年。在本书中，我会多次引用这篇文章。

[6]　哈代，1940 年。

[7]　关于哈代 – 温伯格定律的详细讨论，请参阅赫德里克（Hedrick）在 2004 年的一个例子。

[8]　柯克斯早在 1973 年就发明了著名的 RSA 加密算法，但当时，这是英国的国家机密，未予发表。在此之后不久，这一算法又被美国麻省理工学院的里弗斯特（R. Rivest）、沙缪尔（A. Shamir）和阿多尔曼（L. Adleman）独立地研究了出来，请参阅这三人在 1978 年的著述。

[9]　对称、群论以及相关理论发展过程中的种种纠葛，参见作者在另一本书《无法解出的方程》（*The Equation That Couldn't Be Solved*，2005）中的讨论。斯图尔特（2007）、洛南（Ronan, 2006）和杜·索托伊（Du Sautoy, 2008）的著述也有讨论。

[10]　格雷克（Gleick, 1987）对混沌理论的有过非常精彩的描述。

[11]　布莱克和斯科尔斯，1973 年。

[12]　阿普尔盖特等人（Applegate et al., 2007）对这一问题给出过精彩而专业的解答。

[13] 尚热、孔涅，1995 年。

[14] 加德纳，2003 年。

[15] 阿蒂亚，1995 年。

[16] 尚热、孔涅，1995 年。

[17] 华勒钦斯基和华莱士（Wallechinsky and Wallace，1975～1981）对玛乔丽·弗莱明的生平简述。

[18] 斯图尔特，2004 年。

第2章

[19] 关于笛卡儿的贡献在第 4 章中将会有进一步的描述。

[20] 笛卡儿，1644 年。

[21] 亚姆利库，大约公元 300 年；加思里，1987 年。

[22] 拉尔梯乌斯（Laertius），约公元 250 年；波尔菲里（Porphyry），约公元 270 年；亚姆利库，约公元 300 年。

[23] 亚里士多德，约公元前 350 年；伯克特（Burkert），1972 年。

[24] 希罗多德，公元前 440 年。

[25] 波尔菲里（Porphyry），约公元 270 年。

[26] 关于毕达哥拉斯学派观点，请参阅斯特罗迈耶（Strohmeier）和韦斯特布鲁克（Westbrook）在 1999 年的讨论。

[27] 斯坦利，1687 年。

[28] 威尔斯（Wells）在 1986 年编写了一个小册子，对数的那些令人着迷的特点进行了专门分析。

[29] 引自希思（Heath）的著述，1921 年。

[30] 亚姆利库，约公元 300 年；加思里，1987 年。

[31] 斯特罗迈耶和韦斯特布鲁克，1999 年；斯坦利，1687 年。

[32] 希思在 1921 年对这个词在不同历史时期的确切含义进行了详细分析。士麦那（Smyrna，古代小亚细亚西海岸城市，现为土耳其伊兹密尔）的数学家赛翁（Theon，约公元 70—135）在《数学，理解柏拉图的关键》（*Mathematics, Useful for Understanding Plato*，130）一书中对这个词有十分形象和生动的描写。

[33] 读者也许已经注意到了，普罗克洛斯在评论中并没有提到他本人是否相信这一定理确实由毕达哥拉斯第一个发现。关于献祭公牛的故事出现在

拉尔梯乌斯、波尔菲里和普鲁塔克等历史学家的笔下。这个故事来自阿波罗多罗斯（Apollodorus）的诗歌。然而，这些诗歌只提到了"那条著名的命题"，并没有说命题是什么。拉尔梯乌斯，公元 250 年；普鲁塔克，公元 75 年。

[34]　勒农和菲利欧扎（Renon and Felliozat），1947 年；范·德·瓦尔登（Van der Waerden），1983 年。

[35]　这种宇宙起源论基于一种观点，认为（有限的）结构塑造了（无限的）物质，这一事实催生了现实。

[36]　莫里斯（Morris），1999 年。

[37]　朱斯特 – 高基（Joost-Gaugier），2006 年。

[38]　关于毕达哥拉斯学派的贡献及其影响，赫夫曼（Huffman，1999）、里德维格（Riedweg，2005）、朱斯特 – 高基（2006），以及赫夫曼（2006）在《斯坦福哲学百科全书》（*Stanford Encyclopedia of Philosophy*）中有非常全面的讨论。

[39]　弗里茨（Fritz），1945 年。

[40]　在这本书里，我不打算详细讨论有关无穷的概念以及康托尔和戴德金等人的研究，奥采尔（Aczel，2000）、巴罗（Barrow，2005）、德韦琳（Devlin，2000）、卢克尔（Rucker，1995）、华莱士（2003）对这部分内容有十分精彩的分析。

[41]　亚姆利库，约公元 300 年。

[42]　请参阅内茨（Netz）在 2005 年的研究。

[43]　怀特海，1929 年。

[44]　当然，柏拉图和他的思想可以写整整一章，但我在这里只选取了对本书讨论的主题有帮助的内容。关于柏拉图的生平，请参阅哈密顿和凯恩斯（Hamilton and Cairns，1961）、哈夫洛克（Havelock，1963）、戈斯林（Gosling，1973）、罗斯（Ross，1951）、克劳特（Kraut，1992）的著作。关于柏拉图的数学思想，请参阅希思（1921）、彻尼斯（Cherniss，1951）、穆勒（Mueller，1991）、福勒（Fowler，1999）、赫茨 – 菲施勒（Herz-Fischler，1998）的著述。

[45]　这场演讲发生在公元 362 年，但在演讲中并没有说明石碑铭文的具体内容。埃留斯·阿里斯提德斯（Aelius Aristides）的手稿有一处不起眼的地方记录了铭文的文字内容。这段内容也许是公元 4 世纪的演讲家苏帕罗斯（Sopatros）记下的，并由安德鲁·贝克尔（Andrew Barker）把它

翻译了过来，大体意思是："在柏拉图学院大门前有一块石头，上面刻着'非几何学者不得入内'，（这是）'不公平'和'不公正'的替代，因为几何追求的就是公平和公正。"这段内容似乎暗示了在那块神圣之地，柏拉图的石碑铭文用"非几何学者"代替了"不公平或不公正的人"，即"不公平和不公正的人不得入内"。后来，这个故事在公元6世纪的亚历山大哲学家们那里至少被重复了5次，并最终被12世纪的博学家约翰内斯·策策斯（Johannes Tzetzes，约1110—1180）记载在《千万》（*Chiliades*）中，详细描述请参阅福勒在1999年的著述。

[46]　这一系列失败的考古发掘，请参阅格鲁克尔（Glucker，1978）的著述。

[47]　彻尼斯，1945年；梅克勒（Mekler），1902年。

[48]　彻尼斯，1945年；普罗克洛斯，约450年。

[49]　柏拉图，约公元前360年。

[50]　华盛顿，1788年。

[51]　关于这个寓言，J.A.斯图尔特在1905年有非常有趣的讨论。

[52]　关于柏拉图主义及其在数学哲学中的地位，蒂勒斯（Tiles，1996）、穆勒（1992）、怀特（1992）、罗素（1945）和泰特（1996）等人有非常有趣的讨论。戴维斯（Davis，1981）、赫什（1981）和巴罗（1992）以通俗易懂的语言做过非常精彩的描述。

[53]　关于这一问题的讨论请参阅穆勒（2005）的著述。

[54]　柏拉图对天文学的评论和对行星运行的观点集中体现在《理想国》《蒂迈欧篇》和《法律篇》中。夫罗斯托斯（G. Vlostos）和穆勒分别在1975年和1992年讨论了柏拉图观点的含义。

[55]　DOXIADIS A K. Uncle Petros and Goldbach's Conjecture. 2000.

[56]　对于这个命题的详细讨论请参阅李本伯恩（Ribenboim，1994）的文献。

[57]　我将在第9章进一步讨论这些观点。

[58]　贝尔，1940年。

第3章

[59]　亚里士多德，约公元前330年；也可参阅亚历山大·柯瓦雷（1978）的文献。

[60]　伽利略，1589～1592年。

[61]　关于数学与逻辑的问题，我将在第7章中讨论。

[62] 贝尔，1937 年。

[63] 这是在对数学家欧托基奥斯（Eutocius，约公元 480—540）所著的《对圆周的测量》（*Measurement of a Circle*）一书的评论里提到的。参阅海伯格的著作，1910～1915 年。

[64] 普鲁塔克，约公元 75 年。

[65] 阿基米德的出生时间一般是根据公元 12 世纪拜占庭帝国的作家策策斯在《千万》一书中的提法确定的。

[66] 狄克斯特霍伊斯（Dijksterhuis）在 1957 年考证了这段历史。

[67] 罗马建筑学家马可·维特鲁威（Marcus Vitruvius Pollio，公元前 1 世纪）在他的专著《建筑学》（*De Architectura*）中讲述了这个故事。他说阿基米德在水中分别放入了与王冠等重的一块金子和一块银子。他发现，把王冠浸入水中时溢出的水比放入黄金时溢出的要多，但比放入白银时溢出的要少。从溢出的水的体积，很容易就能计算出王冠中黄金和白银的比例。因此，与传说相反，阿基米德并不需要流体静力学知识就解决了王冠的问题。

[68] 托马斯·杰斐逊在 1814 年给克莱拉·德·塞拉（M. Correa de Serra）的一封信中写道："正如阿基米德的杠杆，如果给一个支点的话，人类最妙的想法能撬动地球。"拜伦在《唐璜》中提到过这句名言。约翰·肯尼迪在他的竞选演讲中也引用了这句话，这篇演讲全文刊登在了 1960 年 11 月 3 日的《纽约时报》上。马克·吐温在 1887 年撰写的一篇名为《阿基米德》的文章中也采用了这句话。

[69] 一个由美国麻省理工学院的学生组成的研究小组在 2005 年 11 月试图再现阿基米德用镜子把战船点燃的故事。他们中有人甚至在电视节目《流言终结者》（*Myth Busters*）中重复了这一试验。但试验的结论似乎没有说服力，学生们最终设法让战船自燃，但并没有产生足够大的火势。事实上，相同的试验在 2002 年也进行了一次，当时是在德国，研究人员用了 500 面镜子把一艘船的船帆给点燃了。

[70] 这段十分生动的描写来自策策斯在《千万》一书中的记载。请参阅狄克斯特霍伊斯的著述（1957）。普鲁塔克只是十分简略地说，阿基米德拒绝跟那位罗马士兵去见他们的主帅马塞卢斯，他着急要把自己正在研究的问题先解决出来。

[71] 怀特海，1911 年。

[72] 关于阿基米德的研究工作，在希思《阿基米德的成就》（*The Works of*

Archimedes，1897）一书中有非常精彩的描写。除此之外，狄克斯特霍伊斯（1957）和霍金（Hawking，2005）也有过精彩的叙述。

[73]　希思，1897 年。

[74]　关于这段历史，内茨和诺埃尔（2007）有过非常生动的描写。

[75]　约公元 975 年。

[76]　内茨和诺埃尔，2007 年。

[77]　威尔·诺埃尔（Will Noel）是这一项目的负责人，他安排我与威廉·克里斯滕 – 巴里（William Christens-Barry）、罗杰·伊斯顿（Roger Easton）和基斯·诺克斯（Keith Knox）会面。该项目小组不但设计了窄带影像系统，还发明了利用该系统确定影像中真实文本的算法。影像处理技术在研究人员托纳齐尼（Anna Tonazzini）、拜蒂尼（Luigi Bedini）和萨莱诺（Emanuele Salerno）的努力下得到进一步发展。

[78]　狄克斯特霍伊斯，1957 年。

[79]　关于微积分的历史及其重要意义，伯林斯基（Berlinski，1996）有过非常精彩的描写。

[80]　希思，1921 年。

[81]　普鲁塔克，约公元 75 年。

[82]　西塞罗，公元前 1 世纪。关于西塞罗著作的文本结构、使用修辞、象征意义，请参阅积家（Jaeger，2002）的研究。

[83]　较为流行的伽利略的生平传记是德拉克的著作《工作中的伽利略》（*Galilei at Work*，S. Drake，1978）。还有一本流传广泛的著作是莱斯顿所著的《一种人生》（*A Life*，J. Reston，1994）。也可参阅范海尔登和布尔的著述（Van Helden and Burr，1995）。伽利略的研究工作，请参阅安东尼奥·法瓦罗（Antonio Favaro，1890—1909）的著作。

[84]　《小平衡》，伽利略，1586 年。

[85]　伽利略，1589～1592 年。施密特（C. B. Schmitt，1969）曾认为，伽利略会这么说是因为他握铅球的那只手要比握木球的那只手更容易感到酸痛，所以在他松手时，放开木球会更快一点。针对伽利略有关下落物体的正确观点，弗洛瓦（Frova）和玛兰扎纳（Marenzana）在 1998 年成功进行了实验。关于伽利略在物理学上的研究，柯瓦雷在 1978 年有精彩的讨论。

[86]　关于伽利略的实验方法和思维过程请参阅谢亚（Shea，1972）和玛查美（Machamer，1998）的著述。

[87] 伽利略，1582～1592 年。伽利略在《物体在轨道上的运动》，也称《论运动》（*De Motu*）中评论了亚里士多德。

[88] 关于维吉尼娅的故事，在达瓦·索贝尔的《伽利略的女儿》（*Galileo's Daughter*，Dava Sobel，1999）一书中有详细的记载。

[89] 伽利略，约 1610 年。这些研究最终催生了望远镜，里维斯（E. Reeves，2008）对这段历史有生动的描写。

[90] 诺埃尔·斯维德劳，1998 年。关于伽利略利用望远镜观察发现的详细叙述，请参阅谢亚（1972）和德拉克（1990）的文章。

[91] 对伽利略在天文学上的发现以及望远镜发展历史，帕纳科（Panek，1998）有非常生动和精彩的描述。

[92] 关于伽利略对哥白尼学说的丰富，谢亚（1998）和诺埃尔·斯维德劳（1998）有非常透彻的分析。

[93] 这封信本来是伽利略写给托斯卡纳驻布拉格的大使的，但他误把这封颠倒了字母顺序的信寄给了开普勒。

[94] 事实上，开普勒在给伽利略的信中写道："我恳请您，不要让我们陷入长久的语义猜测之中。因为您使用的可谓真正的德文。请想一想，您的沉默让我多么焦虑。"引自卡斯帕（Caspar，1993）。

[95] 谢亚（1972）对这段历史有十分生动的描述。

[96] 这首诗的原文是拉丁文。托马斯·斯格特曾经是伽利略在帕多瓦的一位学生。这首诗出现在法瓦罗的《伽利略的研究工作》（*Le Opere*）一书中。尼克尔森的《现代语文学》（*Modern Philology*，Nicolson，1935）中有关于这首与望远镜有关的小诗的精彩讨论。

[97] 柯曾（Curzon），2004 年。

[98] 乔治奥·科瑞西奥，1612 年。同时见谢亚（1972）。

[99] 请参阅在迪·格拉齐亚所著的《沉思》（*Considerazioni*，1612）一书，在法瓦罗撰写的《伽利略的研究工作》第 4 卷第 385 页中再次引用。

[100] 引用自谢亚（1972）。

[101] 这场关于太阳黑子的论争，范海尔登（1996）和诺埃尔·斯维德劳（1998）有非常完整和精彩的描述。也可参阅谢亚的著作（1972）。

[102] 伽利略，1623 年。

[103] 法瓦罗编辑了伽利略的所有著作。他发现马里奥·古德西奥收集的绝大部分手稿（包括信件）的笔迹都出自伽利略本人。

[104] 格瑞斯，1619 年。

[105] 伽利略，1623 年。

[106] 伽利略，1638 年。

[107] 关于伽利略对待科学和《圣经》的看法，费尔德伯格（Feldberg，1995）和麦科姆林（McMullin，1998）有绝妙的分析。

[108] 参阅冯·吉布勒（von Gebler，1879）的著作。

[109] 神学家卡诺（Melchoir Cano）在 1585 年声称："不仅每一个字，而且（《圣经》的）每一个逗号都是圣灵给予的。"引自瓦维特（Vawter，1972）。

[110] 更详细的描述请参阅雷东迪的著作（Redondi，1998）。

[111] 伽利略，1632 年。

[112] 德·桑蒂利亚纳（de Santillana），1955 年。

[113] 德·桑蒂利亚纳，1955 年。

[114] 贝尔坦·马利（Beltrán Mari），1994 年。也可参阅弗洛瓦和玛兰扎纳在 1998 年的讨论。

第4章

[115] 引自塞奇威克和泰勒（Sedgwich and Tyler，1917）。

[116] 笛卡儿生平的传记可谓数不胜数，其中最经典的是巴耶（Baillet，1691）撰写的。其他比较有参考价值的传记作品是菲鲁曼（Vrooman，1970）和洛蒂－勒维（Rodis-Lewis，1998）的作品。贝尔（Bell，1937）对笛卡儿的记叙非常简练，但十分生动，此外还有芬克尔（Finkel，1898）、沃森（Watson，2002）和葛瑞林（Grayling，2005）等人有趣的描写。

[117] 毫无疑问，笛卡儿那天遇到的就是艾萨克·比克曼，不过比克曼在他的日记中从来没有提过这个写在木板上的问题。比克曼只是说，笛卡儿"竭尽所能地证明在现实里不可能有天使"。

[118] 参阅历史学家高克罗杰（Gaukroger，2002）的描述。

[119] 大多数传记作者认为，那天晚上，笛卡儿是在纽因堡省的乌尔姆（Ulm）镇。笛卡儿本人在笔记本上记录了这个故事。据说，一些早期的传记作者曾经见到过这个笔记本，不过只有很少的几段文字幸存至今。笛卡儿在他的《关于彗星的演讲》一书中重现了他对这个梦的印象。关于笛卡儿这个梦的全面分析及其可能的解释，请参阅葛瑞林（2005）和科勒（Cole，1992）的著作。

[120] 这封信是写给皮埃尔·莎努（Pierre Chanut）的，他当时是法国驻瑞典

大使，在哲学方面也有一定研究。参见亚当和坦纳瑞（Adam and Tannery，1897～1910 年）的著作。

[121] 笛卡儿最初被安葬在瑞典北马尔默（Nord-Malmoe）的一处墓地中。当他的遗骸被送回法国时，有谣传说，笛卡儿遗骸的一部分，特别是他的头盖骨仍然在瑞典（参见亚当和坦纳瑞的著作）。在法国，笛卡儿的遗骸先是被葬在圣日南斐法（Sainte-Genevieve）修道院，后来又放在小奥古斯汀娜（Petits-Augustines）女修道院，最终，被安葬于圣日耳曼·德佩的一所附属小礼拜堂内，也就是今天的圣贝努瓦（Saint-Benoit）礼拜堂。我好不容易才找到它，因为我无法相信，笛卡儿不是被完整地安葬的。

[122] 参阅巴尔茨（Balz，1952）。

[123] 关于笛卡儿的研究工作最经典、权威的著作是亚当和坦纳瑞汇编的，我对笛卡儿的大多数引用来自他们二人的作品。笛卡儿的很多现存文稿被翻译为单行本，如维奇的《笛卡儿哲学思想》（*Descartes' Meditations*，Veitch，1901），包括了笛卡儿的《谈谈方法》《沉思集》和《哲学原理》。关于笛卡儿的科学哲学思想，请参阅克拉克的著作（Clarke，1992）。

[124] 笛卡儿哲学的优秀入门读物，请参阅科廷厄姆（Cottingham，1986）的著作。关于笛卡儿"我思，故我在"的哲学讨论，请参阅沃特斯托夫（Wolterstorff，1999）、里克尔（Ricoeur，1996）、索莱尔（Sorell，2005）、克雷（Curley，1993）和贝萨德（Beyssade，1993）的著作。

[125] 笛卡儿，1637 年。这本书的一个完整版本是由 P. J. Olscamp 在 1965 年编辑出版的，还包括了初版时的摹本，被译为《笛卡儿几何》（*The Geometry of René Descartes*），由史密斯（D. E. Smith）和拉坦曼（M. L. Latham）翻译。

[126] 罗斯·鲍尔（1908）对笛卡儿在数学上的成就进行了出色的归纳和总结。关于笛卡儿的生平和研究，奥采尔（2005）也有十分精彩而通俗的描写。高克罗杰（1992）透彻分析了笛卡儿代数所表现出的抽象。

[127] 笛卡儿坚定地相信"自然法则"是存在的，这一点能从他在 1632 年 3 月写给梅森的信中看出来。他在信中写道："我正在大胆探寻所有恒星固定于一个确定位置的原因。尽管它们的分布看起来很不规则，遍布宇宙的各个角落，但是，我确信在它们之间有一种规则，并且是一种决定性的自然秩序。"

[128] 请参阅亚当和坦纳瑞的著作，以及米勒（Miller，1983）的著作。嘉伯（Garber，1992）对笛卡儿在物理学上的研究进行了详细讨论。关于笛卡儿的自然哲学思想，请参阅凯令（Keeling，1968）的著作。

[129] 这座纪念碑是在 1731 年建造的，它出自于威廉·肯特（William Kent）和佛兰德斯雕塑家迈克尔·里斯布莱克（Michael Rysbrack）之手。牛顿塑像的肘部之下垫着几本他的著作，雕塑中的几个小孩象征着牛顿最主要的发现。除了石棺，还有一个金字塔形结构，中间安放着一个球体，上面刻画着拂晓的星辰，以及 1681 年彗星运动的轨迹。

[130] 今天，我们已经无法确定牛顿这句话的真实意思是不是对胡克的侮辱。默顿（Merton，1993）发现在牛顿的时代，"站在巨人的肩上"是一种十分普遍的表达。

[131] 牛顿的所有信件都被特恩布尔（Turnbull）、斯科特（Scott）、霍尔（Hall）和提灵（Tilling）收集全了（1959～1977 年），这真让人难以置信。

[132] 牛顿的几本传记都描写了他与胡克之间的恩怨，包括韦斯特福尔（Westfall，1983）、霍尔（1992）和格雷克（2003）的著作。

[133] 胡克在 1674 年发表的一篇论著中提到了引力："在物体运动时，越接近物体的中心，吸引力就越强大。"很明显，胡克对引力的直觉是正确的，但他没有从数学角度去表述他的直觉。

[134] 牛顿的《原理》有很多优秀的译本，包括莫特（Motte，1729）、科恩（1999）、惠特曼（Whitman，1999）的译著。但最常见的是钱德拉塞卡（Chandrasekhar）在 1995 年编辑出版的版本，其中附有很多十分有价值的注解。关于牛顿的引力定律和这一定律的历史，吉里法尔科（Girifalco，2008）、格林（Greene，2004）、霍金（2007）和彭罗斯（2004）都有十分详细的论述。

[135] 牛顿，1730 年。

[136] 威廉·史塔克利，1752 年。除了完整的传记外，他还写了一些关于牛顿生活及与他有关的一些故事。我参考了德摩根（1885）和克拉伊特（Crait，1946）的笔记。

[137] 大卫·布儒斯特（David Brewster）在 1831 年撰写的一部牛顿传记中提到："据说，从这棵著名的苹果树上掉下了一个苹果，引起了牛顿的注意，促使他思考万有引力。但最终在 4 年前的一场大风中，这棵苹果树被吹倒了，不过特诺爵士（Sir Turnor，当时牛顿在乌尔索普住所的所有人）把它做成了一把椅子。"

[138] 关于牛顿学习数学的经历，霍尔（1992）有很好的描述。

[139] 这份备忘录收藏在英国朴次茅斯档案馆。那里还有其他一些文献，证明了牛顿的确在大瘟疫期间就已经开始思考引力与距离的平方反比定律。参阅维斯顿（Whiston，1753）的著作。

[140] 对于牛顿推迟了他宣布发现了万有引力定律的原因，请参阅卡乔里（Cajouri，1828）和科恩（Cohen，1982）的著作。在本书的下一小节我将给出我本人认为可信的两条原因。

[141] 棣莫弗的这段描写，回忆了牛顿对他的描述。

[142] 科恩，1982 年。仅此一个文献出处。

[143] 格莱舍，1888 年。

[144] 牛顿在《原理》一书中说："上帝的无所不在，不仅表现在想象中，也表现为物质上……他是所有的眼睛、所有的耳朵、所有的大脑和所有的手臂，是一切感知、一切理解、一切行为的根源。"牛顿在 18 世纪的手稿曾在 1936 年于苏富比拍卖行（Sotheby）拍卖，并于 2007 年在耶路撒冷展出，牛顿在书中利用《但以理书》中的描写来计算世界末日的具体日期。读者也许会吓一跳，根据牛顿计算得出的结论，世界将在 2060 年前毁灭。

[145] 关于这些争论的历史，以及各种理论的逻辑正确性，请参阅丹尼特（Dennett，2006）、道金斯（Dawkins，2006）和保罗斯（Paulos，2008）的著作。

[146] 同上。

第5章

[147] 关于微积分及其应用，请参阅伯林斯基（1996）、克林（Kline，1967）和贝尔（1951）的著作。克林（1972）的著作更偏专业性，但是难得的佳作。

[148] 关于这个著名家族的成就，请参阅毛尔（Maor，1994）和邓纳姆（Dunham，1994）的著作。也可以从巴塞尔大学的网站上"伯努利篇"（德语）得到更详细的内容（http://www.ub.unibas.ch/spez/bernoulli.htm）。

[149] 请参阅赫尔曼（Hellman，2006）的著作。

[150] 关于这个问题以及惠更斯的解答，布科夫斯基（Bukowski，2008）有非

常详细的描述。对于伯努利、莱布尼茨以及惠更斯的解决过程，请参阅特鲁斯德尔（Truesdell，1960）的著作。

[151] 特鲁斯德尔，1960 年。

[152] 拉普拉斯，1814 年。

[153] 关于格兰特的生平和他的研究请参阅海德（Hald，1990）、科恩（Cohen，2006）和格兰特（1662）的著作。

[154] 哈雷的论文 "*An Estimate of the Degrees of the Mortality of Mankind, drawn from curious Tables of the Births and Funerals at the City of Breslaw；with an Attempt to ascertain the Price of Annuities upon Lives*" 于 1956 年在纽曼的著作中重印出版。

[155] 纽曼，1956 年。雅各布·伯努利的研究请参阅托德亨特的著作（Todhunter，1865）。

[156] 关于凯特勒的生平和他的研究，有两本写得非常好的书，分别由汉金斯（Hankins，1908）和罗廷（Lottin，1912）所著。还有一些篇幅稍小、信息却很大的著作可供参考，如斯蒂格勒（Stigler，1997）、克鲁格（Kruger，1987）和科恩（2006）的著作。

[157] 凯特勒，1828 年。

[158] 凯特勒在他关于犯罪倾向的备忘录中写道："如果平均人是针对一个民族确定的，他就代表了这个民族；如果平均人是针对整个人类确定的，那么他将代表整个人类。"

[159] 关于高尔顿和皮尔森的研究，请参阅凯普兰（Kaplan，2006）的著作。

[160] 对于概率论的出现、历史发展、现实应用，有许多非常精彩和生动的描述，请参阅凯普兰（2006）、科诺（Connor，2006）、伯格（Burger）和斯塔博德（Starbird，2005）、塔巴克（Tabak，2004）的著作。

[161] 托德亨特，1865 年。海德，1990 年。

[162] 关于概率论的理论核心，克林（1967）有生动、通俗、简短而透彻的分析。

[163] 有关概率论和日常生活密切相关的例子，请参阅罗森塔尔（Rosenthal，2006）的生动描写。

[164] 请参阅欧莱尔（Orel，1996）所写的传记。

[165] 孟德尔，1865 年。这篇论文的英文版本可以在布隆伯格（R. B. Blumberg）创建的网站上查到：http://www.mendelweb.org。

[166] 费雪，1936 年。

[167] 关于费雪的研究，请参阅塔巴克（2004）的著作。费雪在 1956 年写了

一篇名为《品茶女士的数学》(*Mathematics of a Lady Tasting Tea*)的文章，用通俗易懂的语言表述了这个问题。

[168] 伯努利在 1713 年出版了一个很好的译本。

[169] 纽曼（1956）重印了一版。

[170] 这篇文章出现在纽曼的著作中（1956）。

[171] 这本小册子是乔治·贝克莱在 1734 年完成的。大卫·威尔金（David Wilkin）在网络上重新编辑并发表了这个小册子。

第6章

[172] 托夫勒，1970 年。

[173] 休谟，1748 年。

[174] 根据康德的观点，哲学的一项基础任务就是说明掌握先验综合数学概念的可能性。在众多参考资料中，我重点参考了豪夫（Höffe, 1994）和库恩（Kuehn, 2001）对一般概念的分析。关于数学的应用性，请参阅特鲁多（Trudeau, 1987）的讨论。

[175] 康德，1781 年。

[176] 关于欧几里得几何和非欧几何相对简单的入门知识，请参见格林伯格（Greenberg, 1974）的相关讨论。

[177] 关于不使用第五公理证明数学定理，请参阅特鲁多（1987）的著作。

[178] 关于这些疑问最终催生了非欧几何，请参阅博诺拉（Bonola, 1955）的著作。

[179] 乔治·布鲁斯·海尔斯特德（George Bruce Halsted）在 1891 年将罗巴切夫斯基的《对于平行线定理的几何研究》翻译为英文，请参阅博诺拉（1955）的著作。

[180] 关于鲍约·亚诺什的生平及其研究，请参阅格雷（Gray, 2004）的著作。在本书中，我没有收录鲍约·亚诺什画像，有一幅据称是他的肖像，却至今仍有人怀疑不是他本人。不过鲍约·亚诺什有唯一一幅相对可信的浮雕肖像在匈牙利特尔古穆列什（Marosvasarhely）的文学宫正厅展示。

[181] 这本书有一个拉丁文版本的影印本，还有一个由海尔斯特德翻译的英译本（*The Science Absolute of Space*），请参阅格雷（2004）的著作。

[182] 关于高斯的生平及其研究，邓宁顿（Dunnington, 1955）有十分深入的

研究。克林（1972）对罗巴切夫斯基和鲍约·亚诺什的思想有一段简洁而精彩的分析。关于高斯对非欧几何的回应，请参阅埃瓦尔德（Ewald，1996）的著作。

[183] 这场演讲文稿的英译版本，以及其他几篇极为重要的关于非欧几何的论文，还有一些非常有指导意义的笔记，请参阅佩斯克（Pesic，2007）的著作。

[184] 庞加莱，1891 年。

[185] 卡尔达诺，1545 年。

[186] 沃利斯，1685 年。关于沃利斯的生平及其研究，罗斯·鲍尔（1908）有过简洁的介绍。

[187] 关于这段历史，卡乔里（Cajori，1914）曾简要分析过。

[188] 这篇文章收录于狄德罗的《大百科全书》（*Encyclopedie*，Diderot）中，引自阿奇博尔德（Archibald，1914）。

[189] 拉格朗日，1797 年。

[190] 关于格拉斯曼的生平及其研究，请参阅佩奇（Petsche，2006）所写的德文版传记。奥康诺尔和罗伯森（O'Connor and Robertson，2005）有一段更简短，却十分精彩的描述。

[191] 有关格拉斯曼线性代数的通俗讲解分析（说实话，还是比较专业），请参阅菲尔内里 – 桑德尔的著作（Fearnley-Sander，1979，1982）。

[192] 对于 n 维几何的分析，请参阅索梅维尔（Sommerville，1829）的著作。

[193] 这段文字出现于埃瓦尔德的著作（1996）。

[194] 同上。

[195] 埃尔米特写给斯蒂尔杰斯的第一封信的时间是 1882 年 11 月 8 日。两位数学家之间的通信多达 432 封。完整的通信，请参阅埃尔米特（1905）的著作，我在这里引用的是我本人的翻译版本。

[196] 关于这次演讲，请参阅奥康诺尔和罗伯森的著作（2007）。

第7章

[197] 这个理发店标语的悖论在很多书上都有记载，例如蒯因（1966）、雷歇尔（Rescher，2001）和索伦森（Sorensen，2003）的著作。

[198] 罗素，1919 年。这是罗素对逻辑的一个更通俗的解释。

[199] 布劳威尔的直觉主义过程，请参阅范斯特格（van Stegt，1998）的著作。

巴罗（1992）对直觉主义的解释更通俗一些。对于直觉主义和形式主义之间的争论，请参阅赫尔曼（2006）的著作。

[200] 达米特（1978）补充道："个人不能与无法观察到他的交流者交流：如果个人将数学符号或公式与某种思想内容联系在了一起，而这种联系又不依赖于他所使用的符号或公式，那么他将无法传达这些符号或公式的含义，因为他的受众看不懂这种联系，也就不会明白它所代表的意义。"

[201] 关于逻辑的引入的进一步讨论，请参阅贝内特（2004）的著作。蒯因（1982）的分析更专业也更出色。关于逻辑学历史的简短而精彩的分析，请参阅在《不列颠百科全书》（*Encyclopaedia Britannica*）第 15 版中切斯拉夫·莱杰斯基（Czesław Lejewski）撰写的文章。

[202] 关于德摩根的生平及其研究工作，请参阅埃瓦尔德（1996）简短而又透彻的描述。

[203] 布尔，1847 年。

[204] 关于布尔的生平，请参阅麦克哈尔（MacHale, 1985）所撰写的传记，其中对布尔的一生有非常完整全面的描述。

[205] 布尔，1854 年。

[206] 当提到对上帝的信仰时，布尔总结说，基于信仰而非逻辑的"认知步伐十分虚弱，这种理解力受到能力和知识的限制，但这也要好过企图在自然宗教的基础上，达到不切实际的确定性"。

[207] 弗雷格，1879 年。《概念文字》（*Begriffsschrift*）这本书是逻辑学历史上最重要的著作之一。

[208] 弗雷格，1893 年和 1903 年。

[209] 关于弗雷格的思想和他的形式主义体系请参阅雷斯尼克（Resnik, 1980）、德莫普洛斯（Demopoulos）和克拉克（Clark, 2005）、泽尔塔（Zalta, 2005, 2007）、布洛斯（Boolos, 1985）的著作。关于数学逻辑的讨论，请参阅德隆（DeLong, 1970）的著作。

[210] 弗雷格，1884 年。

[211] 关于罗素提出的悖论、适用范围，以及对这一悖论的补救，请参阅布洛斯（1999）、克拉克（2002）、塞恩斯伯里（Sainsbury, 1998）和厄文（Irvine, 2003）的著作。

[212] 怀特海和拉塞尔，1910 年。拉塞尔在 1919 年对本书的描述通俗易懂，而且极具启发性。

[213] 关于罗素和弗雷格二人观点和思想的异同，请参阅比尼（Beaney,

2003）的著作。对于罗素的逻辑主义观点，请参阅夏皮洛（Shapiro，2000）、戈德温（Godwyn）和厄文（2003）的著作。

[214] 厄克特（Urquhart, 2003）对此有精彩的分析。

[215] 大多数数学家的确不太认可罗素的类型论。不过，类似的结构却在计算机程序上展现了新的用途，请参阅米切尔（Mitchell, 1990）的著作。

[216] 关于策梅洛的贡献，请参阅埃瓦尔德（1996）的著作。

[217] 策梅洛、弗兰克尔和逻辑学家托拉尔夫·斯克尔姆（Thoralf Skolem）的论文的翻译版本，请参阅海耶诺（Heijenoort, 1967）的著作。关于策梅洛 – 弗兰克尔集合理论的相关入门知识，请参阅德韦琳（1993）的著作。

[218] 关于这条公理的细节，请参阅摩尔（Moore, 1982）的著作。

[219] 康托尔想出了一种方法来比较有限集合的势。特别是，他证明了实数集合的势比整数集合的势更大。之后，康托尔系统阐述了连续统假设，该假设认为不存在一个势在整数和实数集合之间的集合。1900 年，大卫·希尔伯特提出了一系列著名的未解数学难题，"连续统假设是否为真"位列该排行榜的首位。关于连续统假设的近期讨论，请参阅伍丁（Woodin, 2001）的著作。

[220] 保罗·科恩在 1966 年对他的研究有详细的描述。

[221] 关于希尔伯特过程，西格（Sieg, 1978）有很详细的描述。关于数学哲学近年来的一些新发展，以及逻辑主义、形式主义、直觉主义之间的争论，夏皮洛（2000）进行了精彩的概括。

[222] 希尔伯特于 1922 年 9 月在德国莱比锡发表的这场演讲，内容请参阅埃瓦尔德（1996）的著作。

[223] 关于形式主义论，请参阅德特勒夫森（Detlefsen, 2005）的著作。

[224] 蒙克（R. Monk, 1990）曾为维特根斯坦写过一本非常精彩的传记。

[225] 魏斯曼（Waismann），1979 年。

[226] 关于哥德尔最新的一本传记是由戈德斯坦（Goldstein, 2005）完成的。道森（Dawson, 1997）为哥德尔写了一本十分标准的传记。

[227] 关于哥德尔的定理、定理的意义及其与数学其他分支的联系等内容，请参阅霍夫施塔特（Hofstadter, 1979）、纳吉尔和纽曼（Nagel and Newman, 1959）、弗兰岑（Franzén, 2005）的著作，他们对上述问题都有非常精彩的分析。

[228] 哥德尔，1947 年。

[229] 关于哥德尔的哲学观点，以及他是如何把哲学思想与数学基础联系在一

起的，请参阅王浩（1996）的著作。

[230] 摩根斯坦，1971 年。

[231] 很明显，这里用一种非常通俗的文字大大简化了这一问题。事实上，时至今日，逻辑学领域的严肃探索仍在继续。典型的假设是把数学真理当作一种可知的先验性。请参阅瑞特（Wright，1997）和坦南特（Tennant，1977）的著作。

第8章

[232] 阿什利（Ashley，1944）曾写过一本关于如何编纽结的非常有趣的书。

[233] 范德蒙德，1771 年。关于纽结理论的历史，请参阅普舍蒂斯基（1992）的著作。亚当斯（Adams，1994）就纽结理论的诞生有非常生动的描写。纽沃思（Neuwirth，1979）、彼得森（Peterson，1988）、曼纳斯柯（Menasco）和鲁道夫（Rudolph，1995）的描述则更通俗一些。

[234] 关于开尔文的研究，请参阅索森斯基（Sossinsky，2002）和阿蒂亚（1990）的著作。

[235] 泰特，1898 年。索森斯基，2002 年。奥康诺尔和罗伯森（2003）用十分精彩的语言介绍了泰特的生平。

[236] 克诺特（Knott），1911 年。

[237] 利特尔，1899 年。

[238] 关于拓扑学，梅塞和斯坦芬（Messer and Straffin，2006）有一篇专业但十分基础的介绍。

[239] 珀克，1974 年。

[240] 亚历山大，1928 年。

[241] 康威，1970 年。

[242] 琼斯，1985 年。

[243] 例如，数学家路易·考夫曼（Louis Kauffman）已经证明了琼斯多项式和统计物理学有密切关系。关于纽结理论在物理学上的应用，请参阅考夫曼的作品（2001），不过他的著作更侧重于专业理论。

[244] 关于纽结理论与酶之间的联系，请参阅塞摩斯（Summers，1995）的著作。也可参考瓦瑟尔曼和科扎雷利（Wasserman and Cozzarelli，1986）的著作。

[245] 关于弦论的具体内容，这一理论的成功之处与目前存在的一些缺陷等，

请参阅格林（1999）、兰德尔（Randall，2005）、克劳斯（Krauss，2005）、斯莫林（Smolin，2006）的著作。如果想得到一些更专业的内容，请参阅 Zweibach（2004）的著作。

[246] 奥格瑞和瓦发，2000 年。

[247] 威滕，1989 年。

[248] 阿蒂亚，1989 年，1990 年。

[249] 开普纳等，2007 年。

[250] 关于爱因斯坦的广义相对论和狭义相对论有众多参考资料，我只列举一些我经常翻阅的几本：戴维斯（Davies，2001）、德池（Deutsch，1997）、菲利斯（Ferris，1997）、戈特（Gott，2001）、格林（Green，2004）、霍金和彭罗斯（1996）、卡库（Kaku，2004）、彭罗斯（2004）、里斯（Rees，1997）、斯莫林（2001）。艾萨克森（Isaacson，2007）出版了一本介绍爱因斯坦的生平及其思想的书，内容十分精彩。此前，关于爱因斯坦的研究工作方面比较好的书还有：博达尼（Bodanis，2000）、莱特曼（Lightman，1993）、欧文拜（Overbye，2000）、派斯（Pais，1982）的著作。爱因斯坦的原始论文，请参阅霍金（2007）的著作。

[251] 迈克尔·克雷默等，2006 年。

[252] 奥多姆（Odom）等，2006 年。

[253] 关于这一理论的详细情况，请参阅史蒂文·温伯格（1993）的著作。

第9章

[254] 戴维斯、赫什，1981 年。

[255] 哈代，1940 年。

[256] 凯斯纳和纽曼，1989 年。

[257] 关于数学的自然性，请参阅巴罗（1992）的科普著作。克林（1972）对这个问题有比较专业的分析，而且还把一些最主要的思想进行了综述。

[258] 本书所讨论的大多数主题，巴罗（1992）也有精彩的描述。

[259] 泰格马克，2007 年。

[260] 尚热、康奈斯，1995 年。

[261] 迪昂，1997 年。

[262] 迪昂，2006 年。

[263] 霍尔顿（Holden），2006 年。

[264] 尚热、孔涅，1995 年。

[265] 莱考夫、努涅斯，2000 年。

[266] 请参阅拉马钱德兰和布莱克史利（Ramachandran and Blakeslee，1999）的著作。

[267] 华莱等，2005 年。柯莱辛格（Klessinger）等，2007 年。

[268] 阿蒂亚，1995 年。

[269] 关于黄金分割率的历史和特征，请参阅利维奥（2002）和赫茨 - 菲施勒（1998）的著作。

[270] 关于这一思想的请参阅赫什（2000）引用的耶胡达·拉夫（Yehuda Rav）的一篇文章。

[271] 怀特，1947 年。

[272] 霍克特，1960 年。

[273] 关于语言和大脑，请参阅奥布勒和吉尔洛夫（Obler and Gjerlow，1999）的著作。

[274] 这种语言与数学之间的相似性，萨鲁凯（Sarrukai，2005）和阿蒂亚（1994）专门进行了讨论。

[275] 乔姆斯基，1957 年。如果你想了解更多关于语言方面的知识，请参阅阿罗诺夫和里斯 - 米勒（Aronoff and Rees - Miller，2001）的著作。平克尔（Pinker，1994）对此有更加通俗、有趣的描述。

[276] 斯蒂芬·沃尔弗拉姆，2002 年。

[277] 泰格马克区分了 4 种截然不同的平行宇宙。在"第一层次"的宇宙，有相同的物理原理，但初始条件不同；在"第二层次"的宇宙，有相同的物理平衡，但自然常数不同；"第三层次"的宇宙采用了量子力学的"多重世界"理论；"第四层次"则有完全不同的数学结构。泰格马克，2004 年。

[278] 关于这个问题的详细讨论，请参阅维连金（Vilenkin，2006）的著作。

[279] 普特内姆，1975 年。

[280] 还有一些观点我没有在本书中讨论，例如，施泰纳（Steiner，2005）认为维格纳并没有表明，他给出的"无理由的有效性"的例子与"概念是数学"这一事实毫无关联。

[281] 格罗斯，1988 年。关于数学与物理学之间关系的进一步讨论，请参阅瓦发（2000）的著作。

[282] 阿蒂亚，1993 年，1995 年。

[283] 汉明，1980 年。

[284] 温伯格，1993 年。

[285] 博罗维克（Borovik），2006 年。

[286] 拉斯金，1998 年。

[287] 赫什，2000 年。

[288] 开普勒本人的著作在 1981 年和 1997 年再版重印，可以帮助我们了解那段历史。请参阅卡斯帕（1993）和金里奇（Gingerich，1973）所写的传记。

[289] 请参阅勒卡尔（Lecar，2001）等人的著作。

[290] 关于数学功用的有趣讨论请，参阅雷蒙（Raymond，2005）的著作。关于维格纳难题的深入分析，请参阅的维尔切克（Wilczek，2006，2007）的著作。

[291] 罗素，1912 年。

参考文献

ACZEL A D. The Mystery of the Aleph: Mathematics, the Kabbalah, and the Search for Infinity. New York: Four Walls Eight Windows, 2000.

—— Chance: A Guide to Gambling, Love, the Stock Market, and Just about Everything Else. New York: Thunder's Mouth Press, 2004.

—— Descartes' Secret Notebook, New York: Broadway Books, 2005.

ADAM C and TANNERY P. Oeuvres des Descartes. Revised edition 1964–1976. Paris: Vrin/CNRS, eds. 1897–1910. COTTINGHAM J, STOOTHOFF R and MURDOCH D. The Philosophical Writing of Descartes. Cambridge: Cambridge University Press, 1985.

ADAMS C. The Knot Book: An Elementary Introduction to the Mathematical Theory of Knots. New York: W. H. Freeman, 1994.

ALEXANDER J W. Transactions of the American Mathematical Society, 30, 275: 1928.

APPLEGATE D L, BIXBY R E, CHVÁTAL V and COOK W J. The Traveling Salesman Problem. Princeton: Princeton University Press: 2007.

ARCHIBALD R C. American Mathematical Society Bulletin, 20, 409: 1914.

ARISTOTLE. Metaphysics: Ca. 350 BC. BARNES J. The Complete Works of Aristotle. Princeton: Princeton University Press: 1984.

—— Physics. Ca. 330 BCa. Translated by R. P. Hardie and R. K. Gaye.

—— Physics. Ca. 330 BCb. Translated by P. H. Wickstead and F. M. Cornford. London: Heinemann, 1960.

ARONOFF M and REES–MILLER J. The Handbook of Linguistics. Oxford: Blackwell Publishing, 2001.

ASHLEY C W. The Ashley Book of Knots. New York: Doubleday, 1944.

ATIYAH M. Publications Mathématiques de l'Inst. des Hautes Etudes Scientifiques. Paris : 68, 175, 1989.

——— The Geometry and Physics of Knots. Cambridge: Cambridge University Press, 1990.

——— Proceedings of the American Philosophical Society. 137 (4), 517, 1993.

——— Supplement to Royal Society News. 7, (12), (i), 1994.

——— Times Higher Education Supplement, 1995 – 09 – 29.

BAILLET A. La Vie de M. Descartes. Paris: Daniel Horthemels, 1691. Photographic facsimiles were published in 1972 (Hildesheim: Olms) and 1987 (New York: Garner).

BALZAGA. Descartes and the Modern Mind. New Haven: Yale University Press, 1952.

BARROW J D. Pi in the Sky: Counting, Thinking, and Being. Oxford: Clarendon Press, 1992.

——— The Infinite Book: A Short Guide to the Boundless, Timeless and Endless. New York: Pantheon, 2005.

BEANEY M. In Griffin, N., ed. The Cambridge Companion to Bertrand Russell. Cambridge: Cambridge University Press, 2003.

BELL E T. Men of Mathematics: The Lives and Achievements of the Great Mathematicians from Zeno to Poincaré. New York: Touchstone, 1937.

——— The Development of Mathematics. New York: McGraw - Hill, 1940.

——— Mathematics: Queen and Servant of Science. New York: McGraw - Hill, 1951.

BELTRÁN MARI A. "Introduction." In Galilei, G. Diálogo Sobre los Dos Máximos Sistemas del Mundo. Madrid: Alianza Editorial, 1994.

BENNETT D. Logic Made Easy: How to Know When Language Deceives You. New York: W. W. Norton, 2004.

BERKELEY G. The Analyst: Or a Discourse Addressed to an Infidel Mathematician, 1734. http://www.maths.tcd.ie/pub/HistMath/People/Berkeley/Analyst/Analyst.html.

BERLINSKI D. A Tour of the Calculus. New York: Pantheon Books, 1996.

BERNOULLI J. The Art of Conjecturing [Ars Conjectandi], 1713a. Translated by E. D. Sylla, with introduction and notes. Baltimore: Johns Hopkins University Press, 2006.

——— Ars Conjectandi. Basel: Tharnisiorum, 1713b.

BEYSSADE M. The Cogito. In Voss, S., ed. Essays on the Philosophy and Science of René Descartes. Oxford: Oxford University Press, 1993.

BLACK F and SCHOLES M. Journal of Political Economy, 81 (3), 637, 1973.

BODANIS D. $E = mc^2$: A Biography of the World's Most Famous Equation. New York: Walker, 2000.

BONOLA R. Non-Euclidean Geometry. Translated by H. S. Carshaw. New York: Dover Publications, 1955.

BOOLE G. The Mathematical Analysis of Logic, Being an Essay towards a Calculus of Deductive Reasoning, 1847. In Ewald, W. From Kant to Hilbert: A Source Book in the Foundations of Mathematics. Oxford: Clarendon Press, 1996.

—— An Investigation of the Laws of Thought on Which Are Founded the Mathematical Theories of Logic and Probabilities. London: Macmillan, 1854. Reprinted by Mineola, N. Y.: Dover Publications,1958.

BOOLOS G. Mind, 94, 331,1985..

—— Logic, Logic, Logic. Cambridge, Mass.: Harvard University Press, 1999.

BOROVIK A. Mathematics under the Microscope. 2006.

http://eprints.ma.man.ac.uk/844/01/covered/MIMS_ep2007_112.pdf.

BREWSTER D. The Life of Sir Isaac Newton. London: John Murray, Albemarle Street, 1831.

BUKOWSKI J. The College Mathematics Journal, 39 (1), 2, 2008.

BURGER E B and STARBIRD M. Coincidences, Chaos, and All That Math Jazz: Making Light of Weighty Ideas, New York: W. W. Norton, 2005.

BURKERT W. Lore and Science in Ancient Pythagoreanism. Cambridge, Mass.: Harvard University Press, 1972.

CAJORI F. The American Mathematical Monthly, 33 (8), 397, 1926.

—— In the History of Science Society. Sir Isaac Newton 1727–1927: A Bicentenary Evaluation of His Work . Baltimore: The Williams & Wilkins Company, 1928.

CARDANO G. Artis Magnae, sive de regulis algebraices. Published in 1968 under the title The Great Art or the Rules of Algebra, translated and edited by T. R. Witmer. Cambridge, Mass.: MIT Press, 1545.

CASPAR M. Kepler. Translated by C. D. Hellman. Mineola, N. Y.: Dover Publications, 1993.

CHANDRASEKHAR S. Newton's "Principia" for the Common Reader. Oxford: Clarendon Press,1995.

CHANGEUX J–P and CONNES A. Conversations on Mind, Matter, and Mathematics. Princeton: Princeton University Press, 1995.

CHERNISS H. The Riddle of the Early Academy. Berkeley: University of California Press. Reprinted 1980. New York: Garland, 1945.

—— Review of Metaphysics, 4, 395, 1945.

CHOMSKY N. Syntactic Structures. The Hague: Mouton & Co., 1957.

CICERO. 1st century B C. Discussion at Tusculam [sometimes translated as Tusculan Disputations]. In Grant, M. trans. Cicero: On the Good Life. London: Penguin Classics, 1971.

CLARK M. Paradoxes from A to Z. London: Routledge, 2002.

CLARKE D M. In Cottingham, J. ed. The Cambridge Companion to Descartes. Cambridge: Cambridge University Press, 1992.

COHEN I B. In Bechler, Z. ed. Contemporary Newtonian Research. Dordrecht: Reidel, 1982.

—— The Triumph of Numbers. New York: W. W. Norton & Company, 2006.

COHEN P J. Set Theory and the Continuum Hypothesis. New York: W. A. Benjamin, 1966.

COLE J R. The Olympian Dreams and Youthful Rebellion of René Descartes. Champaign: University of Illinois Press, 1992.

CONNOR J A. Pascal's Wager: The Man Who Played Dice with God. New York: HarperCollins, 2006.

CONWAY J H. In Leech, J. ed. Computational Problems in Abstract Algebra. Oxford: Pergamon Press, 1970.

CORESIO G. Operetta intorno al galleggiare de' corpi solidi. 1612. Reprinted in FAVARO A. Le Opere di Galileo Galilei. Edizione Nazionale. Florence: Barbera, 1968.

COTTINGHAM J. Descartes. Oxford: Blackwell, 1986.

CRAIG Sir J. Newton at the Mint. Cambridge: Cambridge University Press, 1946.

CURLEY E. In Voss, S., ed. Essays on the Philosophy and Science of René Descartes. Oxford: Oxford University Press, 1993.

CURZON G. Wotton and His Words: Spying, Science and Venetian Intrigues. Philadelphia: Xlibris Corporation, 2004.

DAVIES P. How to Build a Time Machine. New York: Allen Lane, 2001.

DAVIS P J and HERSH R. The Mathematical Experience. Boston: Birkhaüser, 1981. Revised edition. Boston: Mariner Books, 1998.

DAWKINS R. The God Delusion. New York: Houghton Mifflin Company, 2006.

DAWSON J. Logical Dilemmas: The Life and Work of Kurt Gödel. Natick, Mass.: A. K. Peters, 1997.

DEHAENE S. The Number Sense. Oxford: Oxford University Press, 1997.

DEHAENE S, IZARD V, PICA P and SPELKE E. Science, 311, 381, 2006.

DELONG H. A Profile of Mathematical Logic. Reading, Mass.: Addison-Wesley, 1970. Republished by Mineola, N. Y.: Dover Publications, 2004.

DEMOPOULOS W and CLARK P. In Shapiro, S. ed. The Oxford Handbook of Philosophy of Mathematics and Logic. Oxford: Oxford University Press, 2005.

DE MORGAN A. Newton: His Friend: and His Niece. London: Elliot Stock, 1885.

DENNETT D C. Breaking the Spell: Religion as a Natural Phenomenon. New York: Viking, 2006.

DE SANTILLANA G. The Crime of Galileo. Chicago: University of Chicago Press, 1955.

DESCARTES R. Discourse on Method, Optics, Geometry, and Meteorology. 1637a. Translated by P. J. Olscamp. Indianapolis: The Bobbs-Merrill Company, 1965.

—— The Geometry of René Descartes. 1637b. Translated by SMITH D E, LATHAM M L. Mineola, N. Y.: Dover Publications, 1954.

—— Principles of Philosophy, II: 64. 1644. In COTTINGHAM J, STOOTHOFF R, MURDOCH D eds. Philosophical Works of Descartes. Cambridge: Cambridge University Press, 1985.

—— The Philosophy of Descartes: Containing the Method, Meditations, and Other Works. 1637–1644. Translated by VEITCH J. New York: Tudor Publishing, 1901.

DETLEFSEN M. In Shapiro, S., ed. The Oxford Handbook of Philosophy of Mathematics and Logic. Oxford: Oxford University Press, 2005.

DEUTSCH D. The Fabric of Reality. New York: Allen Lane, 1997.

DEVLIN K. The Joy of Sets: Fundamentals of Contemporary Set Theory, 2nd ed. New York: Springer-Verlag, 1993.

—— The Math Gene: How Mathematical Thinking Evolved and Why Numbers Are like Gossip. New York: Basic Books, 2000.

DIJKSTERHUIS E J. Archimedes. New York: The Humanities Press, 1957.

DOXIADIS A K. Uncle Petros and Goldbach's Conjecture. New York: Bloomsbury, 2000.

DRAKE S. Galileo at Work: His Scientific Biography. Chicago: University of Chicago Press, 1978.

—— Galileo: Pioneer Scientist. Toronto: University of Toronto Press, 1990.

DUMMETT M. Truth and Other Enigmas. Cambridge, Mass.: Harvard University

Press, 1978.

DUNHAM W. The Mathematical Universe: An Alphabetical Journey through the Great Proofs, Problems and Personalities. New York: John Wiley & Sons, 1994.

DUNNINGTON G W. Carl Friedrich Gauss: Titan of Science. New York: Hafner Publishing, 1955.

DU SAUTOY M. Symmetry: A Journey into the Patterns of Nature. New York: Harper Collins, 2008.

EINSTEIN A. "Geometrie und Erfuhrung." In Mein Weltbild. Frankfurt am Main: Ullstein Materialien, 2008.

EWALD W. From Kant to Hilbert: A Source Book in the Foundations of Mathematics. Oxford: Clarendon Press, 1996.

FAVARO A. Le Opere di Galileo Galilei, Edizione Nationale. Florence: Barbera, ed. 1890 – 1909.

FEARNLEY – SANDER D. The American Mathematical Monthly, 86 (10), 809, 1979.
—— The American Mathematical Monthly, 89 (3), 161, 1982.

FELDBERG R. Galileo and the Church: Political Inquisition or Critical Dialogue. Cambridge: Cambridge University Press, 1995.

FERRIS T. The Whole Shebang. New York: Simon & Schuster, 1997.

FINKEL B F. "Biography: René Descartes." American Mathematical Monthly, 5 (8 – 9), 191, 1898.

FISHER R A. Annals of Science, 1, 115, 1936.
—— In NEWMAN J R, ed. The World of Mathematics, New York: Simon & Schuster, 1956.

FOWLER D. The Mathematics of Plato's Academy. Oxford: Clarendon Pres, 1999.

FRANZÉN T. Gödel's Theorem: An Incomplete Guide to Its Use and Abuse. Wellesley, Mass.: K. Peters, 2005.

FREGE G. Begriffsschrift, eine der arithmetischen nachgebildete Formelsprache des reinen Denkens. Halle, Germany: L. Nebert, 1879. Translated by BAUER – MENGELBERG S. In VAN HEIJENOORT J. ed. From Frege to Gödel: A Source Book in Mathematical Logic. Cambridge, Mass.: Harvard University Press, 1967.
—— Der Grundlagen der Arithmetik. Breslau: Koebner, 1884. Transalted by AUSTIN J L. The Foundations of Arithmetic. Oxford: Basil Blackwell, 1974.
—— Grundgesetze der Arithmetik, bond I. Jena: Verlag Hermann Pohle, 1893.

Partially translated in Furth, M. ed. The Basic Laws of Arithmetic. Berkeley: University of California Press, 1893.

—— Grundgesetze der Arithmetik, bond II. Jena: Verlag Hermann Pohle, 1903.

FRITZ K Von. "The Discovery of Incommensurability by Hipposus of Metapontum." Annals of Mathematics, 46, 242, 1945.

FROVA A and MARENZANA M. Thus Spoke Galileo: The Great Scientist's Ideas and Their Relevance to the Present Day. 1998. Translated by MCMANUS J. Oxford: Oxford University Press, 2006.

GALILEI G. The Little Balance. In Galileo and the Scientific Revolution. Translated by FERMI L and BERNARDINI G. New York: Basic Books, 1586. This is a translation of FAVARO A. Le Opere di Galileo Galilei. Florence: G. Barbera, ed. 1890 – 1909.

—— On Mechanics. Ca. 1600a.Translated by DRAKE S. Madison: University of Wisconsin Press, 1960.

—— On Motion. Ca. 1600b.Translated by DRABKIN I E. Madison: University of Wisconsin Press, 1960.

—— Sidereal Nuncius, or The Sidereal Messenger. 1610a. Translated by VAN HELDEN A. Chicago: University of Chicago Press, 1989.

—— The Sidereal Messenger [Sidereus Nuncius]. 1610b. In DRAKE S. Telescopes, Tides and Tactics. Chicago: University of Chicago Press, 1983.

—— The Assayer [Il Saggiatore]. 1623. In The Controversy on the Comets of 1618. Translated by DRAKE S and O'MALLEY C D. Philadelphia: University of Pennsylvania Press, 1960.

—— Dialogue Concerning the Two Chief World Systems. 1632. Translated by DRAKE S. Berkeley: University of California Press, 1967.

—— Discourses on the Two New Sciences. 1638. Translated by DRAKE S. Madison: University of Wisconsin Press, 1974.

GARBER D. In COTTINGHAM J ed. The Cambridge Companion to Descartes. Cambridge: Cambridge University Press, 1992.

GARDNER M. Are Universes Thicker than Blackberries? New York: W. W. Norton, 1992.

GAUKROGER S. In COTTINGHAM J ed. The Cambridge Companion to Descartes. Cambridge: Cambridge University Press, 1992.

—— Descartes's System of Natural Philosophy. Cambridge: Cambridge

University Press, 2002.

GINGERICH O. "Kepler, Johannes." In GILLESPIE C C, ed. Dictionary of Scientific Biography, vol. 7. New York: Scribners, 1973.

GIRIFALCO L A. The Universal Force. Oxford: Oxford University Press, 2008.

GLAISHER J W L. Bicentenary Address, Cambridge Chronicle, 1888-04-20.

GLEICK J. Chaos: Making a New Science. New York: Viking, 1888.

——— Isaac Newton. New York: Vintage Books, 2003.

GLUCKER J. Antiochus and the Late Academy, hypomnemata 56. Göttingen: Vandenhoeck & Ruprecht, 1978.

GÖDEL K. 1947. In BENACEROFF P and PUTNAM H. eds. Philosophy of Mathematics: Selected Readings, 2nd ed. Cambridge: Cambridge University Press, 1947.

GODWIN M and IRVINE A D. In GRIFFIN N. ed. The Cambridge Companion to Bertrand Russell. Cambridge: Cambridge University Press, 2003.

GOLDSTEIN R. Incompleteness: The Proof and Paradox of Kurt Gödel. New York: W. W. Norton, 2005.

GOSLING J C B. Plato. London: Routledge & Kegan Paul, 1973.

GOTT J R. Time Travel in Einstein's Universe. Boston: Houghton Mifflin, 1973.

GRASSI O. Libra Astronomica ac Philosophica. 1619. In DRAKE S and O'MALLEY C D. trans. The Controversy on the Comets of 1618, Philadelphia: University of Pennsylvania Press, 1960.

GRAUNT J. Natural and Political Observations Mentioned in a Following Index, and Made Upon the Bills of Mortality. London: Tho. Roycroft, 1662.

GRAY J J. János Bolyai, Non-Euclidean Geometry, and the Nature of Space. Cambridge, Mass.: Burndy Library, 1662.

GRAYLING A C. Descartes: The Life and Times of a Genius. New York: Walker & Company, 2005.

GREENBERG M J. Euclidean and Non-Euclidean Geometries: Development and History, 3rd ed. New York: W. H. Freeman and Company, 1974.

GREENE B. The Elegant Universe: Superstrings, Hidden Dimensions, and the Quest for the Ultimate Theory . New York: W. W. Norton, 1974.

——— The Fabric of the Cosmos: Space, Time, and the Texture of Reality. New York: Alfred A. Knopf, 2004.

GROSS D. Proceedings of the National Academy of Sciences (USA), 85, 8371, 2004.

GUTHRIE K S. The Pythagorean Sourcebook and Library: An Anthology of Ancient Writings which Relate to Pythagoras and Pythagorean Philosophy. Grand Rapids, Mich.: Phanes Press, 1987.

HALD A. A History of Probability and Statistics and Their Applications Before 1750. New York: John Wiley & Sons, 1990.

HALL A R. Isaac Newton: Adventurer in Thought. Oxford: Blackwell, 1990. Reissued by Cambridge: Cambridge University Press, 1996.

HAMILTON E and CAIRNS H. The Collected Dialogues of Plato. New York: Pantheon, 1961.

HAMMING R W. The American Mathematical Monthly, 87 (2), 81, 1961.

HANKINS F H. Adolphe Quetelet as Statistician. New York: Columbia University, 1908.

HARDY G H. A Mathematician's Apology. Cambridge: Cambridge University Press, 1940.

HAVELOCK E. Preface to Plato. Cambridge, Mass.: Harvard University Press, 1963.

HAWKING S. God Created the Integers: The Mathematical Breakthroughs that Changed History. Philadelphia: Running Press, 2005.

HAWKING S. A Stubbornly Persistent Illusion: The Essential Scientific Writings of Albert Einstein. Philadelphia: Running Press, 2007.

HAWKING S and PENROSE R. The Nature of Space and Time. Princeton: Princeton University Press, 1996.

HEATH T L. The Works of Archimedes. Cambridge: Cambridge University Press, 1996.

—— A History of Greek Mathematics. Oxford: Clarendon Press, 1921. Republished by New York: Dover Publications, 1981.

HEDRICK P W. Genetics of Populations. Sudbury, Mass.: Jones & Bartlett, 1981.

HEIBERG J L. Archimedes Opera Omnio cum Commentariis Eutocii (Leipzig); the text is in Greek with Latin translation. ed. 1910–1915.

HELLMAN H. Great Feuds in Mathematics: Ten of the Liveliest Disputes Ever. Hoboken, N. J.: John Wiley & Sons, 2006.

HERMITE C. Correspondence d' Hermite et de Stieltjes. Paris: Gauthier-Villars, 1905.

HERODOTUS. The History, book IV. 440 BC. Translated by GREVE D. Chicago: University of Chicago Press, 1988.

HERSH R. 18 Unconventional Essays on the Nature of Mathematics. New York: Springer, 2000.

HERZ-FISCHLER R. A Mathematical History of the Golden Number. Mineola, N. Y.: Dover Publications, 1998.

HOBBES T. Leviathan. 1651. Republished by New York: Penguin Classic, 1982.

HOCKETT C F. Scientific American, 203 (09), 88, 1960.

HÖFFE O. Immanuel Kant. Translated by M. Farrier. Albany, N. Y.: SUNY Press, 1994.

HOFSTADTER D. Gödel, Escher, Bach: An Eternal Golden Braid. New York: Basic Books, 1979.

HOLDEN C. Science, 311, 317, 2006.

HUFFMAN C A. In Long, A. A. ed. The Cambridge Companion to Early Greek Philosophy. Cambridge: Cambridge University Press, 1999.

—— "Pythagoras." Stanford Encyclopedia of Philosophy. 2006. http://plato.stanford.edu/entries/pythagoras.

HUME D. An Enquiry Concerning Human Understanding. 1748. Republished In The Clarendon Edition of the Works of David Hume, edited by T. L. Beauchamp. Oxford: Oxford University Press, 2000.

IAMBLICHUS. Iamblichus' Life of Pythagoras. Ca. 300 ADa. Translated by TAYLOR T, Rochester, Vt.: Inner Traditions, 1986 .

—— On the Pythagorean Life. Ca. 300 ADb. Translated by J. Dillon, J. Hershbell. Atlanta: Scholar Press.

IRVINE A D. "Russell's Paradox." Stanford Encyclopedia of Philosophy. 2003. http://plato.stanford.edu/entries/russell-paradox.

ISAACSON W. Einstein: His Life and Universe. New York: Simon & Schuster, 2007.

JAEGER M. The Journal of Roman Studies, 92, 49, 2002.

JEANS J. The Mysterious Universe. Cambridge: Cambridge University Press, 1930.

JONES V F R. Bulletin of the American Mathematical Society, 12, 103, 1985.

JOOST–GAUGIER C L. Measuring Heaven: Pythagoras and His Influence on Thought and Art in Antiquity and the Middle Ages. Ithaca: Cornell University Press, 2006.

KAKU M. Einstein's Cosmos. New York: Atlas Books, 2004.

KANT I. Critique of Pure Reason. 1781. One of the many English translations is MÜLLER F M. Immanuel Kant's Critique of Pure Reason. London: Macmillan, 1881.

KAPLAN M and KAPLAN E. Chances Are: Adventures in Probability. New York: Viking, 2006.

KAPNER D J, COOK T S, ADELBERGER E G, GUNDLACH J H, HECKEL B

R, HOYLE C D and SWANSON H E. Physical Review Letters, 98, 021101, 2007.

KASNER E and NEWMAN J R. Mathematics and the Imagination. Redmond, Wash.: Tempus Books, 1989.

KAUFFMAN L H. Knots and Physics, 3rd ed. Singapore: World Scientific, 2001.

KEELING S V. Descartes. Oxford: Oxford University Press, 1968.

KEPLER J. Mysterium Cosmographicum. New York: Abaris Books, 1981.

—— The Harmony of the World. Philadelphia: American Philosophical Society, 1997.

KLESSINGER N, SZCZERBINSKI M, VARLEY R. Neuropsychologia, 45, 1642, 2007.

KLINE M. Mathematics for Liberal Arts. Reading, Mass.: Addison-Wesley. 1967. Republished as Mathematics for the Nonmathematician. New York: Dover Publications, 1985.

—— Mathematical Thought from Ancient to Modern Times. Oxford: Oxford University Press, 1972.

KNOTT C G. Life and Scientific Work of Peter Guthrie Tait. Cambridge: Cambridge University Press, 1911.

KOYRÉ A. Galileo Studies. Translated by J. Mepham. Atlantic Highlands, N. J.: Humanities Press, 1978.

KRAMER M, STAIRS I H, MANCHESTER R N, et al. Science, 314 (5796), 97, 2006.

KRAUSS L. Hiding in the Mirror: The Mysterious Allure of Extra Dimensions, from Plato to String Theory and Beyond. New York: Viking Penguin, 2005.

KRAUT R. The Cambridge Companion to Plato. Cambridge: Cambridge University Press, 1992.

KRÜGER L. In KRÜGER L, DASTON L J, HEIDELBERGER M. eds. The Probabilistic Revolution. Cambridge, Mass.: The MIT Press, 1987.

KUEHN M. Kant: A Biography. Cambridge: Cambridge University Press, 2001.

LAERTIUS D. Ca. 250 AD. Lives of Eminent Philosophers. Translated by HICKS R D. Cambridge, Mass.: Harvard University Press, 1925.

LAGRANGE J. Théorie des Fonctions Analytiques. Paris: Imprimerie de la Republique, 1797.

LAKOFF G and NÚÑEZ R E. Where Mathematics Comes From. New York: Basic Books, 2000.

LAPLACE P S Marquis de. A Philosophical Essay on Probabilities. 1814. Translated by TRUSCOT F W and EMORY F L. New York: John Wiley & Sons, 1902. Republished by Mineola, N. Y.: Dover, 1995.

LECAR M, FRANKLIN F A, HOLMAN M J and MURRAY N W. Annual Review of Astronomy and Astrophysics, 39, 581, 2001.

LIGHTMAN A. Einstein's Dreams. New York: Pantheon Books, 1993.

LITTLE C N. Transaction of the Royal Society of Edinburgh, 39 (part III), 771, 1899.

LIVIO M. The Golden Ratio: The Story of Phi, the World's Most Astonishing Number. New York: Broadway Books, 2002.

—— The Equation That Couldn't Be Solved. New York: Simon & Schuster, 2005.

LOTTIN J. Quetelet: Staticien et Sociologue. Louvain: Institut Supérieur de Philosophie, 1912.

MACHALE D. George Boole: His Life and Work. Dublin: Boole Press Limited, 1985.

MACHAMER P. In Machamer, P. ed. The Cambridge Companion to Galileo. Cambridge: Cambridge University Press, 1998.

MANNING H P. Geometry of Four Dimensions. London: Macmillan 1914. Reprinted by New York: Dover Publications, 1956.

MAOR E. The Story of a Number. Princeton: Princeton University Press, 1994.

MCMULLIN E. In Machamer, P. ed. The Cambridge Companion to Galileo. Cambridge: Cambridge University Press, 1998.

MEKLER S. Academicorum Philosophorum Index Herculanensis. Berlin: Weidmann, ed. 1902.

MENASCO W and RUDOLPH L. American Scientist, 83 (01 – 02), 38, 1995.

MENDEL G. "Experiments in Plant Hybridization". 1865. http://www.mendelweb.org/Mendel.plain.html.

MERTON R K. On the Shoulders of Giants: A Shandean Postscript. Chicago: University of Chicago Press, 1993.

MESSER R and STRAFFIN P. Topology Now. Washington, D. C.: Mathematical Association of America, 2006.

MILLER V R and MILLER R P. Descartes, Principles of Philosophy. Dordrecht: Reidel, ed. 1983.

MITCHELL J C. In LEEUWEN J. Handbook of Theoretical Computer Science. Cambridge, Mass.: MIT Press, 1990.

MONK R. Ludwig Wittgenstein: The Duty of Genius. London: Jonathan Cape, 1990.

MOORE G H. Zermelo's Axiom of Choice: Its Origins, Development, and Influence. New York: Springer - Verlag, 1982.

MORGENSTERN O. Draft "Memorandum from Mathematica." Subject: History of the Naturalization of Kurt Gödel. Institute for Advanced Study, Princeton, NJ, 1971.

MORRIS T. Philosophy for Dummies. Foster City, Calif.: IDG Books, 1999.

MOTTE A. Sir Isaac Newton's Mathematical Principles of Natural Philosophy and His System of the World. 1729. Edited by CAJORI F. Berkeley: University of California Press, 1947. Also appeared as Newton, I. The Principia. New York: Prometheus Books, 1995.

MUELLER I. In Bowen, A. ed. Science and Philosophy in Classical Greece. London: Garland, 1991.

—— In KRAUT R. The Cambridge Companion to Plato. Cambridge: Cambridge University Press, 1992.

—— In KOESTIER T and BERGMANS L. eds. Mathematics and the Divine: A Historical Study. Amsterdam: Elsevier, 2005.

NAGEL E and NEWMAN J. Gödel's Proof. New York: Routledge & Kegan Paul. 1959. Republished by New York: New York University Press, 2001.

NETZ R. In KOETSIER T and BERGMANS L. eds. Mathematics and the Divine: A Historical Study. Amsterdam: Elsevier, 2005.

NETZ R and NOEL W. The Archimedes Codex: How a Medieval Prayer Book Is Revealing the True Genius of Antiquity's Greatest Scientist. Philadelphia: Da Capo Press. 2007.

NEUWIRTH L. Scientific American, 240 (06), 110, 1979.

NEWMAN J R. The World of Mathematics. New York: Simon & Schuster, 1956.

NEWTON Sir I. Mathematical Principles of Natural Philosophy. 1729. Translated by COHEN I B and WHITMAN A. Berkeley: University of California Press, 1999.

—— Opticks, or A Treatise of the Reflections, Refractions, Inflections and Colours of Light, 4th ed. London: G. Bell, 1730. Republished by New York: Dover Publications, 1952.

NICOLSON M. Modern Philology, 32 (3), 233, 1935.

OBLER L K and GJERLOW K. Language and the Brain. Cambridge: Cambridge University Press, 1999.

O'CONNOR J J and ROBERTSON E F. "Peter Guthrie Tait." 2003.
http://www-history.mcs.st-and.ac.uk/Biographies/Tait.html

—— "Hermann Günter Grassmann." 2005.
http://www-groups.dcs.st-and.ac.uk/~history/Biographies/Grassmann.html.

—— "G. H. Hardy Addresses the British Association in 1922, part 1." 2007.

http://www-history.mcs.st-andrews.ac.uk/Extras/BA_1922.html

ODOM B, HANNEKE D, D'URSO B, GABRIELSE G. Physical Review Letters, 97, 030801, 2006.

OOGURI H, VAFA C. Nuclear Physics B, 577, 419, 2000.

OREL V. Gregor Mendel: The First Geneticist. New York: Oxford University Press, 1996.

OVERBYE D. Einstein in Love: A Scientific Romance. New York: Viking, 2000.

PAIS A. Subtle Is the Lord: The Science and Life of Albert Einstein. Oxford: Oxford University Press, 1982.

PANEK R. Seeing and Believing: How the Telescope Opened Our Eyes and Minds to the Heavens. New York: Viking, 1998.

PAULOS J A. Irreligion: A Mathematician Explains Why the Arguments for God Just Don't Add Up. New York: Hill and Wang, 2008.

PENROSE R. The Emperor's New Mind: Concerning Computers, Minds, and the Laws of Physics. Oxford: Oxford University Press, 1989.

—— The Road to Reality: A Complete Guide to the Laws of the Universe. London: Jonathan Cape, 2004.

PERKO K A Jr. Proceedings of the American Mathematical Society, 45, 262, 1974.

PESIC P. Beyond Geometry: Classic Papers from Riemann to Einstein. Mineola, N. Y.: Dover Publications, 2007.

PETERSON I. The Mathematical Tourist: Snapshots of Modern Mathematics. New York: W. H. Freeman and Company, 1988.

PETSCHE J-J. Grassmann. Basel: Birkhäuser Verlag, 2006.

PINKER S. The Language Instinct. New York: William Morrow and Company, 1994.

PLATO. The Republic. Ca. 360 B C. Translated by BLOOM A. New York: Basic Books, 1994.

PLUTARCH. "Marcellus." Ca. 75 AD. Translated by DRYDEN J. In CLOUGH A H. Plutarch's Lives. New York: Modern Library, 1992.

POINCARÉ H. Revue Générale des Sciences Pures et Appliquées 2, 769, 1891. The article is reprinted in English in Pesic, P.. Beyond Geometry, 2007.

PORPHYRY. Life of Pythagoras. Ca. 270 AD. In HADAS M and SMITH M. Heroes and Gods. New York: Harper and Row, 1965.

PROCLUS. Proclus: A Commentary on the First Book of Euclid's "Elements."

Ca. 450. Translated by MORROW G. Princeton: Princeton University Press, 1970.

PRZYTYCKI J H. Aportaciones Matemáticas Comunicaciones, 11, 173, 1992.

PUTNAM H. Mathematics, Matter and Method: Philosophical Papers, vol. 1. Cambridge: Cambridge University Press, 60, 1975..

QUETELET L A J. Instructions Populaires sur le Calcul des Probabilités. Brussels: H. Tarbier & M. Hayez, 1975.

QUINE W V O. The Ways of Paradox and Other Essays. New York: Random House, 1975.

—— Methods of Logic, 4th ed. Cambridge, Mass.: Harvard University Press, 1975.

RADELET-DE GRAVE, P. "Bernoulli-Edition." 2005. http://static.springer.com/sgw/documents/169442/application/pdf/Bernoulli2005web.pdf.

RAMACHANDRAN V S and BLAKESLEE S. Phantoms of the Brain. New York: Quill, 1999.

RANDALL L. Warped Passages: Unraveling the Mysteries of the Universe's Hidden Dimensions. New ork: Ecco, 2005.

RASKIN J. "Effectiveness of Mathematics." 1998. http://spacetimecentre.org/vpetkov/courses/effectiveness_mathematics.html.

RAYMOND E S. "The Utility of Mathematics." 2005. http://www.catb.org/esr/writings/utility-of-math/.

REDONDI P. In Machamer, P. The Cambridge Companion to Galileo. Cambridge: Cambridge University Press, 1998.

REES M J. Before the Beginning. Reading, Mass.: Addison-Wesley, 1997.

REEVES E. Galileo's Glassworks: The Telescope and the Mirror. Cambridge, Mass.: Harvard University Press, 2008.

RENON L and FELLIOZAT J. L'Inde Classique: Manuel des Études Indiennes. Paris: Payot, 1947.

RESCHER N. Paradoxes: Their Roots, Range, and Resolution. Chicago: Open Court, 2001.

RESNIK M D. Frege and the Philosophy of Mathematics. Ithaca: Cornell University Press, 1980.

RESTON J. Galileo: A Life. New York: HarperCollins, 1994.

RIBENBOIM P. Catalan's Conjecture. Boston: Academic Press, 1994.

RICOEUR P. Synthese, 106, 57, 1996.

RIEDWEG C. Pythagoras: His Life and Influence. Translated by S. Rendall. Ithaca: Cornell University Press, 2005.

RIVEST R, SHAMIR A, ADLEMAN L. Communications of the Association for Computing Machinery, 21 (2), 120, 1978.

RODIS-LEWIS G. Descartes: His Life and Thought. Ithaca: Cornell University Press, 1998.

RONAN M. Symmetry and the Monster: The Story of One of the Greatest Quests of Mathematics. New York: Oxford University Press, 2006.

ROSENTHAL J S. Struck by Lightning: The Curious World of Probabilities. Washington, D. C.: Joseph Henry Press, 2006.

ROSS W D. Plato's Theory of Ideas. Oxford: Clarendon Press, 1951.

ROUSE BALL W W. A Short Account of the History of Mathematics, 4th ed. 1908. Republished by Mineola, N. Y.: Dover Publications, 1960.

RUCKER R. Infinity and the Mind: The Science and Philosophy of the Infinite. Princeton: Princeton University Press, 1995.

RUSSELL B. The Problems of Philosophy. London: Home University Library, 1912. Reprinted by Oxford University Press (Oxford), 1997.

—— Introduction to Mathematical Philosophy. London: George Allen and Unwin, 1919. Reprinted and edited by J. Slater. London: Routledge, 1993. Reprinted by New York: Barnes & Noble, 2005.

—— History of Western Philosophy. 1945. Reprinted by New York: Touchstone, 2007.

SAINSBURY R M. Paradoxes. Cambridge: Cambridge University Press, 1988.

SARRUKAI S. Current Science, 88 (3), 415, 2005.

SCHMITT C B. "Experience and Experiment: A Comparison of Zabarella's Views with Galileo's in De Motu." Studies in the Renaissance, 16, 80, 2005.

SEDGWICK W T, TYLER H W. A Short History of Science. New York: The Macmillan Company, 1917.

SHAPIRO S. Thinking about Mathematics: The Philosophy of Mathematics. Oxford: Oxford University Press, 2000.

SHEA W R. Galileo's Intellectual Revolution: Middle Period, 1610–1632. New York: Science History Publications, 1972.

—— In MACHAMER P. The Cambridge Companion to Galileo. Cambridge:

Cambridge University Press, 1998.

SIEG W. "Hilbert's Program Sixty Years Later." Journal of Symbolic Logic, 53, 349, 1988.

SMOLIN L. Three Roads to Quantum Gravity. New York: Basic Books, 2001.

—— The Trouble with Physics: The Rise of String Theory, The Fall of Science, and What Comes Next. Boston: Houghton Mifflin, 2001.

SOBEL D. Galileo's Daughter. New York: Walker & Company, 1999.

SOMMERVILLE D M Y. An Introduction to the Geometry of N Dimensions. London: Methuen, 1929.

SORELL T. Descartes Reinvented. Cambridge: Cambridge University Press, 2005.

SORENSEN R. A Brief History of the Paradox: Philosophy and the Labyrinths of the Mind. Oxford: Oxford University Press, 2003.

SOSSINSKY A. Knots: Mathematics with a Twist. Cambridge, Mass.: Harvard University Press, 2002.

STANLEY T. The History of Philosophy, ninth section. 1687. Published in 1970 as a photographic facsimile under the title Pythagoras: His Life and Teachings. Los Angeles: The Philosophical Research Society.

STEINER M. In SHAPIRO S. The Oxford Handbook of Philosophy of Mathematics and Logic. Oxford: Oxford University Press, 2005.

STEWART I. Galois Theory. Boca Raton, Fla.: Chapman & Hall/CRC, 2004.

—— Why Beauty Is Truth: A History of Symmetry. New York: Perseus Books, 2007.

STEWART J A. The Myths of Plato. London: Macmillan and Co. 1905.

STIGLER S M. In Académie Royale de Belgique, Bulletin de la Classe des Sciences, Mémoires, collection 8 (3), 47, 1997.

STROHMEIER J, WESTBROOK P. Divine Harmony. Berkeley, Calif.: Berkeley Hills Books, 1999.

STUKELEY W. Memoirs of Sir Isaac Newton's Life. 1752. Reprinted by London: Taylor and Francis, 1936.

SUMMERS D W. Notices of the American Mathematical Society, 42 (5), 528, 1995.

SWERDLOW N. In MACHAMER P. ed. The Cambridge Companion to Galileo. Cambridge: Cambridge University Press, 1998.

TABAK J. Probability and Statistics: The Science of Uncertainty. New York: Facts on File, 2004.

TAIT P G. In Scientific Papers of Peter Guthrie Tait, vol. 1. Cambridge: Cambridge University Press, 1898.

TAIT W W. In HART W D. The Philosophy of Mathematics. Oxford: Oxford University Press, 1996.

TEGMARK M. In BARROW J D, DAVIES P C W, HARPER C L Jr. Science and Ultimate Reality. Cambridge: Cambridge University Press, 2004.

—— "Shut Up and Calculate," arXiv:0709.4024 [physics.pop-ph], 2007a.

—— "The Mathematical Universe," arXiv 0704.0646 [gr-qc], 2007b.

TENNANT N. The Taming of the True. Oxford: Oxford University Press, 1997.

THEON OF SMYRNA. Mathematics, Useful for Understanding Plato. Ca. 130 AD. Translated by LAWLOR R and LAWLOR D. San Diego: Wizards Bookshelf, 1979.

TILES M. In BUNIN N and TSUI–JAMES E P. The Blackwell Companion to Philosophy. Oxford: Blackwell Publishing, 1996.

TODHUNTER I. A History of the Mathematical Theory of Probability. Cambridge: Macmillan and Co., 1865.

TOFFLER A. Future Shock. New York: Random House, 1970.

TRUDEAU R J. The Non-Euclidean Revolution. Boston: Birkhäuser, 1987.

TRUESDELL C. The Rotational Mechanics of Flexible or Elastic Bodies, 1638–1788, Leonhardi Euler Opera Omnia, ser. II, vol. 11, part 2, Zürich: Orell Füssli, 1960.

TURNBULL H W, SCOTT J F, HALL A R, TILLING L. The Correspondence of Isaac Newton. Cambridge: Cambridge University Press, 1959–1977.

URQUHART A. In GRIFFIN N. The Cambridge Companion to Bertrand Russell. Cambridge: Cambridge University Press, 2003.

VAFA C. In ARNOLD V, ATIYAH M, LAX P, MAZUR B. Mathematics: Frontiers and Perspectives. Providence, R. I.: American Mathematical Society, 2000.

VANDERMONDE A T. L'Histoire de l'Académie des Sciences avec les Memoires. Paris: Memoires de l'Academie Royale des Sciences, 1771.

VAN DER WAERDEN B L. Geometry and Algebra in Ancient Civilizations. Berlin: Springer-Verlag, 1983.

VAN HEIJENOORT J. From Frege to Gödel: A Source Book in Mathematical Logic. Cambridge, Mass.: Harvard University Press, 1967.

VAN HELDEN A. Proceedings of the American Philosophical Society, 140, 358, 1996.

VAN HELDEN A, BURR E. The Galileo Project. 1995. http://galileo.rice.edu/

index.html.

VAN STEGT W P. In MANCOSU P. From Brouwer to Hilbert: The Debate on the Foundations of Mathematics in the 1920s. Oxford: Oxford University Press, 1998.

VARLEY R, KLESSINGER N, ROMANOWSKI C, SIEGAL M. Proceedings of the National Academy of Sciences (USA), 102, 3519, 2005.

VAWTER B. Biblical Inspiration. Philadelphia: Westminster, 1972.

VILENKIN A. Many Worlds in One: The Search for Other Universes. New York: Hill and Wang, 2006.

VITRUVIUS M P. 1st century B C. De Architectura. In ROWLAND I D, HOWE T N. Ten Books on Architecture. Cambridge: Cambridge University Press, 1999.

VLOSTOS G. Plato's Universe. Seattle: University of Washington Press, 1999.

VON GEBLER K. Galileo Galilei and the Roman Curia. 1879. Translated by J. Sturge. Reprinted by Merrick, N. Y.: Richwood Publishing Company, 1977.

VROOMAN J R. René Descartes: A Biography. New York: Putnam, 1970.

WAISMANN F. Ludwig Wittgenstein and the Vienna Circle: Conversations Recorded by Friedrich Waismann. Edited by B. McGuinness; Translated by J. Schulte and B. McGuinness. Oxford: Basel Blackwell, 1979.

WALLACE D F. Everything and More: A Compact History of Infinity. New York: W. W. Norton, 2003.

WALLIS J. Treatise of Algebra. Quoted in Manning, H. P. 1914. Geometry of Four Dimensions. London: Macmillan, 1685.

WANG H. A Logical Journey: From Gödel to Philosophy. Cambridge, Mass.: MIT Press, 1996.

WASHINGTON G. Letter to Nicholas Pike, 06–20, 1788. In FITZPATRICK J C. ed. 1931–1944. Writings of George Washington. Washington, D. C.: Government Printing Office, 1788. Quoted in DEUTSCH K L, NICGORSKI W. Leo Strauss: Political Philosopher and Jewish Thinker. Lanham, Md.: Rowman & Littlefield, 1994.

WASSERMAN S A, COZZARELLI N R. Science, 232, 951, 1986.

WATSON R. Cogito, Ergo Sum: The Life of René Descartes. Boston: David R. Godine, 2002.

WEINBERG S. Dreams of a Final Theory. New York: Pantheon Books, 1993.

WELLS D. The Penguin Dictionary of Curious and Interesting Numbers. London: Penguin, 1986. Revised edition 1997.

WESTFALL R S. Never at Rest: A Biography of Isaac Newton. Cambridge: Cambridge University Press, 1983.

WHISTON W. Memoirs of the Life and Writings of Mr. William Whiston, Containing, Memoirs of Several of His Friends Also, 2nd ed. London: Printed for J. Whiston and B. White, 1753.

WHITE L A. Philosophy of Science, 14 (4), 289, 1947.

WHITE N P. In Kraut, R., ed. The Cambridge Companion to Plato. Cambridge: Cambridge University Press, 1992.

WHITEHEAD A N. An Introduction to Mathematics. London: Williams & Norgate, 1911. Reprinted by Oxford: Oxford University Press, 1992.

—— Process and Reality: An Essay in Cosmology. 1929. Republished and edited by GRIFFIN D R and Sherburne D W. New York: Free Press, 1978.

WHITEHEAD A N and RUSSELL B. Principia Mathematica. Cambridge: Cambridge University Press, 1910. Second edition 1927.

WIGNER E P. Communications in Pure and Applied Mathematics, vol. 13, no. 1, 1960. Reprinted in SAATZ T L and WEYL F J. The Spirit and the Uses of the Mathematical Sciences. New York: McGraw-Hill, 1969.

WILCZEK F. Physics Today, 59 (11), 8, 2006.

—— Physics Today, 60 (05), 8, 2007.

WITTEN E. Communications in Mathematical Physics, 121, 351, 1989.

WOLFRAM S. A New Kind of Science. Champaign, Ill.: Wolfram Media, 2002.

WOLTERSTORFF N. In Sorell, T. ed. Descartes. Dartmouth: Ashgate, 1999.

WOODIN W H. Notices of the American Mathematical Society, 48 (6), 567, 2001.

—— Notices of the American Mathematical Society, 48 (7), 681, 2001.

WRIGHT C. In HECK R ed. Language, Thought, and Logic: Essays in Honour of Michael Dummett. Oxford: Oxford University Press, 1997.

ZALTA E N. "Gottlob Frege." Stanford Encyclopedia of Philosophy, 2005. http://plato.stanford.edu/entries/frege/.

—— "Frege's Logic, Theorem, and Foundations for Arithmetic." Stanford Encyclopedia of Philosophy, 2007.

http://plato.stanford.edu/entries/frege-theorem/.

Zweibach, B. A. 2004. A First Course in String Theory (Cambridge: Cambridge University Press).

图片版权